CCF全国青少年信息学奥林匹克竞赛教程

CCF Informatics Olympiad Primary Textbook

CCF信息学奥赛入门篇

中国计算机学会 ◎组编

朱全民 ◎丛书主编

邱桂香 陈颖 ◎编

本书是CCF全国青少年信息学奥林匹克竞赛(NOI)教程的第一册，旨在普及计算机科学与程序设计知识。书中遵循由浅入深、逻辑严密的编写思路，辅以丰富的实例解析，引领读者逐步提升计算思维能力。全书共七章，全面覆盖了NOI系列竞赛大纲入门级别的内容，包括编程基础知识、数据的存储与读入、程序的选择执行、程序段的反复执行、数据的批量存储、模块化程序设计、NOI系列竞赛相关规定等。

本书可作为信息学奥林匹克竞赛的教学用书，也可作为青少年学习计算机科学知识、了解信息学奥林匹克竞赛的参考资料。

图书在版编目(CIP)数据

CCF信息学奥赛. 入门篇 / 中国计算机学会组编 ; 邱桂香, 陈颖编. -- 北京 : 机械工业出版社, 2025. 2.
(CCF全国青少年信息学奥林匹克竞赛教程 / 朱全民主编). -- ISBN 978-7-111-77050-3

Ⅰ. TP311. 1-49

中国国家版本馆CIP数据核字第2024JE2944号

机械工业出版社(北京市百万庄大街22号 邮政编码100037)

策划编辑：梁 伟　　责任编辑：梁 伟 苏 洋

责任校对：孙明慧 张雨霏 景 飞　　责任印制：任维东

天津嘉恒印务有限公司印刷

2025年3月第1版第1次印刷

184mm×260mm · 18.75印张 · 404千字

标准书号：ISBN 978-7-111-77050-3

定价：79.00元

电话服务　　网络服务

客服电话：010-88361066　　机 工 官 网：www.cmpbook.com

010-88379833　　机 工 官 博：weibo.com/cmp1952

010-68326294　　金 书 网：www.golden-book.com

封底无防伪标均为盗版　　机工教育服务网：www.cmpedu.com

丛书序 ▸ FOREWORD

1984年，邓小平指出“计算机的普及要从娃娃抓起”，在国内掀起了学习计算机的热潮。教育部和中国科学技术协会委托中国计算机学会(CCF)在1984年举办了全国青少年计算机程序设计竞赛，后更名为全国青少年信息学奥林匹克竞赛(National Olympiad in Informatics，NOI)。当年参加竞赛的就有8000多人，时至今日，有近百万的青少年投身到该项活动中，促进了计算机的普及，培养了大批计算机领域的拔尖人才，他们有的成为计算机领域的科学家，有的成为IT行业的弄潮儿，更多的人成为优秀的计算机软件工程师。

为什么人能和计算机对话？为什么人能指挥计算机工作？为什么计算机能自动工作？为什么机器人会拥有智能？要了解这些，就需要学习编程。程序是人按照计算机语言规则编写出来的让计算机执行的系列指令代码。计算机语言就是计算机能识别的语言，类似于中国人用汉语交流，英国人用英语交流，俄罗斯人用俄语交流。人要和计算机对话，就必须用计算机语言编写程序让计算机去执行，这就实现了人机对话。这个过程看似简单，实际上计算机的内部处理比较复杂。每种语言都有一定的规则，否则会让人听不懂。例如，文章由句子组成，句子由字、词组成，字和词都有特定的含义，组成句子后含义就更加丰富了，写成文章后还能表达出作者丰富的情感。程序也类似，我们可以把一个程序类比成一篇文章，人们按照计算机语言的规则，把定义的一些量用有特定意义的关键词或指令连接起来，最后形成一份能解决目标问题的复杂代码，来指挥计算机工作。因此，编程就是编写程序来指挥计算机完成工作的过程。有些人可能会问：完成自己的工作，自己做就可以，为什么还要编个程序让计算机代替自己完成？原因很简单，有些事情人自己去做非常麻烦，甚至很难做出来。例如，处理大批量的数据，人去做非常困难，而用计算机处理就很简单。计算机利用自身计算速度快、存储容量大的优点，可以做很多人做不到的事情，这就是学习编程指挥计算机做事的好处。

随着信息技术的快速发展，近年来出现了高智能的人工智能(AI)工具，它不仅能回答人提出的问题、编写代码、调试程序、开发网站和游戏，还能参加编程竞赛并获奖。AI工具如此强大，甚至能替代程序员编程，是不是我们就没有必要学习编程了？其实不然。学习编程，除了编写程序为我们服务外，还可以提升我们的思维能力，特别是计算思维能力，有助于我们理解哪些事情计算机能做、哪些事情计算机暂时不能做、哪些事情计算机无法做，这对我们进行职业规划和求职大有好处。

什么是计算思维？简单来说就是用计算进行问题求解的思维方式。那么，什么样的问题可以转化为计算？通常来讲，基于推理、归纳和演绎的问题，都可以转化为计算，即先将问题抽象为数学模型，再转化为可计算的数据和数字逻辑，最后调用算法解决。例如，用手机扫描二维码，就能识别相应的信息，这个二维码看似是个图形，其实是一堆数据，而且是一堆有规律的数据。计算机基于规则调用算法，编写程序，就能处理这些看似杂乱无章实则有规律的图像数据。扫描二维码实际上就是调用相应的程序来识别二维码的过程。

运用计算机语言编写程序，从本质上说就是思维的过程。要将人的思维逻辑按照计算机语言的规则转化为计算机能表达的形式其实并不容易。作为 NOI 的举办者，CCF 长期致力于计算机教育的普及和计算机拔尖创新人才的培养工作。为了能让更多的计算机爱好者学好编程，理解计算思维的内涵，CCF 组织了一批知名 NOI 教练开发“CCF 全国青少年信息学奥林匹克竞赛教程”丛书，这些教练长期扎根一线教学，深耕程序设计多年，他们对数据结构、数学建模和算法设计有深入的研究，也了解在编程教学中如何突破重点和难点，熟悉如何在训练中领悟程序设计的奥妙，并在辅导学生的过程中积累了通过“问题驱动”方式提升学生思维能力的宝贵经验。本丛书包括入门篇、基础篇、提高篇、专业篇、科普篇及配套练习指导，基于《全国青少年信息学奥林匹克系列竞赛大纲》(2023 年修订版)编写而成，采用“问题驱动”方式，让读者在问题研究中培养探究精神，激发求知欲和创造力，从而为未来的发展奠定坚实基础。

本丛书得到了 NOI 主席杜子德先生和 NOI 科学委员会的悉心指导和大力支持，也得到了一些知名 NOI 教练的帮助，在此表示衷心感谢！希望本丛书能给计算机编程爱好者提供帮助，如有瑕疵敬请谅解，也请多提宝贵意见，我们将尽力改进，争取做得更好。

丛书主编　朱全民

2024 年 5 月

前　言 ▸ PREFACE

1984年，中国计算机学会创办了以程序设计为形式的全国青少年信息学奥林匹克竞赛(NOI)。从此，无数青少年通过NOI系列活动了解编程，并走上计算机科学研究的道路。

近年来，随着人工智能的普及，编程教育越来越受关注，青少年学习编程和参加竞赛的热情也越来越高。在这样的背景下，启动全国青少年信息学奥林匹克竞赛教程的编写工作，有必要清楚而明确地回答以下两个问题。

第一个问题：C++程序设计类书籍那么多，为什么要再写一本？

在多年的编程教学中，我们深刻体会到程序设计不是靠读书实现的，但是一本好的程序设计书籍却能开启智慧，引人领略程序之美，架起从文字转化为个人能力的桥梁。我们的初衷正是要写出这样一本“不一样”的书——让读者尤其是中小学生看得进去，更能看得出去。

看得进去，是希望能用深入浅出的文字，化刻意的严谨为轻松的引领。

看得出去，是希望读者通过本书，不仅能收获字里行间的知识，更能收获字面之外的深度思考和学习方法。

第二个问题：本书有何特色？在内容上，如何实现目标？

为写出一本“不一样”的书，本书从关注学习过程、强调反思意识、引导主动探究、建构知识体系四个方面入手，为读者提供源于知识、又超越知识本身的丰富资源。

1. 关注学习过程

本书每一节都沿着“情境导航——知识探究——实践应用——总结提升”四个环节依次展开。从实际问题出发，引导读者在分析问题的基础上，寻求解决方案，再由方案转化为程序。而转化过程中的知识空白，便是本节要学习的新知识。反过来，学习了新知识，便能编写程序，更能实现预设方案，最后解决实际问题。在这个过程中，知识的出现，恰逢其时；学习知识，有其背景更有其意义。体现了学习计算机科学的一个重要特点——亲历发现问题、解决问题的过程，实现知识与能力的提升。

2. 强调反思意识

本书在解决每个实际问题之后，加入“思考”“实验”等内容。其中，思考部分引导读者学会提出问题并尝试解决；实验部分引领读者通过上机操作解决疑问，确认思考结论。大部分章节还设置了“学习检测”环节，通过练习帮助读者巩固知识、夯实基础。

在最初接触本书时，读者可能会跟随书中设计的“思考”“实验”亦步亦趋；但是经过一段时间的学习后，会逐渐养成多想一点、多做一点的习惯。这种潜移默化的影响，远胜于单纯的讲授，它带给读者的不仅是学习程序设计的方法，更是自主和高效学习的能力。

3. 引导主动探究

每个人的阅历、习惯、解决问题的能力都有差异。这种差异是客观存在的。本书在关注广大初学者的同时，还为那些有更高需求的读者设计了“拓展”内容。

每节的“总结提升”环节，既总结重点内容，也提出拓展方向，为读者提供回顾反思的基础，也驱动读者进一步探索学习、提升能力，向着优化解决方案或者解决更多问题的方向努力。

这些拓展内容不仅不影响书的完整性，通过学习这些内容还能拓展视野，提升解决问题的效率。

4. 建构知识体系

全书共七章，分别指向 NOI 竞赛大纲中入门级别的内容，为读者构建该级别应具备的完整知识框架。

在具体呈现上，一方面，注意结合 4~7 年级学生的年龄特点选择题目，使读者能聚焦编程学习的主干与核心，避免因题目背景分散注意力；另一方面，在每章结尾，又以思维导图的形式梳理学习内容，进一步明晰了知识点以及例题与竞赛大纲的联系。

从细节设计到篇章导向，本书实现了编程知识与考纲条目的联通，也建构起编程入门的知识体系，使得读者能够立于更高处看待知识，看清知识学习的规律与彼此间的关联。

本书作为全国青少年信息学奥林匹克竞赛教程的第一册，力求为读者开启智慧、培养习惯，为后续的学习奠定基础。虽然立意美好，但我们自知能力有限。在思考中实践，在实践中思考。路很长，唯以真诚相邀，期待青少年读者、教育同行、计算机专业工作者多提宝贵意见，一起努力成就编程教育的诗和远方。

邱桂香
2024 年 5 月

目　录 ▸ CONTENTS

第二章　数据的存储与读入

第三章　程序的选择执行

第四章 程序段的反复执行

第五章 数据的批量存储

第六章　模块化程序设计

第七章　NOI 系列竞赛相关规定

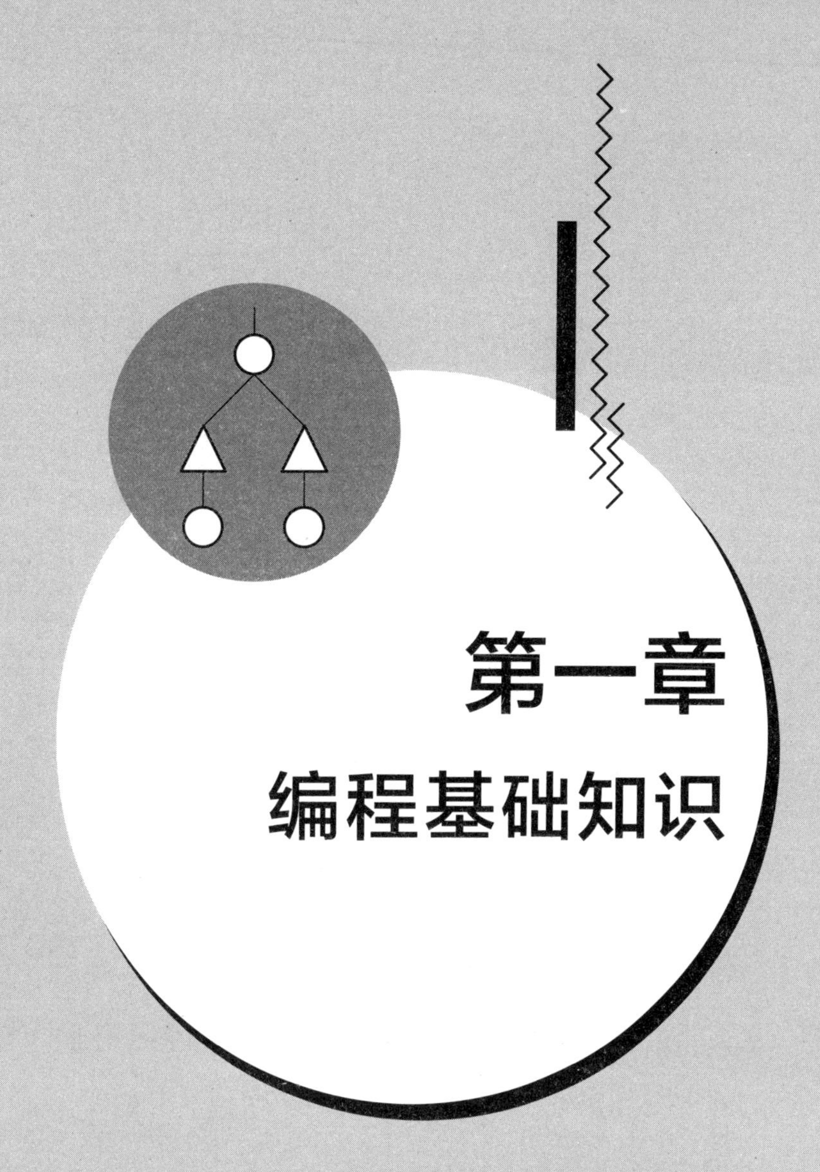

第一章 编程基础知识

生活中，我们经常用计算机做不同的事情。例如玩游戏、写游记、上网购物等。如今计算机的运行速度越来越快，存储容量越来越大，能做的事情越来越多。

为什么我们能指挥计算机按自己的想法做事？计算机是如何与人类互动的？计算机又是如何“智能”地做事的？其实，计算机是通过执行一个个程序来实现各种神奇的功能的。我们要指挥计算机做事，就需要编写程序，把自己的思想融入程序，再利用这些程序指挥计算机按照我们的思路去工作。编写程序需要使用程序设计语言。不同程序设计语言的语法、用法等也有所不同。本书将以 C++语言为载体，开启编程学习之路。

本章将带领大家体验 C++程序风格、Dev C++集成开发环境、简单数学运算的程序表达。

第一节 初识 C++程序

一、情境导航

让计算机显示“I love programming.”，大家有哪些方法？

方法很多，无论哪种方法都有其特定的基本规则。

通过程序让计算机显示“I love programming.”要执行什么样的规则？本节就来学习 C++程序的基本结构和集成开发环境，解决上述问题。

二、知识探究

(一) C++程序的基本结构

为了弄清 C++的编程规则，我们首先来看 C++程序的基本结构，如图 1-1 所示。

```
#include <iostream>                          ←—— 头文件
using namespace std;                         ←—— 名字空间
int main()
{
   cout<<„I love programming.„<<endl;        } 主函数
   return 0;
}
```

图 1-1 C++程序的基本结构

由图 1-1 可以看出，C++程序由头文件、名字空间和主函数组成。

1. 头文件

头文件作为一种包含功能函数、数据接口声明的载体文件，用于保存程序的声明。

包含头文件的格式为：

```
#include <引用文件名> 或#include "引用文件名"
```

在图 1-1 中，#include <iostream>即为包含头文件的预处理指令。这里的 include 可以理解为英文的“包含”，iostream 是 C++标准库中用于输入输出操作的头文件。有了这条指令，程序才可以直接使用 iostream 库提供的功能。

2. 名字空间

指明程序采用的名字空间。采用名字空间是为了在 C++新标准中，解决多人同时编写大型程序时名字产生冲突的问题。例如 1 班、2 班都有叫 A 的人，你要找到 1 班的 A，必然要先指明是 1 班这个名字空间(namespace)，然后你对 A 的所有命令才能达到你的预期，不会叫错人。

std 是英文单词 standard(标准)的缩写。“using namespace std” 表示这个程序全部采用 std(标准)名字空间。若不加这句，则该程序中 cout 和 endl 都需指明其名字空间的出处。例如，cout 语句必须写成如下形式：

```
std::cout<<" I love programming. "<<std::endl;
```

3. 主函数

日常生活中，我们要完成一件具有复杂功能的事情，总是习惯把“大功能”分解为多个“小功能”来实现。在 C++程序世界里，“功能”可称为“函数”。因此，“函数”其实就是一段实现了某种功能的代码，可以供其他代码调用。

一个程序，无论复杂或简单，总体上都是一个“函数”，这个函数就称为“main 函数”，也就是主函数。例如有个“做菜”程序，那么“做菜”这个过程就是主函数。在主函数中，根据情况，你可能还需要调用“买菜”“切菜”“炒菜”等子函数。main 函数在程序中大多数是必须存在的，程序运行时都是找 main 函数来执行。

每个函数内的所有指令都需用花括号“{}”括起来。一般每个函数都需要有一个返回值，用 return 语句返回。

(二) 集成开发环境

一个高级语言程序需要经过编辑、调试、编译和运行的过程方能获得结果，实现这个过程有多种方法，其中常用的是集成开发环境(Integrated Development Environment, IDE)。IDE 为人们学习编程提供了极大的便利，本书使用 Dev C++ 5.11 版本。

打开软件，可以看到 Dev C++的窗口结构，如图 1-2 所示。

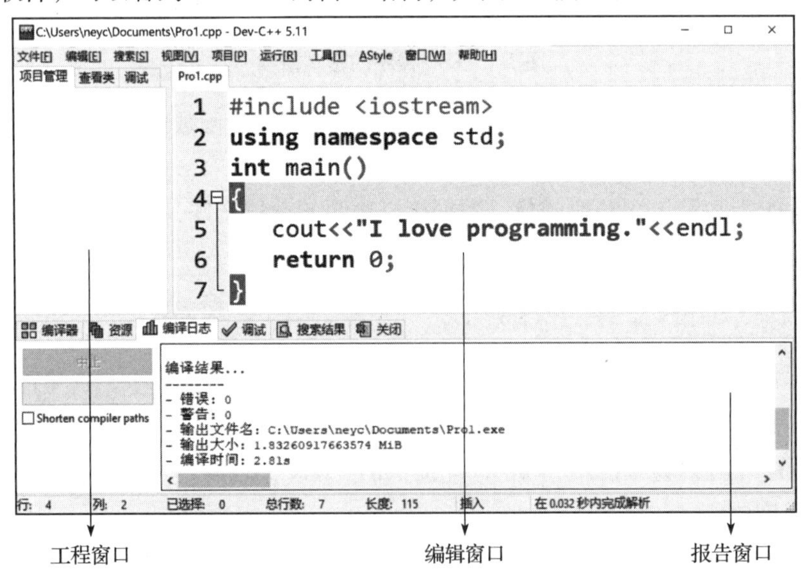

图 1-2 Dev C++的窗口结构

Dev C++的 IDE 主要包括三个组成部分。

（1）工程窗口：在调试程序时，打开“调试”选项卡，可以观察程序运行时各个变量的变化，便于处理差错。

（2）编辑窗口：用于输入和编写程序。

（3）报告窗口：显示程序编译运行的相关信息。打开“调试”选项卡，还可以进行很多调试操作。

三、实践应用

例 1.1.1　初识 IDE

打开 IDE，输入下面的程序，存储、编译和运行程序。

```
1    //exam1.1.1
2    #include <iostream>
3    using namespace std;
4    int main()
5    {
6         cout<<" I love programming. "<<endl;
7         return 0;
8    }
```

第一步：新建、保存、打开程序文件。

方法 1：

（1）单击“文件”菜单，执行“新建”下的“源代码”命令，在编辑窗口中输入和编辑程序，如图 1-3 所示。

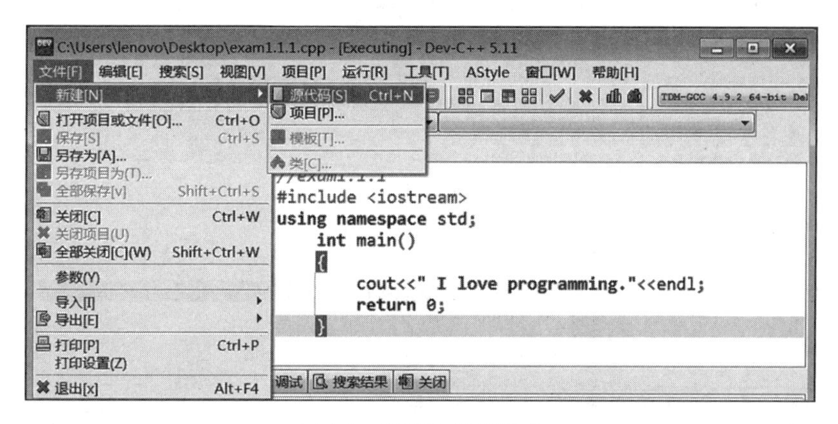

图 1-3　新建和编辑程序

（2）用“文件”菜单下的“保存”或“另存为”命令保存程序。

（3）用“文件”菜单下的“打开项目或文件”命令打开程序文件。

方法 2：

使用菜单中提示的快捷键实现相关的操作。

方法 3：

使用快捷图标实现相关的操作。

第二步：编译、运行程序。

程序运行前需要完成程序的保存与编译。程序的保存、编译和运行既可以各自独立完成，也可以按操作提示完成。

（1）编译：执行“运行”菜单下的“编译”命令，即可完成编译。如果程序语法正确，报告窗口显示编译正确的结果，如图 1-4 所示。

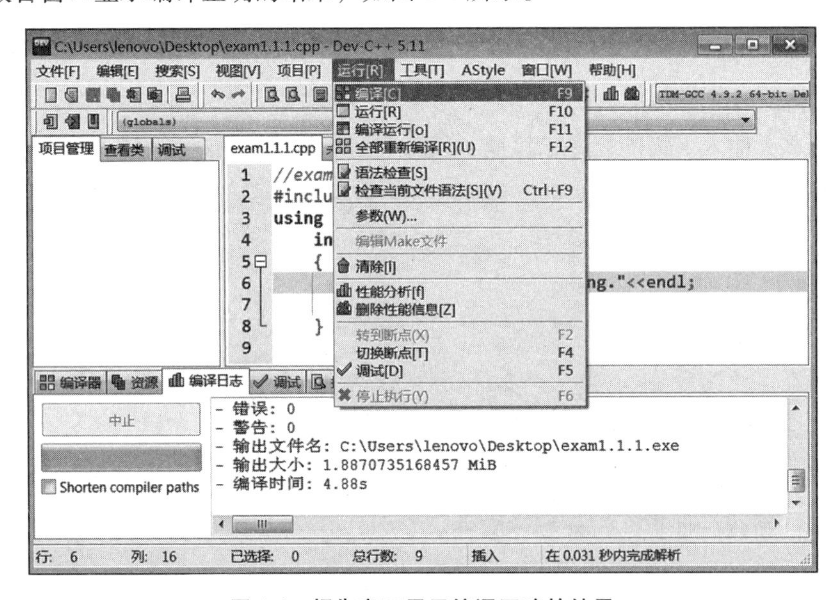

图 1-4 报告窗口显示编译正确的结果

如果程序语法有错，报告窗口将显示错误位置并提示错误原因，如图 1-5 所示。

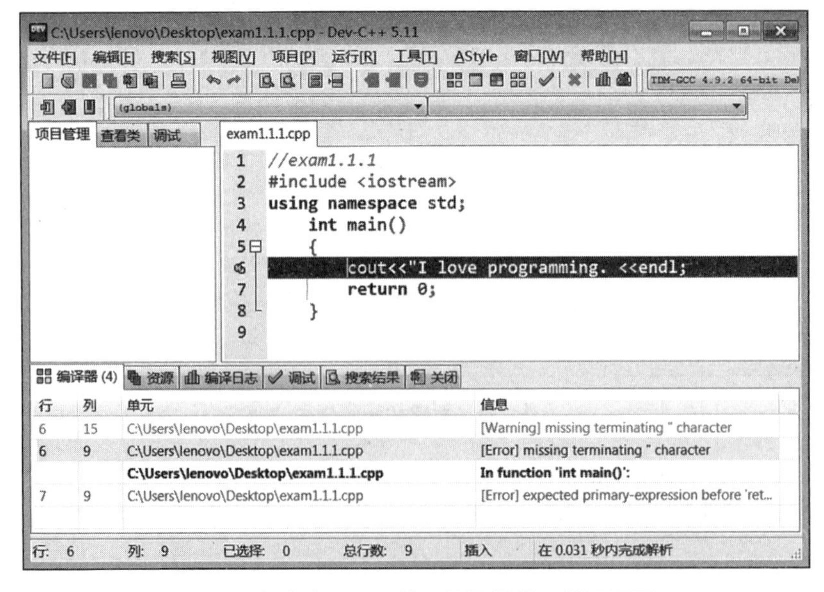

图 1-5 报告窗口显示错误位置并提示错误原因

（2）运行：程序完成编译后，执行“运行”菜单下的“运行”命令，如果输出指向显示器，将弹出程序运行结果窗口，如图 1-6 所示。

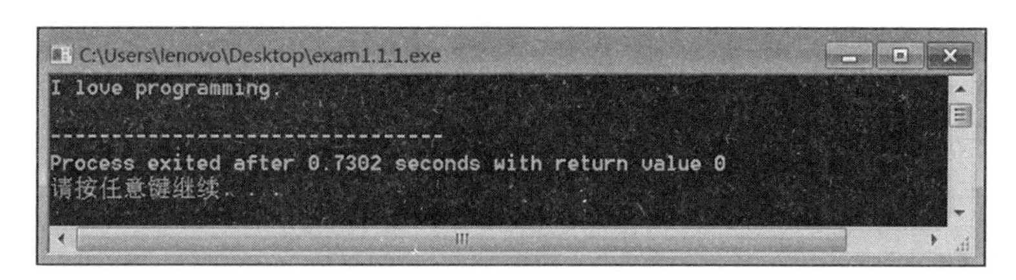

图 1-6　程序运行结果窗口

说明：

除上述方法，还可以执行“运行”菜单下的“编译运行”命令，同时完成程序的编译与运行。

例 1.1.2　编辑、编译与运行

求半径为 5 的圆面积的 C++程序如下。打开 IDE，输入下面的程序，保存、编译和运行程序。将程序中的半径改为 10，直接运行程序，会得到什么结果？

程序代码：

```
1    //exam1.1.2
2    #include <iostream>
3    using namespace std;
4    int main()
5    {
6        float  r,s;
7        r=5;
8        s=3.14*r*r;
9        cout<<s<<endl;
10       return 0;
11   }
```

运行结果：

```
78.5
```

说明：

将程序中 r 的值改为 10，重新运行程序，会发现还是 $r=5$ 时的运行结果。由此可以看出，修改程序后重新编译的重要性，**程序运行是运行当前编译的程序，不是运行编辑窗口看到的程序**。这一点对初学者很重要，从一开始就要养成修改程序后及时保存与编译的习惯。

四、总结提升

最简单的 C++程序由头文件、名字空间和主函数三部分组成，函数内的语句用于描

述解决问题的过程。程序的编辑、编译与运行可以借助 IDE 完成。

以 Dev C++为例，初学者经常用 IDE 完成如下操作。

1）创建程序文件。

2）编译和运行程序。

3）如果程序有问题，借助调试手段找到问题。

4）设置个性化的界面。

拓展 1

Dev C++ IDE 提供了许多功能，在“编辑器属性”对话框中，可以对不同选项进行设置，从而实现个性化界面设置。

执行“工具”菜单下的“编辑器选项”命令，弹出“编辑器属性”对话框，如图 1-7 所示。

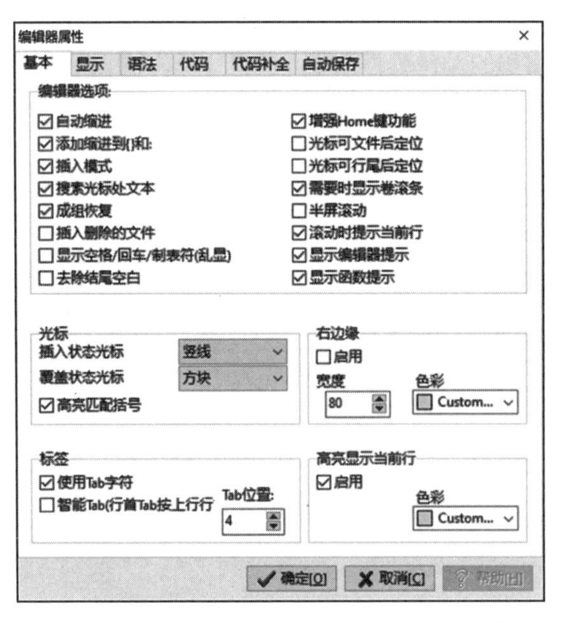

图 1-7　Dev C++ IDE 的“编辑器属性”对话框

其中“显示”选项下的“编辑器字体”经常被使用，如图 1-8 所示。

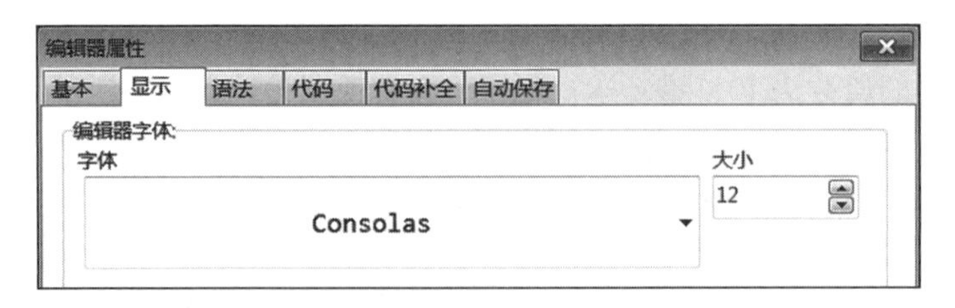

图 1-8　Dev C++ IDE 的“显示”选项

拓展 2

每个程序都有自己的特定功能。例如，例 1.1.1 输出了一个句子，例 1.1.2 求出圆的面积。修改程序中的语句，就能实现不同功能。

实验：

（1）修改例 1.1.1，使程序可以输出多个句子。

（2）修改例 1.1.2，使程序可以求正方形面积和长方形面积。

第二节　整数算术运算

一、情境导航

牛吃草问题

一群牛在草地上吃草。牛一边吃草，草一边生长。已知这片草地可供 27 头牛吃 6 天，也可供 23 头牛吃 9 天。

如果草每天生长的速度一样，那么，这片草地可供 21 头牛吃几天？

“牛吃草问题”是大科学家牛顿提出的，也叫“牛顿问题”。

假设每头牛每天的吃草量是 1，则 27 头牛 6 天的吃草量是 27×6＝162（份），23 头牛 9 天的吃草量是 23×9＝207（份）。

那么相差的时间为 9−6＝3（天），草增长了 207−162＝45（份）；则草的生长速率是 45÷3＝15（份/天）。

草地原始草量依此反推，公式就是 *A* 头牛 *B* 天的吃草量减去 *B* 天乘以草的生长速率。

所以原始草量＝27×6−6×15＝72（份/天）或 23×9−9×15＝72（份/天）。

将要求的 21 头牛分为两部分，一部分吃新生的草，由于草的生长速率是 15（份/天），则这部分为 15 头牛。另一部分吃原有草，则有 21−15＝6 头牛去吃原有的草，所以所求的天数为：原有的草量÷分配剩下的牛＝72÷6＝12（天）。

问题解决过程涉及整数算术运算。如何用程序表达该问题的解决过程？本节学习用 cout 语句和算术运算符解决上述问题。

二、知识探究

（一）cout 语句

cout 是 C++的输出语句，C++的输出和输入是用“流”（stream）的方式实现的，

C++的输出流示意如图 1-9 所示。

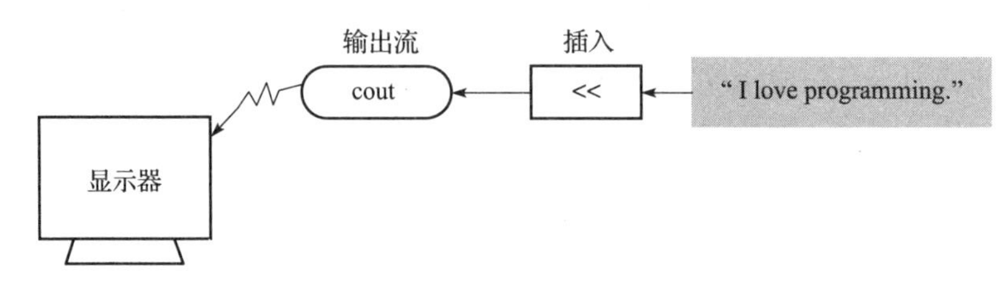

图 1-9　C++的输出流示意

在定义流对象时，系统会在内存中开辟一段缓冲区，用来暂存输入输出流的数据。在执行 cout 语句时，系统会先把数据存放在输出缓冲区中，直到输出缓冲区满或遇到 cout 语句中的 endl 或'\n'为止，然后将缓冲区中已有的数据一起输出，并清空缓冲区。输出流中的数据在系统默认的设备(一般为显示器)输出。输出遇到 endl 或'\n'换行。

cout 语句的一般格式为：

```
cout<<项目 1<<项目 2<<…<<项目 n;
cout<<项目 1<<项目 2<<…<<项目 n<<endl;
cout<<项目 1<<项目 2<<…<<项目 n<<'\n';
```

功能：

（1）如果项目是表达式，则输出表达式的值。

（2）如果项目加引号，则输出引号内的内容。

特别注意，语句末尾用分号结束，这是 C++语法规定的，编写程序时需要严格按照语句的语法格式使用语句。

（二）算术运算符

C++语言提供了 5 种基本算术运算符：加(+)、减(-)、乘(*)、除(/)还有求余(%)，如表 1-1 所示，其中，求余运算符通常也称为取模运算符。

表 1-1　基本算术运算符

运算符	含义	说明	示例
+	加	加法运算	5+1=6
-	减	减法运算	13-5=8
*	乘	乘法运算	5*4=20
/	除	除法运算，两个整数相除的结果是整数，去掉小数部分	3/2=1
%	求余	求余运算，结果符号取决于被除数的符号	8%3=2

上述算术运算符的优先级与数学中相同，“*”“/”“%”高于“+”“-”。

表中特别值得注意的是“/”和“%”。对于“/”运算，当参与运算的数含有实数，运算结果是两数相除的值，当参与运算的两个数都是整数，运算结果是两数相除结果的整数部分)；对于“%”运算，要求参与运算的两个数必须是整数，其结果是两个整数相除的余数。

三、实践应用

例 1.2.1　整数运算

阅读下列程序和运行结果，理解表达式的书写格式、运算先后顺序。

程序代码：

```
1    //exam1.2.1
2    #include<iostream>
3    using namespace std;
4    int main()
5    {
6        cout<<9/8<<4*(6+3)%5<<(4*6+3)%5<<endl;    //输出算式值
7        return 0;
8    }
```

运行结果：

```
112
```

说明：

表达式的运算先后顺序与数学运算相同。由于 9 和 8 都是整数，因此，9/8 结果为 1；4＊(6+3)%5，先计算 4＊(6+3)的值，得到 36，然后%5，得到结果 1；(4＊6+3)%5，先计算(4＊6+3)的值，得到 27，然后%5，得到结果为 2。

因此，最后输出的运行结果为 112。

例 1.2.2　分配图片

把 20 张图片平均分给 7 个同学，每人分得几张，还剩几张？

题目分析：

每个人分得图片的张数是 20 除 7 的商，算术表达式是 20/7。

剩余图片的张数是 20 除 7 的余数，算术表达式是 20%7。

程序代码：

```
1    //exam 1.2.2
2    #include<iostream>
3    using namespace std;
4    int main()
5    {
6        cout<<20/7<<endl;
7        cout<<20%7<<endl;
8        return 0;
9    }
```

运行结果：

例 1.2.3 牛吃草问题

编程解决情境导航中的“牛吃草问题”。

题目分析：

依据前述分析，“牛吃草问题”求解的关键值是：分别求出草的生长速率、原始草量、吃新生草牛数、吃原有草牛数，最后得到所求的天数。

通过输出这些关键值的求解方式展示问题解决过程。

程序代码：

```
1    //exam1.2.3
2    #include <iostream>
3    using namespace std;
4        int main()
5        {
6            cout <<"草的生长速率="<<"(23*9-27*6)/(9-6)="<<15<<"(份/天)"
                 <<endl;
7            cout<<"原始草量="<<"27*6-6*15="<<72<<"(份/天)"<<endl;
8            cout<<"吃新生草牛数=草的生长速率="<<15<<endl;
9            cout<<"吃原有草牛数=21-15="<<6<<endl;
10           cout<<"天数为:原有的草量/吃原有草牛数="<<72/6<<"天"<<endl;
11           return 0;
12   }
```

运行结果：

```
草的生长速率=(23×9-27×6)/(9-6)=15（份/天）
原始草量=27×6-6×15=72（份/天）
吃新生草牛数=草的生长速率=15
吃原有草牛数=21-15=6
天数为：原有的草量/吃原有草牛数=12天
```

四、总结提升

本节我们学习使用 cout 语句编程解决整数的算术运算问题，要点如下：

（1）对于一个问题，首先按照数学解题方式分析，给出解决问题的步骤，如情境导航问题的分析与解决过程。

（2）编程过程是用计算机语言按照规定的框架与格式表达解决问题的过程与输出结果，如例 1.2.2 和例 1.2.3。

（3）当灵活使用语句时，初学者要特别注意语句的语法格式，必须按照语句规定的格式书写，不可自行变化格式，否则会出现语言编译错误、执行结果错误等问题。

拓展 1

大家都有过创作作品的经验，我们经常在作品中融入自己要表达内容与形式的想法。程序在表达问题的解决过程和输出结果的形式方面类似于作品创作：在没有严格的输出格式要求时，在解决问题步骤指引下，程序可以有不同的表达方式。建议初学者在编程时，把握以下要点：

（1）明确你想做什么，并有针对性地选择语句表达你想做的事。

（2）尽量以一目了然的格式输出结果。

例 1.2.1 中 3 个表达式的运行结果紧挨在一起，这不符合一目了然的预期。所以，应有目的地修改输出方式。例如：（1）每个表达式之间隔开一个空格；（2）在结果前提示表达式。

对于问题(1)，在输出表达式之间输出一个空格。

对于问题(2)，在输出表达式前输出加引号的表达式。

程序代码：

```
1    //exam1.2.4
2    #include<iostream>
3    using namespace std;
4    int main()
5    {
6        cout<<9/8<<4*(6+3)%5<<(4*6+3)%5<<endl;     //输出算式值
7        cout<<9/8<<"    "<<4*(6+3)%5<<"    "<<(4*6+3)%5<<endl;
                                                    //空格加引号,输出空格
8        cout <<"9/8="<<9/8<<"  "<<"4*(6+3)%5="<<4*(6+3)%5<<"  "<<"(4*6+
             3)%5="<<(4*6+3)%5<<endl;               //加引号的输出项,输出引号
                                                      内的内容
9        return 0;
10   }
```

运行结果：

```
112
1 1 2
9/8=1 4×(6+3)%5=1 (4×6+3)%5=2
```

说明：

在输出语句中，如果要输出项目本身而不是项目的计算结果，应对输出项目加上双引号。程序中第 7 行，要输出空格，对空格加双引号；程序中第 8 行，要输出算式，对式子加双引号。

实验：

如果将程序中的 endl 删除，运行结果会是怎样？

思考：

例 1. 2. 3 的程序并没有很科学展示问题解决的过程。你能指出例 1. 2. 3 程序的不足之处，并提出你的解决办法吗？

拓展 2

在处理整数问题时，经常需要使用表 1-1 中的除法运算“/”和求余运算“%”。

例 1. 2. 4 将 8000 秒转换为小时、分钟和秒的形式。

题目分析：

(1) 1 小时为 3600 秒，那么 8000 除以 3600 的商(8000/3600) 即为小时。

(2) 将转换小时后剩余的秒数，即 8000 除以 3600 的余数(8000%3600) 转换为分钟。1 小时为 60 分钟，那么(8000%3600)除以 60 的商((8000%3600)/60) 即为分钟。

(3) 转换为小时和分钟后剩余的 8000%3600%60 即为秒数。

程序代码：

```
1   //exam1.2.5
2   #include<iostream>
3   using namespace std;
4   int main()
5   {
6       cout<<"8000 秒=";
7       cout<<8000/3600<<"小时";
8       cout<<(8000%3600)/60<<"分钟";
9       cout<<8000%3600%60<<"秒"<<endl;
10      return 0;
11  }
```

运行结果：

```
8000秒=2小时13分钟20秒
```

思考：

程序中运用“/”和“%”实现将秒转换为小时、分钟、秒的形式，是否还有其他的运算表达方式？尝试结合思考结果，修改上述程序。

五、学习检测

写出下列问题的数学运算解决步骤，然后用程序描述数学解决过程，让计算机运行得到问题的解。

练习 1. 2. 1 有 3 台拖拉机 3 天耕地 90 公顷。照这样计算，5 台拖拉机 6 天耕地多少公顷？

练习 1. 2. 2 有 5 辆汽车 4 次可以运送 100 吨钢材，如果用同样的 7 辆汽车运送 105 吨钢材，需要运几次？

练习 1.2.3　体育室里有 58 根跳绳，如果要平均分给 8 个班且无剩余，最少要去掉几根跳绳？每个班分到几根跳绳？

第三节　实数算术运算

一、情境导航

场地周长

在空地上围一个面积为 144 平方米的绿化场地，现有三种设计方案：第一种是围成正方形的场地；第二种是围成圆形的场地；第三种是围成长是宽的 2 倍的长方形场地。这三种方案场地周长分别是多少？

若围成正方形，设边长为 x，根据正方形面积公式 $S=x^2$，可算出边长 x 为 12 米，周长为 $12\times4=48$(米)；

若围成圆形，则半径为 r，根据圆形面积公式 $S=\pi r^2$，可算出 r 约为 6.77 米，周长为 $2\pi r\approx42.53$(米)；

若围成长方形，设长为 x，宽为 y，由已知条件可得 $x=2y$，依据长方形面积公式 $S=xy$，可算出长方形的宽约为 8.49 米，长约为 16.98 米，周长为 $2\times(8.49+16.98)=50.94$(米)。

问题解决过程中涉及到实数算术运算。程序如何去表达这类问题的解决过程？本节就来学习 C++语言中实数的概念、实数与整数的区别和常用的数学函数。

二、知识探究

(一) C++语言中实数的概念

1. 定义

C++中，实数分为浮点型(float)和双精度型(double)，两者的主要区别是表示范围不同和占用的存储空间不同。

2. 实数的两种表示方式：

(1) 小数形式：如 0.11，0.012，12.21 等，这跟我们日常生活中的表达方式一样。

(2) 指数形式：即科学计数法，如 0.15E5 表示 0.15×10^5，其中 E 表示 10 的多少次方，也可以用小写 e 表示(注意！在 E 之后的指数必须是整数)。

(二) 实数与整数的区别

在日常生活中，我们对于 5 和 5.0 这样的数不是很在意的。但在计算机中，它们表示不同意义的数，一个是整数，另一个是实数。对于一个表达式，整数运算和实数运算得到的结果有时是不一样的。

例如：

```
cout<<5/2<<endl;
cout<<5.0/2<<endl;
```

第一个语句的运行结果是 2，而第二个语句运行结果是 2.5。

C++中参与运算的数若存在实数，运算过程按实数运算，即如果希望运算过程按实数运算，表达式中至少有一个数表示为实数。

例如：

如果希望运算式 15/7*16/3 得到实数运算的结果，需要在程序中将运算式写成 15.0/7*16/3。

(三) 常用的数学函数

C++中提供了绝对值、取整、指数、对数、开方、三角函数等常用的数学函数。部分常用数学函数，见表 1-2。

表 1-2 部分常用数学函数

函数	含义
int abs(int i);	返回整型参数 i 的绝对值
double fabs(double x);	返回双精度参数 x 的绝对值
long labs(long n);	返回长整型参数 n 的绝对值
double ceil(double x);	返回参数 x 向上取整的值
double floor(double x);	返回参数 x 向下取整的值
double log(double x);	返回 $\log_e x$ 的值
double log10(double x);	返回 $\log_{10} x$ 的值
double pow(double x, double y);	返回 x^y 的值
double pow10(int p);	返回 10^p 的值
double sqrt(double x);	返回 $\sqrt{x}$ 的值

在程序中使用数学函数时，需要头文件加入如下声明：

```
#include <cmath>
```

三、实践应用

例 1.3.1　整数与实数对比

分析下面的程序运行结果。

```
1    //exam1.3.1
2    #include <iostream>
3    using namespace std;
4    int main()
5    {
6        cout<<15*3/2<<endl;
7        cout<<15*3/2.0<<endl;
8        return 0;
9    }
```

运行结果：

```
22
22.5
```

说明：

程序中表达式 15＊3/2 中参与运算的数均为整数，故按整数方式运算，“/”运算求两数相除的整数商，值为 22。

表达式 15＊3/2.0 中数 2.0 为实数，故按实数方式运算，“/”运算求两数相除的结果，值为 22.5。

例 1.3.2　铺砖问题

4 个工人 3 天铺了 90 平方米地板砖，照这样计算，5 个工人 6 天能铺多少平方米地板砖？

题目分析：

(1) 求 1 个工人 1 天铺多少地板砖？

$$90\div3\div4=7.5(\text{平方米})$$

(2) 求 5 个工人 6 天铺多少地板砖？

$$7.5\times5\times6=225(\text{平方米})$$

列成综合算式：

$$90\div3\div4\times5\times6=7.5\times30=225(\text{平方米})$$

程序代码：

```
1    //exam1.3.2
2    #include<iostream>
3    using namespace std;
4    int main()
```

```
5   {
6       cout<<"5 个工人 6 天能铺";
7       cout<< 90.0/3/4*5*6<<"平方米地板砖。"<<endl;
8       return 0;
9   }
```

运行结果：

```
5个工人6天能铺225平方米地板砖。
```

实验：

将程序中的 90.0 改为 90 后运行程序，结果是多少？为什么？

例 1.3.3 场地周长

编程解决情境导航“场地周长”问题，输出三种方案的周长。

题目分析：

依据前述分析编写程序，程序中用到了 C++求平方根函数，因此头文件需要加入使用<cmath>库声明。

程序代码：

```
1   //exam1.3.2
2   #include <iostream>
3   #include <cmath>
4   using namespace std;
5   int main()
6   {
7       cout<<"围成正方形的周长为:"<<sqrt(144)*4<<"(米)"<<endl;
8       cout<<"围成圆形的周长为:"<<2*3.14*sqrt(144/3.14)<<"(米)"<<endl;
9       cout <<"围成长方形的周长为:"<<2*(6*sqrt(2)+12*sqrt(2))<<"(米)"<<
            endl;
10      return 0;
11  }
```

运行结果：

```
围成正方形的周长为：48（米）
围成圆形的周长为：42.5281（米）
围成长方形的周长为：50.9117（米）
```

四、总结提升

数学中实数的定义是有理数和无理数的总称，有理数包含整数和分数。在计算机中，为了有效存储与处理数据，许多语言包括 C++语言，都将整数从实数中独立出来。将整数和实数分别称为整型数和实型数。这里涉及计算机语言中的数据类型，将在第二章中进一步学习。本节需要重点掌握的是整数算术运算与实数算术运算的区别以及整数和实数的程序表达。

拓展 1

在解决本节问题的过程中，我们看到实数表达式的运行结果跟日常数据的表示方式一样。事实上，实数还有另一种表示方式——科学记数法。

什么情况下，程序以科学记数法的输出方式表示数据?

阅读下面程序，结合运行结果，思考上述问题；再变化数据对结论进行检验。

程序代码：

```
1    //exam1.3.4
2    #include <iostream>
3    using namespace std;
4    int main()
5    {
6        cout<<12.3456*65.4321 <<endl;
7        cout<<12.3456*0.0000654321<<endl;
8        cout<<12.3456*0.00000654321<<endl;
9        cout<<0.000123456<<endl;
10       cout<<0.0000123456<<endl;
11       cout<<0.0001234567<<endl;
12       cout<<0.000012345678<<endl;
13       return 0;
14   }
```

运行结果：

```
807.799
0.000807799
8.07799e-005
0.000123456
1.23456e-005
0.000123457
1.23457e-005
```

拓展 2

观察实践应用中各程序的运行结果，可以发现：默认情况下，实数输出的有效位数是6位。那么，如何控制输出的有效位数?

在 C++的输出语句中，使用格式函数，就可以解决这类问题：

```
cout<<fixed<<setprecision(位数)
```

使用格式函数时，需要在头文件中包含 iomanip：

```
#include <iomanip>
```

阅读下列程序和运行结果，理解实数运算和整数运算的区别以及格式函数的作用。

程序代码:

```
1   //exam1.3.5
2   #include<iostream>
3   #include <iomanip>
4   using namespace std;
5   int main()
6   {
7       cout <<"9/8="<<9/8<<" 9.0/8="<<9.0/8<<" 9/8.0="<<9/8.0<<" 9.0/8.0
            ="<<9.0/8.0<<endl;
8       cout<<"10.0/6.0="<<10.0/6.0<<endl;
9       cout<<"10.0/6.0="<< fixed <<setprecision(8)<<10.0/6.0<<endl;
10      return 0;
11  }
```

运行结果:

```
9/8=1 9.0/8=1.125 9/8.0=1.125 9.0/8.0=1.125
10.0/6.0=1.66667
10.0/6.0=1.66666667
```

说明:

程序第9行中使用了格式函数 `fixed <<setprecision(8)`。其作用是让其后的输出值保留小数后8位。

实验:

(1) 删除程序中`#include <iomanip>`头文件，编译运行程序，说明其作用。

(2) 尝试改变表达式，如：`10.0/6.0` 改为 `100.0/6.0`，运行程序，观察结果的保留位数。

(3) 将 `fixed <<setprecision(8)`中的数字8改成其他数字，观察运行结果。

拓展3

表1-2提供了C++部分常用数学函数。有些函数是大家在数学学习中比较常见的，如平方根、绝对值、指数函数等，只是程序在书写表达上与数学不同；而有些函数则是数学学习中不常见却能比较好地表达程序设计中的数据处理问题。

阅读下列程序写出运行结果。结合程序的运行结果，完成以下任务：

(1) 理解 ceil 函数和 floor 函数的作用和区别。

(2) 分析 pow 函数的作用。

(3) 分析 sqrt 函数的作用。

```
1   //exam1.3.6
2   #include<iostream>
3   #include<cmath>
4   using namespace std;
```

```
5    int main()
6    {
7        cout <<"ceil(3.14)="<<ceil(3.14)<<""<<"floor(3.14)="<<floor
             (3.14)<<endl;
8        cout<<"4^3.0="<<pow(4,3.0)<<endl;
9        cout<<"sqrt(9)="<<sqrt(9)<<endl;
10       return 0;
11   }
```

```
ceil(3.14)=4 floor(3.14)=3
4^3.0=64
sqrt(9)=3
```

五、学习检测

写出下列问题的数学解决步骤，然后用程序描述数学解决过程，让计算机运行得到问题的解。

练习 1.3.1 买 5 支铅笔要 0.6 元，买同样的铅笔 16 支，需要多少钱?

练习 1.3.2 服装厂原来做一套衣服用布 3.2 米，改进裁剪方法后，每套衣服用布 2.8 米。原来做 791 套衣服的布，现在可以做多少套?

练习 1.3.3 有两块瓷砖，一块是长方形，长 10 厘米，宽 8 厘米；另一块是正方形。长方形瓷砖面积比正方形瓷砖面积大 16 平方厘米。正方形瓷砖的边长为多少厘米?

本章回顾

学习重点

认识 C++程序，初探程序设计，灵活使用 cout 语句实现整数与实数的算术运算。

知识结构

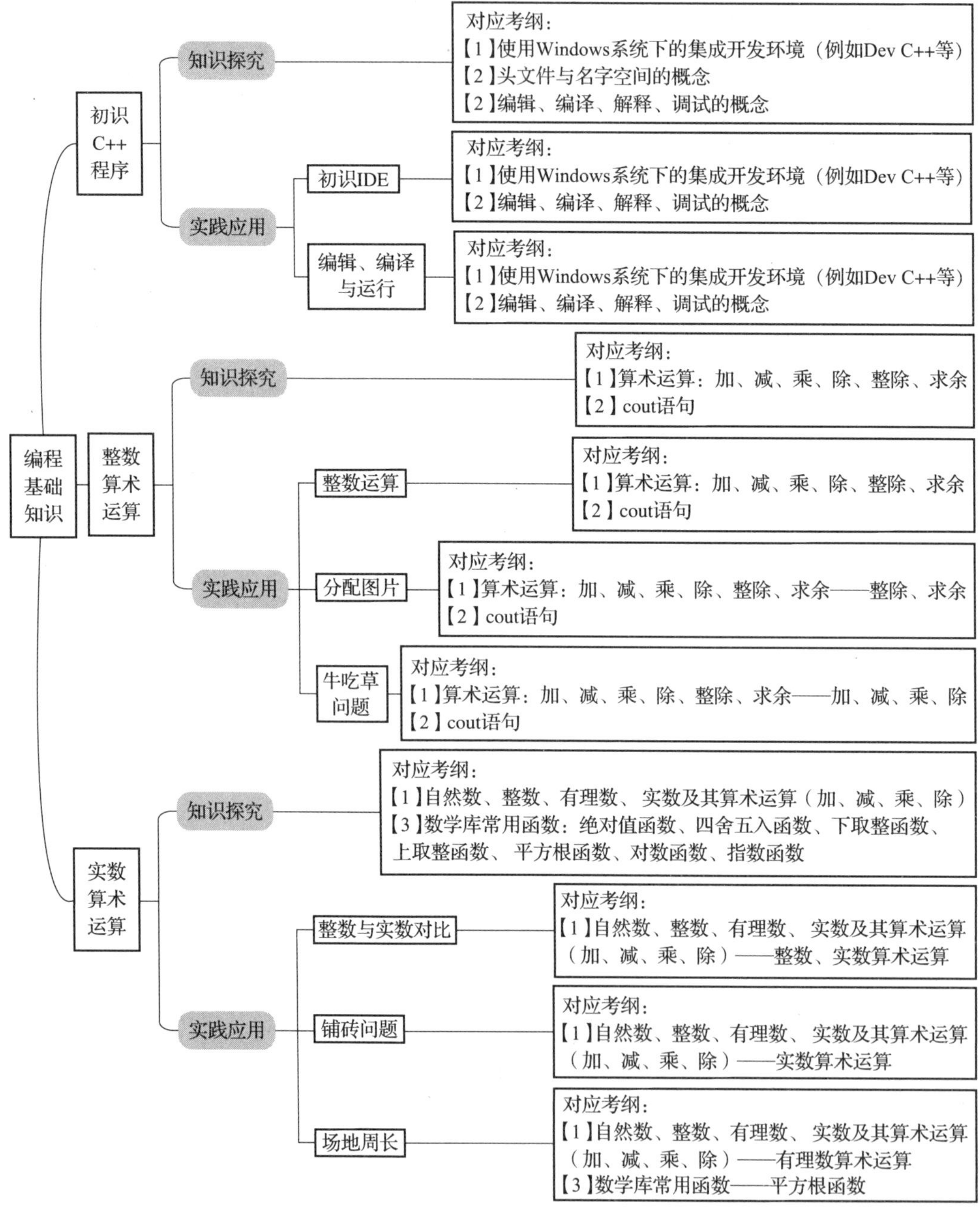

注：知识结构中“对应考纲”指的是 NOI 竞赛大纲。NOI 竞赛大纲分十级，图中数字对应竞赛大纲等级要求掌握的知识内容，如【1】指的是一级。

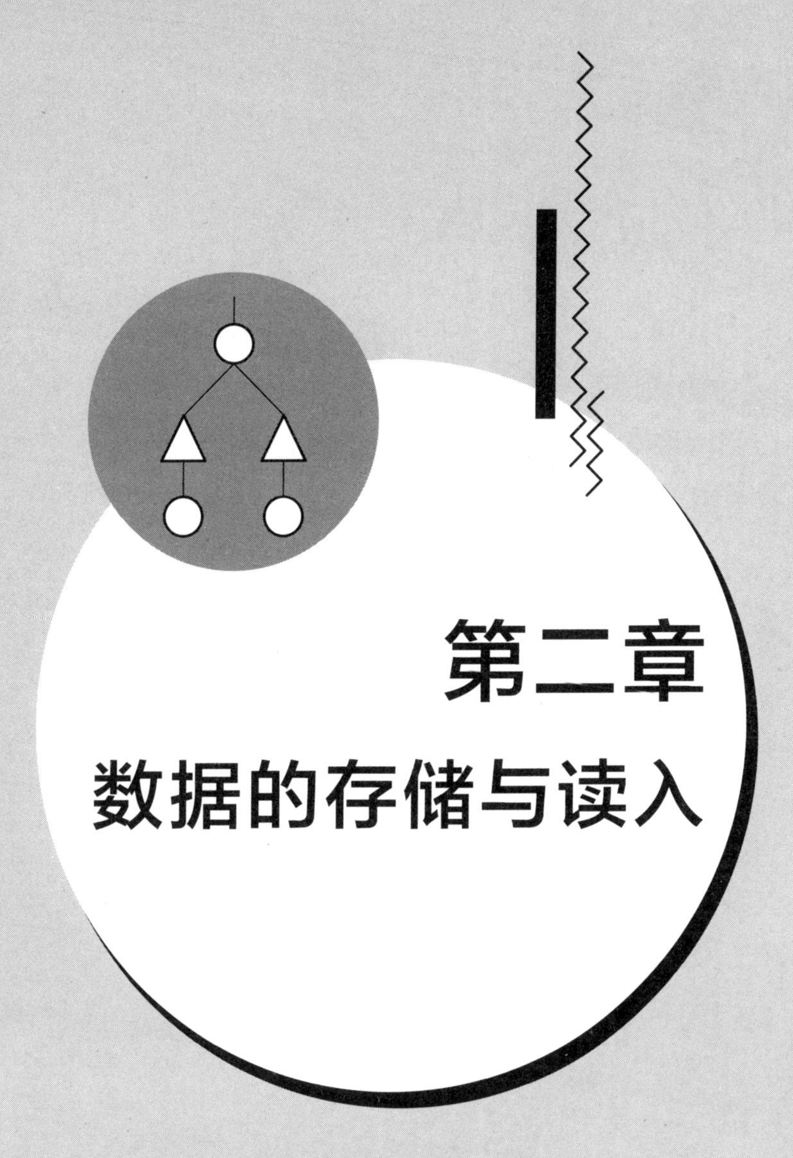

第二章 数据的存储与读入

在日常生活和学习中，我们自然而然地使用着各种各样的数据。例如，在通讯录中记录姓名、住址、联系电话；每次考试后对成绩进行分析；依据题目数据、数学公式求解问题，等等。

如果将这些事情交给计算机去做，计算机将如何存储、管理和处理不同形式的数据？

C++语言引入了数据类型的概念，实现数据的有效存储与管理，并使数据处理与数据类型紧密关联。

本章在理解数据类型的基础上，使用变量有效存储不同类型数据、使用赋值语句实现不同类型数据处理，并通过读入与输出数据实现人机交互，进而学习顺序结构程序设计。

第一节　变量和变量的类型

一、情境导航

鸡兔同笼

大约在1500年前，《孙子算经》中就记载了这个有趣的问题，书中是这样叙述的："今有鸡兔同笼，上有三十五头，下有九十四足，问鸡兔各几何？"这四句话的意思是，有若干只鸡兔同在一个笼子里，从上面数，有35个头，从下面数，有94只脚，求笼中有几只鸡几只兔？

你会解答这个问题吗？

鸡兔同笼问题有假设法、列方程法、古典法等多种解决方法。

列方程法是比较常用的解题方法，鸡兔同笼问题里含有两个等量关系：

（1）鸡的总头数+兔的总头数=总头数；

（2）鸡脚的总数+兔脚的总数=总脚数。

设兔有 x 只，鸡有 y 只，得到 $x+y=35$ 和 $4x+2y=94$ 两个方程，联立解方程组，结果为：$x=(94-2\times35)\div2$，$y=94\div2-35$。

在问题解决过程中，涉及到变量 x 和 y。在数学中，变量等于表达式的运算结果。程序如何去表达变量与运算数据的关系？

在C++语言中，变量表示某个存储数据空间的名称。本节就来学习变量和数据类型以及数据类型转换等知识。

二、知识探究

（一）变量和数据类型

在C++语言中，变量是存储数据的容器，其值可以发生变化。

在C++语言中，数据存入变量前，首先要进行定义。其目的是在内存中开辟一个类型标识符指定类型的空间，并以变量名加以标识。在使用变量名时要遵守一定的规则。

（1）变量名只能由字母（$A-Z$，$a-z$）、数字（0-9）或下划线组成。

（2）变量名不能以数字开头。例如，2Server就不是一个合法的C++变量名。

（3）变量名不能是C++关键字，关键字即C++中已经定义好的有特殊含义的单词。

(4) 区分大小写，例如，*A* 和 *a* 是两个不同的变量名。

为了方便阅读，变量的命名最好由有含义的英文单词组成。变量名不宜太长，建议控制在 15 个字符之内。

变量的定义格式：

```
类型标识符 变量名 1,变量名 2,…,变量名 n;
```

类型标识符在日常学习中往往不被关注。平时，我们对于数据并没有想得太多，经常爱怎么写就怎么写。但是，要把数据存储到计算机中，就需要知道数据的类型，以便为其分配存储空间。

为了能够规范地开辟空间，C++语言对数据进行了分类，称为数据类型。系统据此为变量开辟对应大小的存储空间来存放数据。

C++语言提供了丰富多样的数据类型。常用的基本数据类型见表 2-1。

表 2-1　常用的基本数据类型

数据类型	类型标识符	所占字节数	取值范围
短整型	short[int]	2	-32768~32767
无符号短整型	unsigned short [int]	2	0~65535
整型	int	4	-2147483648~2147483647
无符号整型	unsigned int	4	0~4294967295
长整型	long long	8	-263~263-1
无符号长整型	unsigned long long	8	0~264-1
单精度浮点数	float	4	-3.4E+38~3.4E+38 (7 位有效数字)
双精度浮点数	double	8	-1.79E+308~1.79E+308 (15 位有效数字)
高精度浮点数	long double	12	3.4E-4932~1.1E+4932 (19 位有效数字)
字符型	char	1	-128~127
	signed char	1	0~255
布尔型	bool	1	0 或 1

说明：

(1) int、double、short、char、unsigned int 等标识符为类型名。C++中的类型名还可以由用户定义，在后面会进一步学习。

(2)“所占字节数”表示内存分配给对应类型数据的空间大小，“取值范围”对该类型数据的取值范围进行了规定。

(3)“取值范围”中多次出现了科学记数法。例如 3.4E+38，等价于 3.40×10^{38}。

(二) 数据类型转换

在程序设计中，数据或变量都有自己确定的类型，也经常遇到不同类型数据的混合运算。这时，将按照怎样的规则进行运算，结果又是什么类型?

在 C++中，编译器会自动进行数据类型转换，也允许编程者在程序中进行强制类型转换。

类型转换往往是隐式的。如果不关注，很容易出现错误。特别是由表达式运算过程的类型变化而导致结果出错的现象时有发生。这种错误通常在数据比较大时才会发生；但是在程序编译时又不会报错。因此，在程序设计中，需要非常注意数据类型转换的相关细节。

1. 自动类型转换

在含有不同数据类型的混合运算中，编译器会隐式地进行数据类型转换，即自动类型转换。

例如：在运行下面的程序段时，系统自动将 a*h/2.0 转换为实数运算。s 的结果为：586.5。

```
int a,h;
float s;
a=23;
h=51;
s=a*h/2.0;
```

自动类型转换遵循下面的规则：

(1) 若参与运算的数据类型不同，则先转换成同一类型，然后进行运算。

(2) 转换按数据长度增加的方向进行，确保精度不降低。例如，在进行 int 类型和 long 类型运算时，先把 int 类型转成 long 类型后再进行运算，即当参加算术或比较运算的两个操作数类型不统一时，将简单类型向复杂类型转换：

```
char(short)-->int(long)-->float-->double
```

2. 强制类型转换

当自动类型转换不能达到目的时，可以显式地进行类型转换，即强制类型转换。强制类型转换的一般形式为：

```
(类型名)(表达式)
(类型名)变量
```

例如：(double)a 是将 a 转换成 double 类型，(int)(x+y)是将 x+y 的值转换成 int 类型，(float)(5%3)是将 5%3 的值转换成 float 类型。

需注意的是：无论是强制转换还是自动转换，都只是为了本次运算的需要而对变量的数据长度进行临时转换，并不改变数据说明时对该变量定义的类型。

3. 字符型和整型的转换

将一个字符存放到内存单元里，实际上并不是把该字符本身放到内存单元中去，而是将该字符相应的 ASCII 码放到存储单元中。

ASCII 码(American Standard Code for Information Interchange，美国信息交换标准代码)是基于拉丁字母的一套电脑编码系统，约定了在计算机内部使用哪些二进制数来表示常用符号。

标准 ASCII 码也叫基础 ASCII 码，使用 7 位二进制数来表示所有的大写和小写字母、数字 0~9、标点符号，以及在美式英语中使用的特殊控制字符。

数字字符、大写字母、小写字母在 ASCII 码表中是连续存放的。ASCII 码值 48~57 对应 0~9 这 10 个数字字符；65~90 对应 26 个大写英文字母，97~122 对应 26 个小写英文字母。

如果字符变量 c1 的值为'a'，c2 的值为'b'，则在变量中存储的是'a'的 ASCII 码 97，'b'的 ASCII 码 98，而在内存中，它们是以二进制形式存储的，字符的存储方式如图 2-1 所示。

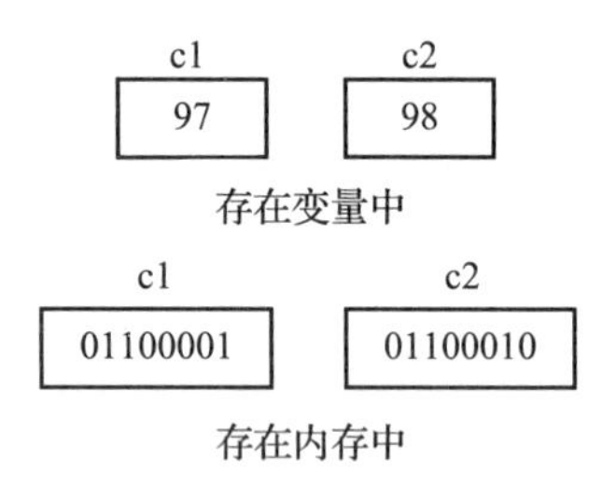

图 2-1　字符的存储方式

既然字符数据是以 ASCII 码存储的，它的存储形式就与整数的存储形式类似。因此，在 C++中，字符型数据和整型数据之间就可以通用。

在对字符进行计算时，经常会依据 ASCII 码值。例如，字符之间比较大小，实际上起作用的就是字符的 ASCII 码值。

有了这些约定，我们就可以理解：'A'<'C'、'9'>'0'等。

字符数据还可以进行算术运算，此时相当于对它们的 ASCII 码进行算术运算。例如，'a'+2 的结果是'c'；'D'-3 的结果是'A'；'9'-'7'的结果为 2；'D'-'A'的结果为 3。

三、实践应用

例 2.1.1　整型、实型变量和运算

阅读下列程序和运行结果，理解数据类型与变量类型定义的关系，理解程序中的分类数据处理。

```
1    //exam2.1.1
2    #include <iostream>
3    using namespace std;
4    int main()
5    {
6        int a,b;                //定义整型变量
7        float c,d;              //定义浮点型变量
8        a=3;                    //将整数存入 a 中
9        b=2;                    //将整数存入 b 中
10       c=3;                    //将实数存入 c 中
11       d=2;                    //将实数存入 d 中
```

```
12        cout<<a/b<<endl;      //输出整数运算结果
13        cout<<c/d<<endl;      //输出实数运算结果
14    return 0;
15    }
```

运行结果:

说明:

程序第 6 行 `int a,b` 表示在内存中开辟了变量名叫作 *a* 和 *b* 的两个数据类型为整型的空间，该整型空间占用 4 字节，允许存放在 *a* 和 *b* 中的数据为 -2147483648 ~ 2147483647 范围内的整数；第 7 行 `float c,d` 表示在内存中开辟了变量名叫作 *c* 和 *d* 的两个数据类型为浮点型的空间，该浮点型空间占用 4 字节，允许存放在 *c* 和 *d* 中的数据为-3.4E+38~3.4E+38(7 位有效数字)范围内的实数。

从程序运算结果可以看出，对于整型变量表达式，程序按照整数的运算规则进行运算，对于实型变量表达式，程序按照实数的运算规则进行运算。

实验:

改变程序中的 *c* 变量为整型，程序的运行结果会发生变化吗？为什么？

例 2.1.2　字符类型

将字符 A 存储到计算机内存变量 *a* 中，并且输出。

程序代码:

```
1    //exam2.1.2
2    #include <iostream>
3    using namespace std;
4    int main()
5    {
6        char a;                //定义名为 a 的字符型变量
7        a='A';                 //将字符 A 存入 a 中
8        cout<<a<<endl;         //输出 a 的值
9        return 0;
10   }
```

运行结果:

说明:

程序第 6 行 `char a` 表示在内存中开辟一个变量名叫作 *a*、数据类型为字符型的空间，该字符型空间占用 1 字节，允许存放在 *a* 中的数据是编码为-128~127 范围内对应的字符，但我们一般使用字符类型存放键盘字符。程序第 7 行，“=”左边的 *a* 是变量名，右边的'A'表示字符 A。

需要注意：A='A'是合法的，这里需要初学者理解变量名与字符的区别以及在程序书写格式上的区别。

例 2.1.3 矩形面积

求长为 7.5 厘米，宽为 10.6 厘米的矩形面积。要求先将矩形长和宽数据分别存储到变量 x、y 中。

题目分析：

要将数据存储到变量中，首先要考虑数据类型，接着按数据类型及数据范围选择定义存储对应数据的变量类型。

问题中的长和宽都是实数，因此，选择 x 和 y 的类型为 float。

程序代码：

```
1    //exam2.1.3
2    #include <iostream>
3    using namespace std;
4    int main()
5    {
6        float x=7.5;                    //定义浮点型变量并给变量 x 并存入 7.5
7        float y=10.6;                   //定义浮点型变量并给变量 y 并存入 10.6
8        cout<<"Area of a rectangle:"<<x*y<<endl;//求矩形面积并输出
9        return 0;
10   }
```

运行结果：

```
Area of a rectangle:79.5
```

说明：

程序第 6、7 行在变量定义的同时，给变量赋予了一个初始值。

例 2.1.4 鸡兔同笼

编程解决情境导航中的“鸡兔同笼”问题。

题目分析：

设兔有 x 只，鸡有 y 只，得到 $x+y=35$ 和 $4x+2y=94$ 两个方程。联立解方程组，结果为：$x=(94-2\times35)\div2$，$y=35\times2-94\div2$。

显然，问题中的兔和鸡的数量是整数。因此，x 和 y 的变量类型是整型。

程序代码：

```
1    //exam2.1.4
2    #include<iostream>
3    using namespace std;
4    int main()
5    {
```

```
6        int x,y;                                  //定义变量
7        x=(94-2*35)/2;                            //求兔的只数
8        y=35*2-94/2;                              //求鸡的只数
9        cout<<"x="<<x<<"  y="<<y<<endl;           //输出结果
10       return 0;
11   }
```

运行结果：

```
x=12 y=23
```

思考：

你还能用其他方法求鸡和兔的只数吗？请用程序实现你的方法。

例 2.1.5　三数之和

运行下面的程序，分析运行结果，总结强制类型转换的意义。

```
1    //exam2.1.5
2    #include<iostream>
3    using namespace std;
4    int main()
5    {
6        int a,b,c,s1;
7        long long s2,s3;
8        a=1562345672;
9        b=1456789343;
10       c=1234567832;
11       s1=a+b+c;
12       s2=a+b+c;
13       s3=(long long)a+b+c;
14       cout<<"s1="<<s1<<endl;
15       cout<<"s2="<<s2<<endl;
16       cout<<"s3="<<s3<<endl;
17       return 0;
18   }
```

运行结果：

```
s1=-41264449
s2=-41264449
s3=4253702847
```

说明：

为什么 s1、s2 的结果错误，而 s3 的结果正确？

这是因为，程序中 a、b、c 三个数本身没有超过 int 类型规定的数据范围，但当他们相加后结果超过了 int 类型规定的数据范围。

将 a+b+c 的结果直接赋予 int 类型的 s1 后，超出数据范围。因此，出错；

将 a+b+c 的结果赋予给 long long 类型的 s2 时，加法运算的结果还是 int 类型，语句左边的变量类型不影响运算结果。因此，依然出错。

将变量 *a* 强制转换为 long long 类型，运算过程将按 long long 整型进行。于是，a+b+c 的结果为 long long 整型，将结果赋予 long long 类型的 s3，结果正确。

思考：

(1) 将例 2.1.5 中 b、c 的变量类型改为 short 类型，运行程序结果正确吗？为什么？

(2) 如果问题改为求程序中给定的 3 个数平均值，程序的变量类型该如何设计？

例 2.1.6 字符编码

写出下面程序的运行结果，观察数据类型的变化。

```
1   //exam2.1.6
2   #include <iostream>
3   using namespace std;
4   int main()
5   {
6       int i,j;                        //i 和 j 是整型变量
7       i='A';                          //将一个字符常量赋予整型变量 i
8       j='B';                          //将一个字符常量赋予整型变量 j
9       cout<<i<<''<<j<<endl;   //输出整型变量 i 和 j 的值
10      return 0;
11  }
```

运行结果：

```
65 66
```

说明：

i 和 j 为整型变量，在程序第 7 和第 8 行中，将字符 A 和 B 分别赋给 i 和 j，即把字符 A 和 B 的 ASCII 编码赋予 i 和 j 变量。因此，输出的是字符 A 和 B 的 ASCII 编码的值。

例 2.1.7 大小写转换

学习了字符编码知识后，小计想做一个字符转换程序：将输入的小写字母转换成大写字母。

题目分析：

观察字母的 ASCII 码：'a'的 ASCII 码为 97，'A'的 ASCII 码为 65，'b'的 ASCII 码为 98，'B'的 ASCII 码为 66……可以发现规律——每一个小写字母的 ASCII 码值比它相应的大写字母的 ASCII 码值大 32。

于是，用小写字母的 ASCII 码减去 32，就得到其对应的大写字母的 ASCII 码。输出对应编码的字母，实现小写字母转换为大写字母操作。

C++中，允许字符数据与数值直接进行算术运算。用变量 letter 存放输入的字母 ASCII 码值，那么，转换后的大写字母 ASCII 码值为：`letter=letter-32;` 输出 letter 即可。

程序代码：

```
1    //exam2.1.7
2    #include<iostream>
3    using namespace std;
4    int main()
5    {
6        char letter;                 //定义变量
7        cin>>letter;                 //输入字母
8        letter=letter-32;            //转换大写字母
9        cout<<letter<<endl;          //输出字母
10       return 0;
11   }
```

运行结果：

```
q    m
Q    M
```

四、总结提升

在本节中，我们认识了整型、浮点型、字符型三种数据类型并学习了它们的使用方法。更多的数据类型我们将在后面解决具体问题时学习。

变量定义的两个关键要素是数据类型和变量名。我们要依据具体问题中的数据性质选择合适的类型和变量名。对于初学者而言，这是一个学习重点也是一个学习难点。

程序设计与数学解题不同，其中一个明显区别就是：数学仅关注问题解决的过程，而程序设计不仅关注问题解决的过程，还要关注问题解决过程中数据的存储方式，设计问题解决过程中用到变量的类型。

特别需要注意：很多时候，数据类型转换虽然可以帮助我们灵活处理数据，但是使用编译器进行自动类型转换也有可能造成错误。

拓展 1

通常情况下，在程序设计时变量类型会依据问题中的数据进行设计。但是，也有例外。例如，问题涉及引用 C++函数时，就可能影响变量类型的设计。

例 2.1.8　变量类型

求 $s=99^6+64^6+61^6$ 的值。

题目分析：

问题的值显然是整数，s 应设计为整型变量。如果为了求解灵活、方便，也可以使用 C++指数计算函数 double pow(double x，double y)。这时，就要将 s 设计为 double 类型。

程序代码：

```
1   //exam2.1.8
2   #include<iostream>
3   #include<cmath>
4   #include <iomanip>
5   using namespace std;
6   int main()
7   {
8       double s;                                        //定义变量
9       s=pow(99,6)+pow(64,6)+pow(61,6);                 //求指数表达式值
10      cout<<setprecision(15)<<"s="<<s<<endl;           //输出
11      return 0;
12  }
```

运行结果：

```
s=1061720000498
```

实验：

(1) 定义变量 *s* 的类型为 int，运行程序会得到一样的结果吗？为什么？

(2) 定义变量 *s* 的类型为 long long，运行程序会得到一样的结果吗？为什么？

(3) 删除程序第 10 行中的 `setprecision(15)<<`，运行程序会得到怎样的结果？为什么？

拓展 2

在表 2-1 中，我们看到了每种类型的“所占字节数”和“取值范围”。例如，short 类型，其数据值占用 2 个字节，只能在 -32768 ~ 32767 范围中取值。如果在运算过程中超出了对应数据类型的数值范围，会造成数据的溢出(overflow)错误。

为检验数据所占存储空间，可以用 sizeof 函数来测试。

例如：`sizeof(short)=2`；`sizeof(long long)=8`。

需要注意，数据的溢出在编译和运行时并不报错，经常会让编程者不知道错误发生在哪。编程者需要特别细心和认真对待数据类型。

例 2.1.9 数据溢出

运行下面程序，将得出错误的结果。

```
1   //exam2.1.9
2   #include<iostream>
3   using namespace std;
4   int main()
5   {
6       short x;
7       x=1000*35;          //数据溢出
```

```
8        cout<<"x="<<x<<endl;
9        return 0;
10   }
```

运行结果：

```
x=-30536
```

实验：

为变量 x 设计恰当的数据类型，获得正确的结果。

拓展 3

通常我们遇到的问题都会给出已知数据的范围，即在一个限定的数据范围内求问题的解。在编程时，依据数据范围定义变量的类型即可。但是，有时会发生中间运算类型越界的错误。这种错误比较隐蔽，需要特别注意。

例 2.1.10　等差数列求和

给定整数等差数列的首项 a 和末项 b 以及项数 n，求等差数列各项的总和($0 \leqslant a$, $b \leqslant 10^9$，$n \leqslant 200$)。

【输入样例】

5 10005 5

【输出样例】

25025

题目分析：

本问题需要用到数学等差数列知识，利用等差数列求和公式，得到如下的算法。

(1) 输入 a、b、n。

(2) 利用等差数列求和公式$(a+b)*n/2$求数列和 sum。

(3) 输出结果。

在程序实现过程中，需要特别注意问题中给出的输入数据范围。按照题意，a、b、n 可以设置成 int 类型，然而数列和 sum 可能超出 int 范围，因此应设置成 long long 类型。对于公式$(a+b)*n/2$，如果 a、b、n 为 int 类型，则运算结果为 int 类型，可能发生错误，因此需要强制类型转换。

程序代码：

```
1   //exam2.1.10
2   #include<iostream>
3   using namespace std;
4   int main()
5   {
6       int a,b,n;
7       long long sum;                        //定义长整型
8       cin>>a>>b>>n;                         //读入数据
```

```
9        sum=((long long)a+b)*n/2;          //强制转换数据类型求值
10       cout<<"等差数列的和为"<<sum<<endl;    //输出
11       return 0;
12   }
```

运行结果：

```
5 10005 5
等差数列的和为25025
```

说明：

程序第9行利用强制转换数据类型保证运算结果的正确性。在数值较大的数据运算过程中需要特别注意表达式中的数据类型变化。

五、学习检测

练习 2.1.1 下列变量名中哪些是合法的，哪些是不合法的，请说明原因。

3zh　ant　_3cq　my　friend　Mycar　my_car　all　55a　a_abc

while　daf-32　x. 13　Var(3)　maxn　max&min

练习 2.1.2 已知直角三角形的直角两边长分别为35.6厘米和57.9厘米，模仿例2.1.3编程先将直角边长存储在变量中，再求三角形面积。

练习 2.1.3 果园里有龙眼树和荔枝树共240棵，其中龙眼树的棵数是荔枝树的3倍。龙眼树和荔枝树各有多少棵？模仿例2.1.4设龙眼树有x棵，荔枝树有y棵，编程求问题的解。

练习 2.1.4 写出下列程序的运行结果并上机运行验证，解释程序中变量数据类型的转换。

```
1    //test2.1.4
2    #include<iostream>
3    using namespace std;
4    main()
5    {
6        int m,n,num;
7        int t=48;
8        char th;
9        double dou_1, dou_2, dou_3;
10       m=5; n=326;
11       num=t/((float)m/n);
12       dou_1=(double)(n/m);
13       dou_2=n/m;
14       dou_3=(double)n/m;
15       th=(double)n/m;
```

```
16        cout<<num<<","<<dou_1<<","<<dou_2<<","<<dou_3<<","<<th<<endl;
17    }
```

输出：________________

练习 2.1.5　数码公司设计了一个加密算法：用 a 代替 z，用 b 代替 y，用 c 代替 x……用 z 代替 a。现要求输入一个字符，运用该加密算法后，得到的输出结果是什么？

第二节　赋值语句和数学表达式

一、情境导航

妈妈的工资

小计妈妈所在的公司为了激励员工稳定工作，每年都在元月以固定的增长率一次性提高员工当年的月工资。小计妈妈 2021 年的月工资为 4000 元，到了 2023 年月工资增加到 5290 元，小计妈妈想知道 2024 年的月工资是多少？妈妈把这件事交给了小计，小计是小学六年级学生，遇到困难了，你能帮助他一起解决吗？

设工资的增长率为 x，那么：

小计妈妈 2022 年的工资 = 2021 年的工资 + 2021 年的工资 × 增长率 x

= 2021 年的工资 × (1 + 增长率 x)

小计妈妈 2023 年的工资 = 2022 年的工资 + 2022 年的工资 × 增长率 x

= 2022 年的工资 × (1 + 增长率 x)

= 2021 年的工资 × (1 + 增长率 x)^2

即：$5290=4000(1+x)^2$

所以，$x=\sqrt{\dfrac{5290}{4000}}-1$

设小计妈妈 2024 年的月工资为 y，那么：

y = 2023 年的工资 + 2023 年的工资 × 增长率 x

$=5290(1+x)$

在问题解决过程中，涉及变量、等式和复杂数学表达式。同样是“=”号，在数学与程序中表达的意思有什么不同？程序如何去正确书写数学表达式？

本节就来学习赋值语句和数学表达式的 C++语言程序书写规则。

二、知识探究

(一) 赋值语句

格式：

```
变量 赋值运算符 表达式;
```

功能：

将表达式的运算结果放到变量中存储起来。

说明：

赋值运算符用于对变量进行赋值，分为简单赋值运算符(=)、复合算术赋值运算符(+=、-=、*=、/=、%=)和复合位运算赋值运算符(&=、|=、^=、>>=、<<=)三类共11种。

其中，简单赋值运算符(=)在书写形式上类似数学中的等号。例如：a=5，在数学中就是式子字面上的理解，a等于5。但作为赋值语句就是将数据5存放在名为a的存储空间中，a存储空间中的值可以改变，所以a为变量。由此，推出赋值语句 a=a+1 成立，其意义是将a+1的值存入a中，但在数学中$a=a+1$式子不成立。

C++语言支持连写简单赋值运算符的表达形式。例如，a=b=0，意思是把0同时赋值给两个变量，赋值语句是从右向左运算的，也就是说从右端开始计算。即 a=b=0 的赋值过程是先让 b=0，然后 a=b。

复合算术赋值运算符(+=、-=、*=、/=、%=)实际上是一种缩写形式，使变量的改变更为简洁。例如，a+=b 等同于 a=a+b。

关于复合位运算赋值运算符，将在第四章中学习。

在赋值运算符右侧，最常使用的就是数学表达式。数学表达式由数据、变量、运算符、数学函数、括号(无论是单一括号还是多重括号，一律使用小括号)组成，程序中的数学表达式需要用编程语言能够接受的运算符和数学函数表示。

例如：数学式子 $f=\frac{-b+4ac}{2a}$，在程序中的书写表达如下。

```
f=(-b+4*a*c)/(2*a)
```

常用的运算符和数学函数参见第一章中提供的运算符与C++数学函数表。

(二) 变量的自增自减

在C++语言中，整型或浮点型变量的值加1和减1可以使用自增运算符“++”和自减运算符“--”。

格式1：

```
变量名++;变量名--;
```

格式 2：

```
++变量名;--变量名;
```

这两种格式都能使变量的值加 1 或减 1，只是把它们作为其他表达式的一部分时还是有区别的：运算符放在变量前面，在运算之前，变量先完成自增或自减运算；运算符放在后面，自增自减运算是在变量参加表达式的运算后再运算。

（三）常量定义

在数学中经常遇到各种常数，圆周率 π 就是一个常数。在 C++程序中，可以将常数定义成一个常量进行存储。

所谓常量，即常量的值在程序中不能发生变化。

为了区别常量与变量，通常程序中常量名用大写字母表示。

格式：

```
<类型说明符> const <常量名>
```

或者

```
const <类型说明符><常量名>
```

例如：

```
const int X=2;
int const X=2;
```

在程序中使用常量具有以下优势。

（1）修改方便。无论程序中出现多少次定义的常量，只要在定义语句中对定义的常量值进行一次修改，就可以全改。

（2）可读性强。常量通常具有明确的含义，如使用 PI 代表圆周率。

三、实践应用

例 2.2.1　变量存储特点

阅读下列程序和运行结果，观察赋值后变量的值。

程序代码：

```
1    //exam2.2.1
2    #include <iostream>
3    using namespace std;
4    int main()
5    {
```

```
6        int a;                  //定义整型变量 a
7        a=65;                   //将整数 65 存入 a 中
8        cout<<a<<endl;          //输出 a 的值
9        a=100;                  //将整数 100 存入 a 中
10       cout<<a<<endl;          //输出 a 的值
11       return 0;
12   }
```

运行结果：

说明：

当新的数据存入变量空间时，变量的值改变为新值，这是存储器的特点——喜新厌旧。在程序第 7 行 *a* 值为 65，第 9 行把 100 存入 *a* 后，*a* 值即为 100。

例 2.2.2 赋值与数学等式的区别

阅读下列程序和运行结果，理解赋值语句与数学等式的区别。

程序代码：

```
1    //exam2.2.2
2    #include<iostream>
3    using namespace std;
4    int main()
5    {
6        int a=5;                //定义变量并赋初值
7        cout<<a<<endl;          //输出 a 的值
8        a=a+2;                  //让 a 值加 2
9        cout<<a<<endl;          //输出 a 的值
10       a=a+5;                  //让 a 值加 5
11       cout<<a<<endl;          //输出 a 的值
12       return 0;
13   }
```

运行结果：

说明：

如果将程序中第 8 行和第 10 行理解成数学等式是不成立的。但是，作为赋值语句，赋值的概念是将右边式子的值存入左边变量中，由于 *a* 的初值是 5，a+2 的值是 7。因此，运行程序第 8 行后，*a* 值为 7；运行程序第 10 行后，a+5 的值为 12，运行后 *a* 值为 12。

例 2.2.3　赋值的不同格式

阅读下列程序和运行结果，熟悉 C++语言赋值语句不同的书写格式。

程序代码：

```
1   //exam2.2.3
2   #include<iostream>
3   using namespace std;
4   int main()
5   {
6       int a,b;                                  //定义变量
7       a=b=3;                                    //a、b 值赋为 3
8       a+=b;                                     //让 a=a+b
9       cout<<a<<endl;                            //输出 a 值
10      cout<<b<<endl;                            //输出 b 值
11      return 0;
12  }
```

运行结果：

说明：

C++语言支持连写赋值运算符的表达形式。程序第 7 行 a=b=3 表示将 a 和 b 的值赋为 3。程序第 8 行 a+=b 等效于 a=a+b，表示先计算 a+b 的值为 6，然后赋值给 a。

注意：a+=b 比 a=a+b 的执行速度快。-=、 *=、/=、%=的用法和+=类似。

例 2.2.4　变量的自增

阅读程序和程序运行结果，理解变量自增两种用法的共同点和他们的区别。

程序代码：

```
1   //exam2.2.4
2   #include<iostream>
3   using namespace std;
4   int main()
5   {
6       int n1,n2=5;                              //定义变量,并给 n2 变量赋初值
7       n2++;                                     //自增 n2
8       cout<<"n2="<<n2<<endl;                    //输出 n2 的值
9       ++n2;                                     //自增 n2
10      cout<<"n2="<<n2<<endl;                    //输出 n2 的值
11      n1=n2++;                                  //n1 值为自增 n2 的值
12      cout<<"n1="<<n1<<" n2="<<n2<<endl;        //输出 n1、n2 的值
13      n1=++n2;                                  //n1 值为自增 n2 的值
14      cout<<"n1="<<n1<<" n2="<<n2<<endl;        //输出 n1、n2 的值
```

```
15        return 0;
16    }
```

运行结果：

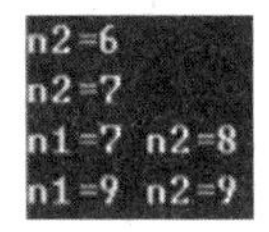

说明：

从程序运行结果可以看出，程序中第 7、9 行单独使用自增：n2++和++n2，两种用法的结果都一样，使变量值加 1。但是，将自增用于赋值语句中作表达式时，两种用法的结果就不同了。程序中第 11 行 n1=n2++，先将 n2 值赋给 n1，然后 n2 再加 1，执行后 n1 和 n2 值不同；程序中第 13 行 n1=++n2，则 n2 先加 1 后再赋给 n1，执行后 n1 和 n2 值相同。

例 2.2.5 常量定义

阅读求圆面积程序，程序中 π 用常量定义，熟悉常量定义的表达，了解常量定义的作用。

程序代码：

```
1    //exam2.2.5
2    #include<iostream>
3    using namespace std;
4    int main()
5    {
6        const float PI=3.14159265;              //定义常量 PI 存放 π 的值
7        float radius;                           //定义存放半径变量为浮点型
8        float area;                             //定义存放面积变量为浮点型
9        radius=7;                               //半径值为 7
10       area=PI*radius*radius;                  //求圆面积
11       cout<<"Circular area ="<<area<<endl;    //输出面积
12       return 0;
13   }
```

运行结果：

```
Circular area =153.938
```

说明：

本程序功能为求圆面积。程序第 6 行定义了常量 PI 来存放 π，PI 的值在后续的使用中不会改变。

例 2.2.6 妈妈的工资

编程解决情境导航中“妈妈的工资”问题。

程序代码：

```
1    //exam2.2.6
2    #include<iostream>
3    #include<cmath>
4    using namespace std;
5    int main()
6    {
7        float x;                                  //定义变量x为浮点型
8        float y;                                  //定义变量y为浮点型
9        x=sqrt(5290.0/4000.0)-1;                  //求工资的增长率
10       y=5290*(1+x);                             //求2024年的月工资
11       cout<<"2024年月工资为："<<y<<"元";         //输出结果
12       return 0;
13   }
```

运行结果：

```
2024年月工资为： 6083.5元
```

说明：

程序第9行使用了平方根函数(参考表1-2)。当程序中使用数学函数时，头文件需要加#include<cmath>。

需要注意程序第10行数学表达式中的乘号不能像数学算式那样省去，必须使用运算符“*”。

四、总结提升

赋值语句是程序设计中使用最多的语句。C++语言提供了灵活多样的赋值语句格式，但万变不离宗。

(1) 赋值语句的作用是将表达式的值存入变量名标识的存储空间中。

(2) 赋值语句要按规定的格式书写。初学者在编写程序时，需要特别注意运算符、数学函数及依据运算顺序加入括号等细节的程序表达。

拓展1

对于同一问题，我们经常有多种解决方法。程序设计也一样，解决同一个问题可以编写出多种不同的程序。

例2.2.7　交换变量值

编程实现两个变量 x、y 之间值的交换。

方法1：

生活中，如何实现两个杯子中的东西交换？我们很自然想到借助一个空杯来实现。

那么，我们也可以用同样的思路实现两个变量 x、y 之间值的交换：引入一个中间

变量 t，把 x、y、t 看成 3 个杯子，t 是个空杯子，现在要把 x、y 两个杯子中的东西交换，怎么做？首先将 x 倒入 t 中，t 装了 x 的内容，然后将 y 倒入 x 中，这样 x 装了 y 的内容，最后将 t 倒入 y 中，这样 y 装了 x 的内容，实现了交换。

值得注意的是赋值语句是将右边表达式的值赋给左边变量。即 x 倒入 t，用赋值语句表达写成 t=x。

程序代码：

```
1    //exam2.2.7-1
2    #include<iostream>
3    using namespace std;
4    int main()
5    {
6         float x,y,t;                    //定义变量
7         x=10.5;                         //给 x 变量赋一个值
8         y=30.6;                         //给 y 变量赋一个值
9         cout<<x<<"  "<<y<<endl;         //输出 x、y 的值
10        t=x;x=y;y=t;                    //交换 x、y 的值
11        cout<<x<<"  "<<y<<endl;         //输出交换后 x、y 的值
12        return 0;
13   }
```

运行结果：

```
10.5   30.6
30.6   10.5
```

说明：

程序第 10 行是一种实现变量内容交换的常用方法。

方法 2：

利用变量只有存入新值时才会改变旧值的性质实现变量交换。

(1) 先将 x+y 值放入 x 中，则 x 值为两数之和，y 为原值。

(2) 将 x-y 值放入 y 中，则 x 值还为两数之和，y 为 x 的原值。

(3) 将 x-y 值放入 x 中，则 x 为 y 的原值，y 为 x 的原值，实现两数交换。

程序代码：

```
1    //exam2.2.7-2
2    #include<iostream>
3    using namespace std;
4    int main()
5    {
6         float x,y;
7         x=10.5;
8         y=30.6;
```

```
9        cout<<x<<"  "<<y<<endl;
10       x+=y;y=x-y;x-=y;          //交换 x、y 的值
11       cout<<x<<"  "<<y<<endl;
12       return 0;
13   }
```

运行结果：

```
10.5   30.6
30.6   10.5
```

思考：

程序中第 10 行利用赋值语句的性质通过运算实现变量交换。还有其他求两数互换的方法吗？请用程序实现你的方法。

拓展 2

在我们的习惯性思维中，数据要有确定的值。但是，仔细观察可以发现，生活中还会遇到许多事先不确定的数。例如，某十字路口南北方向交通灯是绿灯期间通过的汽车数量；抛硬币落地哪一面朝上；投骰子朝上一面的数字等。

我们将这些不确定的数，称为随机数。在编写程序时，使用随机函数模拟生成随机数。

例 2.2.8　生成随机数

出一道加减混合运算题，输出题目和运算结果。参加运算的数据为 1～1000 的随机整数。

题目分析：

问题的关键是如何生成随机数。C++语言生成随机数有以下方法。

(1) 使用 `rand()` 函数返回[0,MAX)之间的随机整数，这里的 MAX 由所定义的数据类型而定。使用 `rand()` 函数需要使用头文件 `#include <cstdlib>`。

(2) 使用 `srand(time(NULL))` 或 `srand(time(0))` 设置当前的系统时间值为随机数种子。由于系统是变化的，那么种子也是变化的。使用随机数种子需要使用头文件 `#include <cstdlib>` 和 `#include <ctime>`。

随机数种子的作用是使 `rand()` 函数每次生成随机数据。如果不用随机数种子或用固定数随机种子，`rand()` 函数每次将生成相同的随机数据。

产生一定范围随机数的通用表示公式如下：

产生$[a,b)$的随机整数：`(rand() % (b-a)) + a;`

产生$[a,b]$的随机整数：`(rand() % (b-a+1)) + a;`

产生$(a,b]$的随机整数：`(rand() % (b-a)) + a + 1;`

它们的一般规律是：`rand() %n+a`。其中的 a 是起始值，n 是整数的范围。

要取得 a 到 b 之间的随机整数的另一种表示方法为：`a + (int)b * rand() / (RAND_MAX + 1)`。

此外，要产生 0~1 之间的浮点数，可以使用 rand() / double(RAND_MAX)。

程序代码：

```
1    //exam2.2.8
2    #include <iostream>
3    using namespace std;
4    #include <ctime>
5    #include <cstdlib>
6    int main()
7    {
8        int x,y,z;
9        srand(time(0));                                //随机数种子
10       x=rand()%1000+1;                               //产生随机数
11       y=rand()%1000+1;
12       z=rand()%1000+1;
13       cout<<x<<"+"<<y<<"-"<<z<<"="<<x+y-z<<endl;     //输出随机式子
14       return 0;
15   }
```

运行结果：

```
975+860-376=1459
```

```
168+656-786=38
```

实验：

使用随机函数产生操作数，设计其他的运算题目。

五、学习检测

练习 2.2.1 把下列数学式子写成 C++语言表达式。

(1) $mx+b$ (2) $\frac{a+b+c}{e\times f}$ (3) $\sqrt{(x-3y)z}$ (4) $\frac{2x-y}{x+y\times 2}$ (5) $\frac{\frac{x-yz}{2}}{c}$

练习 2.2.2 假设下面每个表达式中整型变量 x 的值均为 10(假设各表达式互不影响)，求 x 和 y 的值。

表达式	值	表达式	值
++x		x++	
--x		x--	
y=x++		y=5*x++	
y=--x		y=x--*2+3	

练习 2.2.3　一批树苗 540 棵，分给五、六年级同学去种，五年级有 120 人，六年级有 150 人。如果按照人数进行分配，每个年级各应分得多少棵树苗？用程序解决问题。

第三节　变量的读入

一、情境导航

公交时间

公交公司想记录每趟公交车从始发站到终点站所花费的时间。只要告知公交车于 a 时 b 分从始发站出发，并于当天的 c 时 d 分到达终点站(时间表述均为二十四小时制)，公司就知道公交车从始发站到终点站共花了 e 小时 f 分钟($0 \leqslant f < 60$)。例如，如告知公司公交车 12 点 5 分出发，13 点 19 分到达终点，应得到信息："公交车从始发站到终点站共用了 1 小时 14 分钟"。

你能编程解决这个问题吗？

公交车从始发站到终点站的用时 = 到达时间 - 出发时间。问题中的时间包括小时和分钟，计算时需将时间单位统一。可先统一转换为分钟做相减运算，再将相减的结果转换为小时和分钟。

设 timepast 为以分钟为单位的公交车用时，那么：

$$\text{timepast} = 60 \times c + d - (60 \times a + b)$$

$$e = \text{timepast} / 60$$

$$f = \text{timepast} \% 60$$

在问题解决过程中，有一个关键的问题：每趟公交车的到达时间和出发时间是不同的，即 a、b、c、d 的值不是固定的值。这一点与前面所有问题都不同。

程序如何实现依据不同的值得到对应的结果？

本节我们通过学习 C++语言的 cin 语句和顺序结构程序设计，来解决这类问题。

二、知识探究

(一) cin 语句

cin 是 C++的输入语句。与 cout 语句一样，C++是通过流进行输入的，如图 2-2 所示。

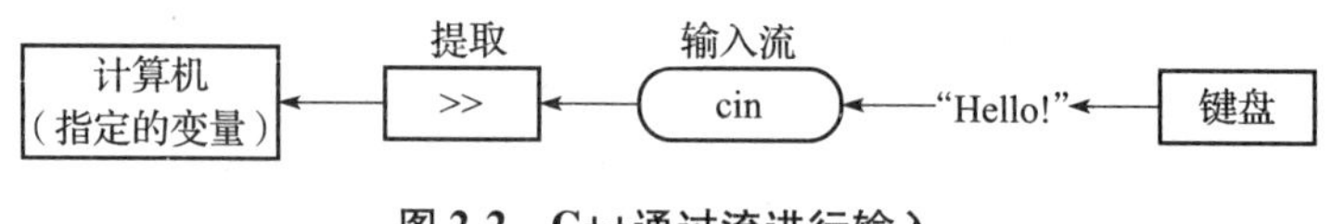

图 2-2　C++通过流进行输入

为了叙述方便，常常把由 cin 和流提取运算符“>>”组成的实现输入的语句称为输入语句或 cin 语句。

格式：

```
cin>>变量 1>>变量 2>>…>>变量 n;
```

功能：

将输入流中的数据通过系统默认的设备(一般为键盘)读入赋给变量。

与 cout 类似，一个 cin 语句可以分写成若干行。

例如：

```
cin>>a>>b>>c>>d;
```

也可以写成

```
cin>>a;
cin>>b;
cin>>c;
cin>>d;
```

对于以上书写方式，变量值均可以从键盘输入：1 2 3 4

也可以分多行输入：

1

2 3

4

在使用 cin 完成输入操作时，系统会根据变量的类型从输入流中提取相应长度的数据，具体有以下规则。

(1) cin 语句把空格字符、回车符和换行符作为数据的分隔符，不输入给变量。如果想将空格字符、回车符或换行符(或任何其他键盘上的字符)输入给字符变量，可以使用后面学习的 getchar 函数。

(2) cin 语句忽略多余的输入数据。

(3) 在组织输入流数据时，要仔细分析 cin 语句中变量的类型，按照相应的格式输入，否则容易出错。

(二) 顺序结构程序设计

顺序、分支、循环是程序设计的三种基本结构。顺序结构程序是最简单、最基本的程序。程序按编写的顺序依次往下执行每一条指令，直到最后一条。它能够解决某些实际问题，或成为复杂程序的子程序。

所谓顺序结构，是指解决问题的流程或步骤(算法)及实现算法的语句按顺序呈现。程序依照顺序从开头逐条执行语句(指令)序列，一个语句执行完后自动执行下一个语句，直至程序结束。

例如，情境导航中“公交时间”问题的解决流程就是顺序结构，如图 2-3 所示。

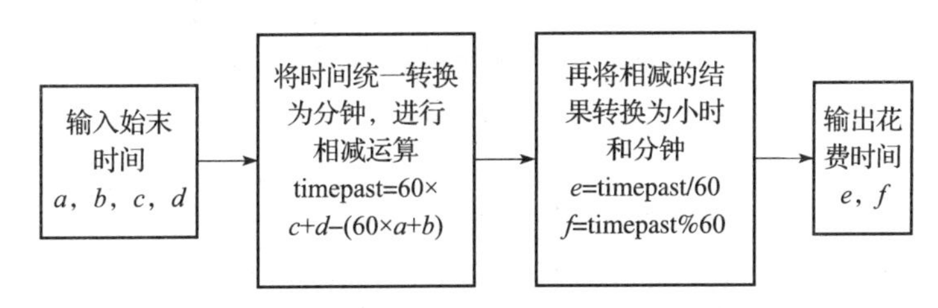

图 2-3　“公交时间”问题的解决流程

学习了输入、赋值、输出语句，就可以编写顺序结构程序了。

顺序结构程序的特点是按部就班、依次执行。因此，设计顺序结构的程序时，只需要将解决问题的步骤依次用 C++语言规定的方式书写到程序中即可。

三、实践应用

例 2. 3. 1　数据输入

依据五组输入数据和运行结果，分析 cin 数据读入的方式。

程序代码：

```
1    //exam2.3.1
2    #include<iostream>
3    using namespace std;
4    int main()
5    {
6        char c1,c2;               //定义字符型变量
7        int a;
8        float b;
9        cout<<"输入:"<<endl;      //提示输入
10       cin>>c1>>c2>>a>>b;        //读入数据
11       cout<<"输出:"<<endl;      //输出变量的值
12       cout<<c1<<endl;
13       cout<<c2<<endl;
14       cout<<a<<endl;
15       cout<<b<<endl;
16       return 0;
17   }
```

运行结果:

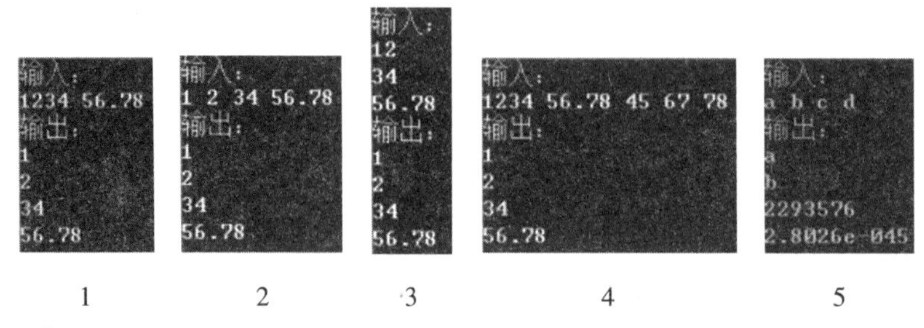

说明:

程序中，变量 c1 和 c2 是 char 类型，分别接受一个键盘字符。

第 1 组输入数据中的第 1 个数据 1234，1 赋给了 c1，2 赋给了 c2，剩下的 34 赋给了 a 变量，第 2 个数据 56.78 赋给了 b 变量，得到第 1 组的输出结果。

第 2 组输入数据间加了空格，将数据分别赋给了符合长度类型的 4 个变量，得到与第 1 组相同的输出结果。

第 3 组数据间加了回车符，得到与第 1 组相同的输出结果。

第 4 组输入数据个数超过变量个数，多余数据程序自动忽略，也得到与第 1 组相同的输出结果。

第 5 组数据前两个字符分别存入字符类型变量中，输出正确的结果，而后两字符存入到整型和实型变量中，由于数据与存储数据的变量类型不符，输出意想不到的错误结果(不同编译器输出不同的结果)。

实验:

对上述程序，继续以不一样的方式输入数据，设想运行结果，然后运行程序，比对设想的运行结果和程序运行结果，理解读入语句。

例 2.3.2 反向输出

从键盘上输入一个三位数，然后将它反向输出。例如输入 673，应输出 376。

题目分析:

设 x 为输入的三位数，y 为 x 的反向输出。先求出 x 的百位、十位、个位数:

百位数字 $x1=x/100$；十位数字 $x2=(x-x1*100)/10$；各位数字 $x3=x\%10$。

则：$y=x3*100+x2*10+x1$。

程序代码:

```
1   //exam2.3.2
2   #include<iostream>
3   using namespace std;
4   int main()
5   {
6       int x,y,x1,x2,x3;
7       cin>>x;                      //读入一个三位数存入 x 变量中
8       x1=x/100;                    //求百位数
```

```
9         x2=(x-x1*100)/10;           //求十位数
10        x3=x%10;                    //求个位数
11        y=x3*100+x2*10+x1;          //逆序组成新数
12        cout<<y<<endl;              //输出
13        return 0;
14    }
```

运行结果：

```
673        752
376        257
```

思考：

是否还有其他求解方法？如果有，尝试编程实现。

例 2.3.3　公路花费

某两城市间公路用 A—Z 单字符来标识路段，输入某路段的路程(千米)、汽车平均速度(km/h)、每升汽油可以运行的距离(千米)以及每升汽油价格(元)，求汽车经过该路段所花费的时间和费用，结果连同路段标识一同输出。

【输入样例】

A

200 80 6 15.6

【输出样例】

A

time=2.5

totalcost=520

题目分析：

设路段路程为 d，汽车平均速度为 s，所用汽油升数为 l，每升汽油可以运行的距离为 k，每升汽油价格为 cost。则：

汽车运行时间 time $=d/s$

所用汽油升数 $l=d/k$

总费用 totalcost $=l*\text{cost}$

题目要求输入和输出路段标识符。因此，设一个字符类型的变量 guidepost 存储路段标识。

解决过程涉及比较多的变量与运算式，程序可以分以下 4 部分表达。

(1) 设计每个变量的类型。

(2) 输入什么，如何输入。

(3) 依据输入值按照分析求解。

(4) 输出问题解。

由于本题给出了输入、输出样例，因此，输入、输出要按照样例格式设计。

程序代码：

```
1    //exam2.3.3
2    #include<iostream>
3    using namespace std;
4    int main()
5    {
6        char guidepost;                              //定义路标变量
7        double d,s,k,cost;                           //定义输入变量
8        double time,l,totalcost;                     //定义求值变量
9        cin>>guidepost;                              //输入路标
10       cin>>d>>s>>k>>cost;                          //输入路程、速度、每升汽油运
                                                       行距离、油价
11       time=d/s;                                    //求汽车运行时间
12       l=d/k;                                       //求所用汽油升数
13       totalcost= l*cost;                           //求总费用
14       cout<<guidepost<<endl;                       //输出路标
15       cout<<"time="<<time<<endl;                   //输出汽车运行时间
16       cout<<"totalcost="<<totalcost<<endl;         //输出总费用
17       return 0;
18   }
```

运行结果：

```
A
200 100 8 5.2
A
time=2
totalcost=130
```

```
H
600 110 8 5.3
H
time=5.45455
totalcost=397.5
```

思考：

程序中第 9、10 行利用 cin 语句实现对变量的输入，可以灵活方便地解决问题。那么，能否对 cin 变量输入一个算式？

例 2.3.4 公交时间

编程解决情境导航中的“公交时间”问题。

题目分析：

依据前述分析及图 2-3“公交时间”问题的解决流程，写出定义变量、读入数据、求解、输出结果的对应代码。

程序代码：

```
1    //exam2.3.4
2    #include<iostream>
3    using namespace std;
4    int main()
5    {
6        int a,b,c,d,e,f,timepast;                    //定义变量
```

```
7         cin>>a>>b>>c>>d;                              //读入数据
8         timepast=60*c+d-(60*a+b);                     //求路途花费多少分钟时间
9         e=timepast/60;                                //将 timepast 转换为小时
10        f=timepast%60;                                //将 timepast 转换为分钟
11        cout<<"公交车从首站到末站共用了"<<e<<"小时      //输出
              "<<f<<"分钟"<<endl;
12        return 0;
13    }
```

运行结果：

```
12 5 13 19
公交车从首站到末站共用了1小时14分钟
```

```
12 58 14 5
公交车从首站到末站共用了1小时7分钟
```

思考：

本问题是否有其他解决的方法？如果有，写出解决的算法步骤，尝试用程序实现。

四、总结提升

学习完变量的读入，我们发现解决问题的方式可以更灵活，并且可以表现出程序自身的特性。同一问题可以针对输入的不同变量值而获得对应的结果，从而达到解决一类问题的目标，其他学科由于受到计算的限制，基本解决的都是单一数据的问题。

通过前面的学习，总结一下 C++程序设计的基本方法。

程序设计的步骤如图 2-4 所示。

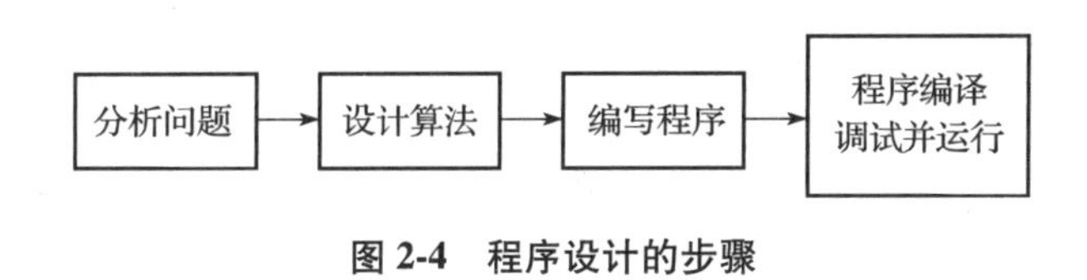

图 2-4　程序设计的步骤

第一步，分析问题。

（1）分析问题已知什么？要求什么？

（2）分析从已知到获得结果的解决方案，解决方案可以基于学科知识，也可以基于生活中解决问题的逻辑与经验等。

第二步，设计算法。

（1）设计存放已知值、中间求解过程的值、最后结果值的变量。

（2）依据问题分析，给出具体有效的解决问题的步骤（算法），即由给定的初始状态或输入数据，经过计算机程序的有限次运算，能够得出所要求的终止状态或输出数据的步骤。

第三步，编写程序。

（1）依据问题的数据，设计算法中用到的变量类型。

(2) 设计问题已知数据的输入方式。

(3) 依据算法，用合适的语句表达解决问题的过程。

(4) 按照问题需求设计输出结果。

第四步，程序编译调试并运行。

(1) 编译程序，发现程序语法错误并编辑修改。

(2) 运行程序。如果程序的运行结果不正确，需要调试程序。调试程序的方法很多，如在 IDE 环境下调试、静态查错、对拍等。调试程序的目的是发现并解决程序或算法设计中的问题。

拓展 1

在其他学科中，通常是针对已知的具体数据进行问题的求解。其原因是受限于计算方式，无法做更多的变化。利用程序输入语句，就可以改变这种状况。

例 2.3.5 解决火车行程问题

一列火车在某地时的速度为 40km/h，现以加速度 0.15m/s^2 加速，求 2min 后火车的速度 vt 和距开始点的距离 s。

利用输入语句，就可以将问题变化为：一列火车在某地时的速度为 v_0(km/h)，现以加速度 a(m/s^2)加速，求 t(min)后的速度 vt(m/s)和距开始点的距离 s(m)。

改变后的问题从求具体值的问题变成了解决一类的问题，这是程序带来的进步。

程序代码：

```
1   //exam2.3.5
2   #include<iostream>
3   using namespace std;
4   int main()
5   {
6       float v0,a,vt,s;                          //定义变量
7       int t;                                    //定义变量
8       cin>>v0>>a>>t;                            //输入初速度、加速度、运动时间
9       v0=v0*1000/3600;                          //初速度单位转换为秒
10      t=t*60;                                   //运动时间转换为秒
11      vt=v0+a*t;                                //求速度
12      s=v0*t+0.5*a*t*t;                         //求距离
13      cout<<"vt="<<vt<<"  s="<<s<<endl;         //输出结果
14      return 0;
15  }
```

运行结果：

```
40 0.15 2
vt=29.1111    s=2413.33
```

```
35.3 0.13 4
vt=41.0056    s=6097.33
```

思考：

能否运用 cin 语句修改本节之前实例问题或扩展问题的程序，使之从解决单一的

数据问题变为能够解决一类问题的程序。例如，将例 1.2.2 改为求 n 张图片分给 k 个人的问题。

拓展 2

随着学习的深入，可以解决的问题会越来越复杂，程序的代码量也会越来越大。当程序运行结果不正确，又不知道错误在哪时，可借助 IDE 的调试工具。

默认情况下，程序从开头执行到结尾。要想让程序从某个位置开始观察执行情况，需要设置一个断点。所谓断点，可以简单地理解成暂停按钮，程序遇到断点就会暂停执行。

在 Dev C++环境中，设置程序断点的方法很简单。想在哪一行代码处暂停执行，直接单击代码所在行的行号即可。然后，单击报告窗口中的“调试”按钮，程序执行至断点处停下。当程序暂停执行时，借助调试窗口中的按钮可以查看某些变量的值，还可以单步往下执行程序。

例如，在下面程序的第 9 行设置了断点，第 11 行为当前单步执行的行，左边窗口显示所查看变量的当前值。单击调试选项卡中的“添加查看”按钮，弹出图中“新变量”窗口，可以随时添加需要查看的变量，调试程序窗口如图 2-5 所示。

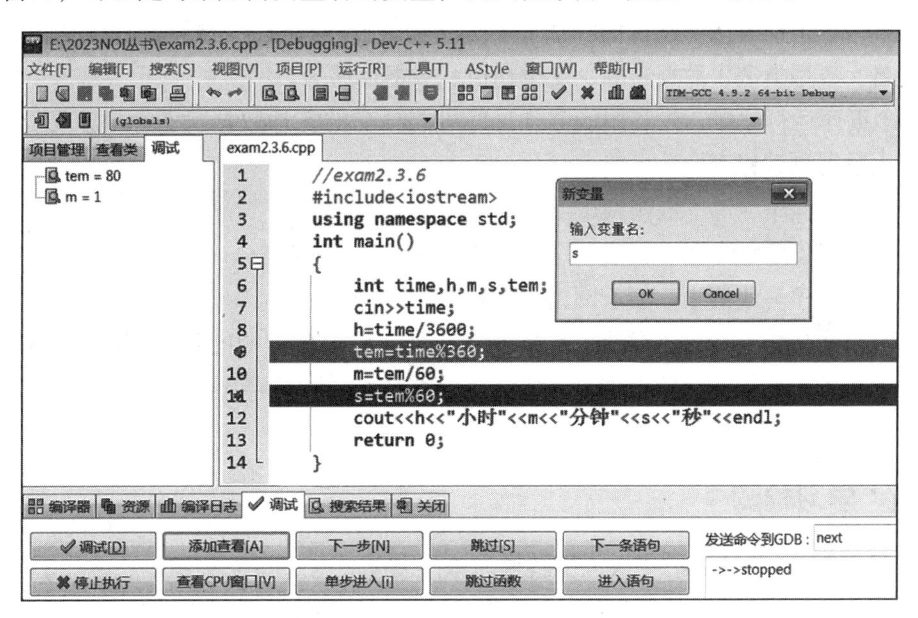

图 2-5　调试程序窗口

观察调试程序窗口的变量值，发现 tem 值是错误的。找到程序的错误之处，就可以有针对性地修改。

在调试程序窗口中，常用的按钮以及含义如下。

(1) 添加查看：添加需要观察的变量。

(2) 下一步：执行当前程序行，并向下一行。

(3) 单步进入：功能和“下一步”按钮类似。不同之处在于，当程序中调用某个自定义的函数时，此按钮可以进入函数内部，继续调试函数内部的代码，而“下一步”按钮不会。

（4）跳过：继续执行程序，遇到下一个断点再暂停执行。

（5）停止执行：停止调试程序。

拓展 3

良好的程序设计行为与调试习惯，可以减少编程中的错误，有助于培养学习兴趣。以下是编写和调试程序时的一些建议。

（1）透彻分析问题，给出能够实施的具体解决问题的方法和步骤，设计完整的算法和数据结构。写程序过程即用 C++语言规定的语句描述解决问题的方法和步骤，不要只有一个大致的思路就匆忙开始写程序。正如写一篇文章，关键是文章的构思，有了具体的构思，可以使用中文、英文等语言进行描述，如果只有大致想法写出来的文章一定不是好文章。对程序而言，一点点的错误导致的结果都是很严重的。

（2）在分析问题过程中，给出问题可能存在的各种数据状态和结果，如边界数据等，有助于得到正确的解决方案，测试程序的正确性。

（3）编译运行程序前，先进行静态查错。所谓静态查错，即认真阅读一遍所写的程序，检查是否正确表达所设计的算法、数据结构、程序模块。还要特别关注细节表达，如变量名、数据类型、数据边界、变量初值、数据传递等。

（4）编译运行程序，先利用能够预见的可能存在的各种数据状态和结果测试程序，再设计大数据测试程序。

（5）调试程序尽量不依赖调试工具。

（6）C++语言允许在一行里写多个语句。但是，建议在一个程序行里只写一个语句。这样的程序写法清晰，便于阅读、理解和调试。

（7）在编写程序时，注意使用空格或 Tab 键，设置合理的间隔、缩进、对齐格式，使程序形成逻辑相关的块状结构，养成优美的程序编写风格。

五、学习检测

练习 2.3.1 将输入的华氏温度转换为摄氏温度。

练习 2.3.2 输入三角形三边长 a、b、c（保证能构成三角形），输出三角形面积（已知三角形的三条边长求面积公式，可以自行上网查寻）。

练习 2.3.3 有一个名为“就是它”的猜数游戏，步骤如下：任意输入一个三位数 x，在这三位数后重复一遍，得到一个六位数，如 467→467467。把这个数连续除以 7、11、13，最后的商 y 就是你输入的三位数。请编写程序加以验证。

第四节　scanf 语句和 printf 语句

一、情境导航

进制转换

小计最近在学习数制知识。他想快速算出：将一个十六进制数转换为十进制数是多少？将一个八进制数转换为十进制数是多少？

你能编写程序，帮他解决问题吗？

二进制、八进制、十六进制都是计算机科学中经常用到数制。二进制数基数为 0、1，逢二进一；八进制数基数为 0、1、2、3、4、5、6、7，逢八进一；十六进制数基数为 0、1、2、3、4、5、6、7、8、9、A、B、C、D、E、F，逢十六进一。

二进制、八进制、十六进制与十进制的对应关系见表 2-2。

表 2-2　进制对应关系表

十进制	二进制	八进制	十六进制
0	0000	0	0
1	0001	1	1
2	0010	2	2
3	0011	3	3
4	0100	4	4
5	0101	5	5
6	0110	6	6
7	0111	7	7
8	1000	10	8
9	1001	11	9
10	1010	12	A
11	1011	13	B
12	1100	14	C
13	1101	15	D
14	1110	16	E
15	1111	17	F

我们知道：一个十进制数可以表示为每一个数位上的数字与权值的乘积之和。

例如：

十进制的 $235=2\times10^2+3\times10^1+5\times10^0$

与十进制数一样，八进制数、十六进制数中每一个数位上的数字也有自己的权值：八进制数从右向左的第 1 位的权值为 8 的 0 次方，第 2 位的权值为 8 的 1 次方，第 3 位的权值为 8 的 2 次方……十六进制数从右向左的第 1 位的权值为 16 的 0 次方，第 2 位的权值为 16 的 1 次方，第 3 位的权值为 16 的 2 次方……

于是，八进制数和十六进制数转换十进制数，也可以用每一个数位上的数字与权值的乘积之和产生。

例如：

八进制的 167 转化为十进制数 $=1\times8^2+6\times8^1+7\times8^0=119$

十六进制的 A2 转化为十进制数 $=10\times16^1+2\times16^0=162$

用上述方法，可以实现将八进制数和十六进制数转化为十进制数。

除了这种计算的方法，在 C++中还可以使用 scanf 语句和 printf 语句，直接输入和输出八进制数和十六进制数，从而更简捷地解决小计的问题。

二、知识探究

scanf 实现格式输入，printf 实现格式输出。它们分别使用标准库中的 scanf 函数和 printf 函数实现。函数名中的最后一个字母 f 即为“格式”（format）之意。其意义是按指定的格式输入或输出值。

在使用 scanf 函数和 printf 函数前，需要使用头文件 cstdio：

```
#include<cstdio>
```

（一）printf 格式输出函数

printf 函数调用的一般形式为：

```
printf("格式控制字符串", 输出列表)
```

其中，格式控制字符串用于指定输出格式。格式控制字符串可由格式字符串和非格式字符串两种组成。格式字符串是以%开头的字符串，在%后面跟有各种格式字符，以说明输出数据的类型、形式、长度、小数位数等。例如，`%d` 表示按十进制整型输出，`%ld` 表示按十进制长整型输出。如果引号内为非格式字符串，则原样输出，在显示中起提示作用。

格式字符串和各输出项在数量和类型上应该一一对应。printf 函数的格式字符如表 2-3 所示。

表 2-3 printf 函数的格式字符

格式字符	含义
d	以十进制形式输出带符号的整数(正数不输出符号)
o	以八进制形式输出无符号的整数(不输出前缀 0)
x,X	以十六进制形式输出无符号的整数(不输出前缀 0x)
u	以十进制形式输出无符号整数
f,lf	以小数形式输出单、双精度实数
e,E	以指数形式输出单、双精度实数
g,G	以%f 或%e 中较短的输出宽度输出单、双精度实数
c	输出单个字符
s	输出字符串

(二) scanf 格式输入函数

scanf 函数调用的一般形式为:

```
scanf("格式控制字符串", 地址表列);
```

其中，格式控制字符串的作用与 printf 函数相同，但不能显示非格式字符串，也就是不能显示提示字符串。地址表列中给出各变量的地址，地址是由地址运算符“&”后跟变量名组成的。例如，&a 和 &b 分别表示变量 a 和变量 b 的地址。

变量的地址和变量值的关系可以这样理解：在应用 a=567 语句给变量赋值时，a 为变量名，567 是变量的值，&a 是变量 a 在存储器中的地址。

scanf 函数的格式字符与附加格式说明符如表 2-4 和表 2-5 所示。

表 2-4 scanf 函数的格式符

格式符	说明
d,i	用于输入十进制整数
u	以无符号十进制形式输入十进制整数
o	用于输入八进制整数
x	用于输入十六进制整数
c	用于输入单个字符
s	用于输入字符串(非空格开始，空格结束，字符串变量以'\ 0'结尾)
f	用于输入实数(小数或指数均可)
e	与 f 相同(可与 f 互换)

表 2-5 附加格式说明符

附加格式	说明
l(字母)	l 用于 double 型实数(%lf,%le)
域宽(一个整数)	指定输入所占列宽
*	表示对应输入量不赋给一个变量

在使用 scanf 函数时，需要注意以下事项：

（1）scanf 函数中没有精度控制。例如：scanf("%5.2f",&a);是非法的。

（2）scanf 函数中要求写出变量地址，如果写的是变量名则会出错。例如：scanf("%d",a);是非法的，应改为 scanf ("%d",&a);。

（3）输入多个数值数据时，若格式控制字符串中没有非格式字符作输入数据之间的间隔，则可用空格、TAB 或回车作为间隔。在输入单个字符编译时碰到空格、TAB、回车或非法数据(对“%d”输入“12A”，A 即为非法数据)即认为该数据结束。

（4）输入字符数据时，若格式控制字符串中无非格式字符，则认为所有输入的字符均为有效字符。

（5）如果格式控制字符串中有非格式字符则输入时也要输入该非格式字符。

（6）如果输入的数据与输出的类型不一致，虽然编译能够通过，但是，结果不正确。

三、实践应用

例 2.4.1　%d 输出

阅读下列程序和程序运行结果，理解“%d 格式控制字符串”和输出列表的表达方式。

程序代码：

```
1    //exam2.4.1
2    #include<cstdio>
3    using namespace std;
4    int main()
5    {
6        printf("%d%d%d\n",9/8,4*(6+3)%5,(4*6+3)%5);
7        printf("%d  %d  %d\n",9/8,4*(6+3)%5,(4*6+3)%5);
8        printf ("9/8=%d  4*(6+3)%5=%d  (4*6+3)%5=%d\n",9/8,4*(6+3)%5,
                 (4*6+3)%5);
9        printf("%d %d %d\n",41%6,41%(-6),(-41)%6);
10       return 0;
11   }
```

运行结果：

```
112
1  1  2
9/8=1  4*(6+3)%5=1  (4*6+3)%5=2
5 5 -5
```

实验：

（1）删除程序 printf 中的\n，编译运行程序，说明\n 的作用。

（2）将程序第 7 行 printf("%d %d %d\n",9/8,4*(6+3)%5,(4*6+3)%5)中

的空格改成逗号，编译运行程序，说明 printf 函数中双引号内的书写格式对输出显示内容的影响。

例 2.4.2 %f 输出

阅读下列程序和程序运行结果，理解“%f 控制字符串”和输出列表的表达方式。

程序代码：

```
1    //exam2.4.2
2    #include<cstdio>
3    using namespace std;
4    int main()
5    {
6        printf("9/8=%d  9.0/8=%f  9/8.0=%f  9.0/8.0=%f \n",9/8,9.0/8,9/
             8.0,9.0/8.0);
7        printf("10.0/6.0=%f\n",10.0/6.0);
8        printf("10.0/6.0=%.3f\n",10.0/6.0);
9        printf("10.0/6.0=%9.3f\n",10.0/6.0);
10       return 0;
11   }
```

运行结果：

```
9/8=1 9.0/8=1.125000 9/8.0=1.125000 9.0/8.0=1.125000
10.0/6.0=1.666667
10.0/6.0=1.667
10.0/6.0=    1.667
```

实验：

（1）将程序中的 f 符号变换为 d 符号，编译运行程序，说明数据输出时如何正确使用两种符号。

（2）改变程序第 9 行 printf("10.0/6.0=%9.3f\n",10.0/6.0)中 % 与 f 间的数据，说明其对数据输出格式的影响。

例 2.4.3 %c 输出

阅读下列程序和程序运行结果，理解“%c 格式控制字符串”和输出列表的表达方式。

程序代码：

```
1    //exam2.4.3
2    #include<cstdio>
3    using namespace std;
4    int main()
5    {
6        int a=88,b=89;
7        printf("%d %d\n",a,b);
8        printf("%d,%d\n",a,b);
```

```
9          printf("%c,%c\n",a,b);
10         printf("a=%d,b=%d",a,b);
11         return 0;
12     }
```

运行结果：

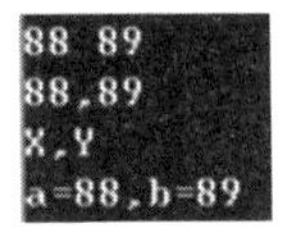
88 89
88,89
X,Y
a=88,b=89

实验：

改变 a，b 值($65 \leqslant a$，$b \leqslant 92$)，观察第 9 行的运行结果，说明`%c`的作用。

例 2.4.4　%d 输入

阅读下列程序和程序运行结果，理解“%d 格式控制字符串”和输入列表变量关系。

程序代码：

```
1      //exam2.4.4
2      #include<cstdio>
3      using namespace std;
4      int main()
5      {
6          int a,b,c;
7          printf("input a,b,c\n");
8          scanf("%d%d%d",&a,&b,&c);
9          printf("a=%d,b=%d,c=%d",a,b,c);
10         return 0;
11     }
```

运行结果：

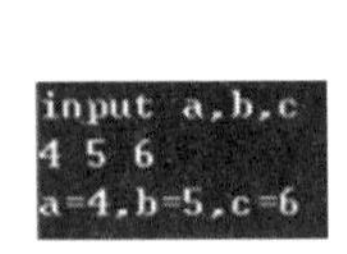
input a,b,c
4 5 6
a=4,b=5,c=6

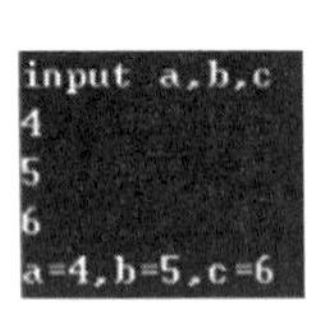
input a,b,c
4
5
6
a=4,b=5,c=6

说明：

由于 scanf 函数本身不能显示提示串，故在程序中，先用 printf 语句在屏幕上输出提示用户输入 a、b、c 的值，再执行 scanf 语句，等待用户输入。在 scanf 语句的格式控制字符串中由于在“%d%d%d”之间没有非格式字符作为间隔，因此在输入两个数之间至少要用一个以上的空格或换行符作为间隔。

例如：

7 8 9

或

7

8

9

实验：

(1) 将程序中的 scanf 语句改为 scanf("%4d%2d%3d",&a,&b,&c)；输入：123456 123456，程序运行结果是什么？

(2) 将程序中的 scanf 语句改为 scanf("a=%d,b=%d,c=%d",&a,&b,&c)；输入：3 4 5，程序运行结果是什么？输入：a=3,b=4,c=5，程序运行结果又是什么？

例 2.4.5　不同格式符输入

阅读下列程序和程序运行结果，理解不同格式控制字符串、输入列表变量和输入方式之间的关系。

程序代码：

```
1    //exam2.4.5
2    #include<cstdio>
3    using namespace std;
4    int main()
5    {
6        int a;
7        double b;
8        char c;
9        scanf("%c%d,%lf",&c,&a,&b);
10       printf("结果是:\n");
11       printf("%c %d %.2lf",c,a,b);
12       return 0;
13   }
```

运行结果：

实验：

(1) 输入 x 5 34.5，程序运行结果是什么？

(2) 输入

x

5

34.5

程序运行结果是什么？

例 2.4.6 ＊格式符

阅读下列程序和程序运行结果，理解“＊”格式符的使用。

程序代码：

```
1   //exam2.4.6
2   #include<cstdio>
3   using namespace std;
4   int main()
5   {
6       int a,b;
7       scanf("%d%* d%d",&a,&b);
8       printf("a=%d,b=%d\n",a,b);
9       return 0;
10  }
```

运行结果：

```
1 2 3
a=1,b=3
```

例 2.4.7 进制转换 1

编程解决情境导航中的“进制转换”问题：分别输入十六进制数、八进制数、十进制数，输出它们对应的十进制形式。

题目分析：

变量中存放的是数据的二进制数。输入与输出不同的进制只是数据的呈现形式。

利用 scanf 函数不仅可以直接输入十进制数，还可以直接输入八进制数和十六进制数。

程序代码：

```
1   //exam2.4.7
2   #include<cstdio>
3   using namespace std;
4   int main()
5   {
6       int a,b,c;
7       printf("input 十六进制数,八进制数,十进制数\n");  //输入提示
8       scanf("%x%o%d",&a,&b,&c);                     //输入十六进制、八进
                                                       制、十进制数
9       printf("对应的十进制数:\n");                    //输出提示
10      printf("a=%d,b=%d,c=%d",a,b,c);               //输出对应的十进制数
11      return 0;
12  }
```

运行结果：

```
input 十六进制数,八进制数,十进制数
a2 67 67
对应的十进制数:
a=162,b=55,c=67
```

四、总结提升

scanf 语句和 printf 语句具有灵活的格式。选择使用 cin 语句、cout 语句还是 scanf 语句、printf 语句主要依据问题的需要而选择，有时也可根据个人喜好而选择。

scanf 语句和 printf 语句比 cin 语句和 cout 语句在格式与理解上更复杂。为了方便初学者学习，本书除了特殊需求，均使用 cin 语句和 cout 语句。

拓展 1

printf("格式控制字符串",输出列表)和 scanf("格式控制字符串",地址列表)中的“格式控制字符串”，还有许多细节上的规定，针对问题的输入输出要求，可查找相关资料帮助实现。

例 2.4.8 进制转换 2

将例 2.4.7 的输出宽度改为 10 位

依据问题的输出要求，查找 printf 语句的“格式控制字符串”为%md。m 为指定的输出字段的宽度。如果数据的位数小于 m，则左端补空格；若大于 m，则输出实际位数。

程序代码：

```
1    //exam2.4.8
2    #include<cstdio>
3    using namespace std;
4    int main()
5    {
6        int a,b,c;
7        printf("input 十六进制数,八进制数,十进制数\n");   //输入提示
8        scanf("%x%o%d",&a,&b,&c);                        //输入十六进制、八进
                                                           制、十进制数
9        printf("对应的十进制数:\n");                      //输出提示
10       printf("a=%10d,b=%10d,c=%10d",a,b,c);            //输出对应的十进制数
11       return 0;
12   }
```

运行结果：

```
input 十六进制数,八进制数,十进制数
aaaaaaa 1111111 123456789
对应的十进制数:
a= 178956970,b=    299593,c= 123456789
```

拓展 2

通过编程解决问题时，除了要表达解决问题的过程，还需要完成以下两项工作。

(1) 设计输入变量，选择输入方式，让程序更为通用。

(2) 依据问题设计输出形式。

例 2.4.9 工资增长

对于例 2.2.6“妈妈的工资”问题，希望求出不同员工 2024 年的工资，工资以元为单位精确到角。

由于不同员工的起始月工资和工资平均增长率不同，因此，设变量 *s*1 读入员工 2021 年月工资，变量 *s*2 读入员工 2023 年月工资。选择 scanf 和 printf 语句输入输出数据。

程序代码：

```
1     //exam2.4.9
2     #include<iostream>
3     #include<cmath>
4     using namespace std;
5     int main()
6     {
7          float s1,s2;
8          float x,y;
9          printf("输入 2021 年和 2023 年工资:\n");
10         scanf("%f%f",&s1,&s2);
11         x=sqrt(s2/s1)-1;                    //求工资平均增长率
12         y=s2*(1+x);                         //求 2024 年月工资
13         printf("2024 年月工资为%0.1f",y);    //输出结果
14         return 0;
15    }
```

运行结果：

```
输入2021年和2023年工资:
4532 6000
2024年月工资为6903.7
```

五、学习检测

练习 2.4.1 阅读下列程序，写出运行结果。

```
1     //test2.4.1
2     #include<cstdio>
3     using namespace std;
4     int main()
5     {
6          int a=202;
```

```
7        double b=2323.34345;
8        printf("a=%d\n",a);
9        printf("2*a=%d\n",2*a);
10       printf("a=%2d\n",a);
11       printf("%3lf\n",b);
12       printf("%20.2lf\n",b);
13       printf("%-20.2lf\n",b);
14       printf("%.2lf\n",b);
15       return 0;
16   }
```

练习 2.4.2 修改例 2.3.3、例 2.3.4 的程序，将程序的输入输出语句用 scanf 和 printf 实现。

本章回顾

学习重点

理解数据类型及其存储、赋值语句和表达式、cin 输入语句和顺序结构程序设计，会使用 printf 语句和 scanf 语句实现格式输出和格式输入。

知识结构

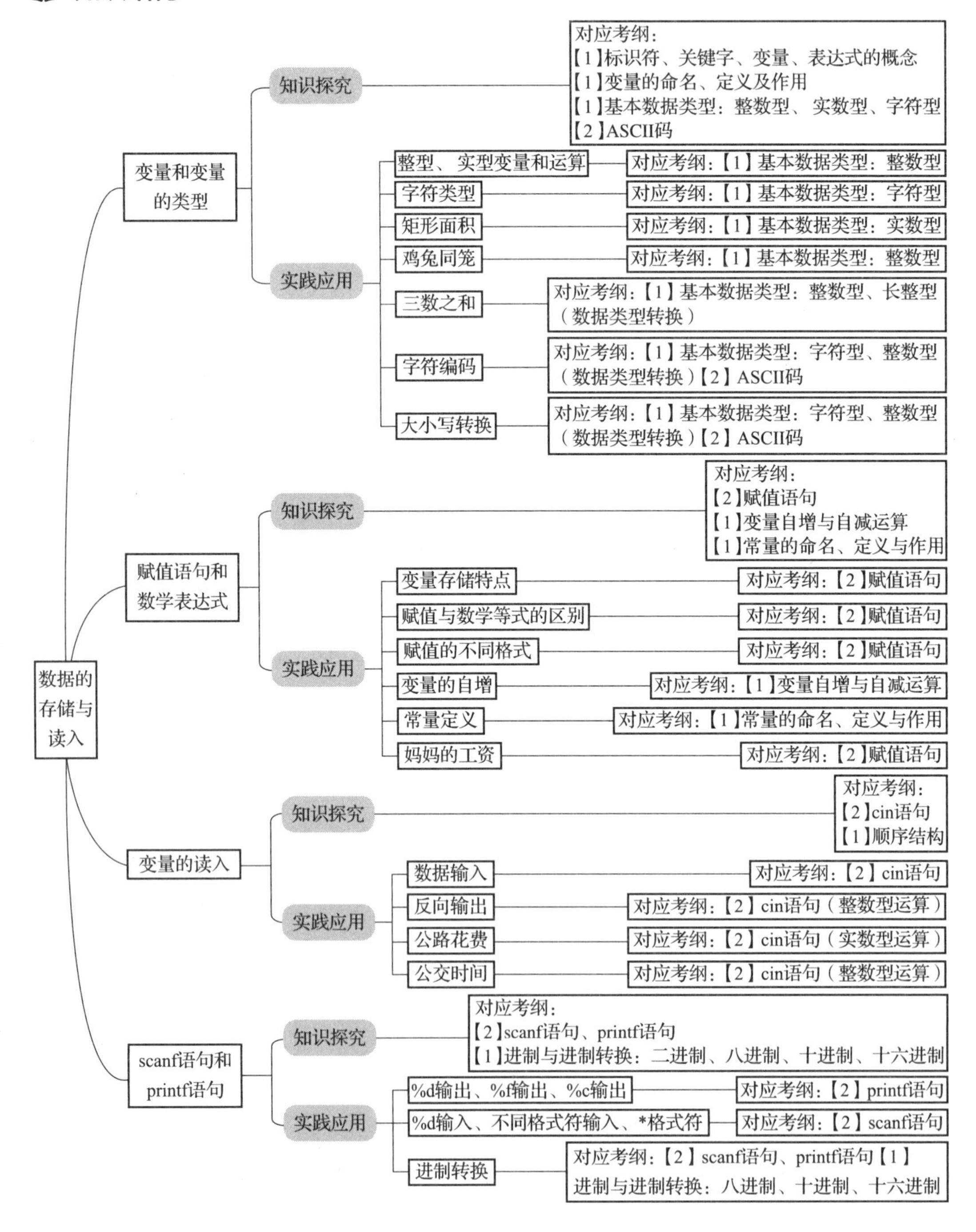

第三章 程序的选择执行

在生活中经常会遇到依据条件或情况做不同选择的事情。例如，走到十字路口时，会依据红绿灯信息选择停下来还是过马路；上课时，依据课程表选择教材；筹备运动会时，每个人选择是否参加比赛项目，如果参加，还要选择参加哪个项目？如果将这些需要判断决策的事情交给计算机，它会如何去完成？

在计算机语言中，可用选择结构(或称分支结构)描述这类选择事件的解决过程。

在 C++语言中，提供了 if、switch 两种表达不同形式的分支结构。

本章将带领大家学习 if 语句和关系表达式、逻辑表达式和条件表达式、嵌套 if 语句与 switch 语句。

第一节 if 语句和关系表达式

一、情境导航

种果树

学校准备种果树。要依据校友的捐款来选择树种：如果捐款低于 10 万元，就只种梨树；如果捐款达到 10 万元及以上，30%用于种梨树，50%用于种桃树，20%用于种苹果树。

已知每棵梨树 500 元，每棵桃树 600 元，每棵苹果树 800 元。

根据捐款金额，你能算出每种果树的数量吗？

使用变量 money 存放读入的捐款，如果 money 小于 10 万，则求出梨树的数量并输出；否则，要分别求出梨树、桃树和苹果树的数量并输出。

用数学表达式描述求果树数量的方法：

$$\text{种树数量}=\begin{cases}\text{money}/500\ \text{棵梨树} & \text{当 money}<100\,000\\ \left.\begin{array}{l}\text{money}*0.3/500\ \text{棵梨树}\\ \text{money}*0.5/600\ \text{棵桃树}\\ \text{money}*0.2/800\ \text{棵苹果树}\end{array}\right\} & \text{当 money}\geqslant 100\,000\end{cases}$$

在解决问题的过程中，需要依据捐款值小于或大于等于 10 万元的条件，决策执行不同的种树方式，这是一个分支问题。

分支问题的关键是提取和表达分支的条件，依据条件是否成立选择结果。本节学习 if 语句和分支语句中关系表达式的设计。

二、知识探究

（一）if 语句的格式

格式 1：

```
if （表达式） 语句
```

功能：

当条件成立即表达式值为真时，执行“语句”，否则执行下方的语句。if 语句执行流程如图 3-1 所示。

格式 2：

```
if (表达式)
    语句 1
else
    语句 2
```

功能：

当条件成立即表达式值为真时，执行“语句 1”否则执行“语句 2”。if…else 语句执行流程如图 3-2 所示。

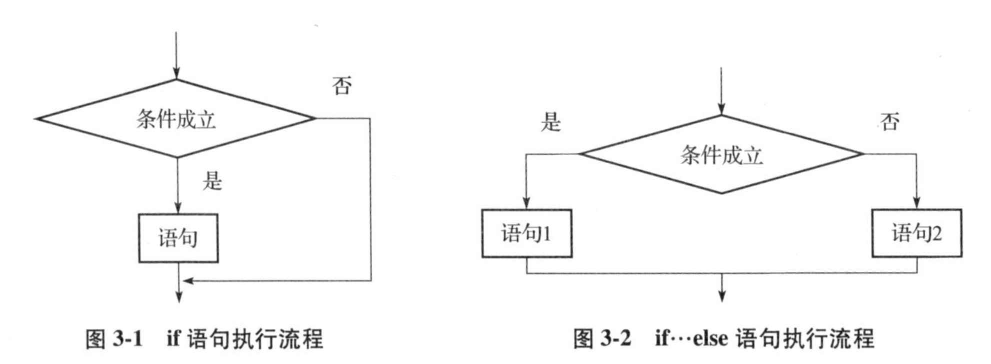

图 3-1　if 语句执行流程　　　图 3-2　if…else 语句执行流程

当 if 和 else 后面有多个要操作的语句，要用花括号“{}”括起来。将几个语句括起来的语句组合称为复合语句。

（二）分支语句中关系表达式的设计

分支语句的一个关键点是选择条件的描述，即 if 语句中(表达式)的具体表达。

结合情境导航中“种果树”问题，我们可以很自然地想到用数学的关系符号描述 if 语句中的条件。在 C++语言中，与关系符号相对应的是关系运算符，如表 3-1 所示。

表 3-1　关系运算符

等于	不等于	大于	小于	大于等于	小于等于
==	!=	>	<	>=	<=

关系运算符的优先级别如下：

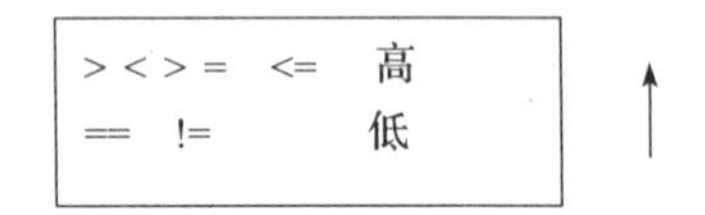

用关系运算符将两个表达式连接起来的式子，称为关系表达式。关系表达式的一般形式可以表示为：

```
表达式　关系运算符　表达式
```

其中，“表达式”可以是算术表达式或关系表达式、逻辑表达式、赋值表达式、字符表达式。

关系表达式的值是一个逻辑值，即“真”或“假”，如果为“真”表示条件成立，如果为“假”表示条件不成立。例如，关系表达式“1==3”的值为“假”，“3>=0”的值为“真”。在C++中，用数值1代表“真”，用0代表“假”。

假设 $a=5$，$b=6$，$c=7$，不同关系表达式与对应的逻辑值，如表3-2所示。

表3-2　不同关系表达式与对应的逻辑值

关系表达式	值	分析
a>b	0	因为 a=5，b=6，所以条件不成立
a+b>b+c	0	因为 a+b=11，b+c=13，所以条件不成立
(a==3)>=(b==5)	1	因为 a==3 不成立值为 0，b==5 不成立值为 0，所以两者相等成立
'a'<'b'	1	字符'a'的 ASCII 码小于字符'b'的 ASCII 码，所以条件成立
(a>b)>(b<c)	0	a>b 值为 0，b<c 值为 0，所以条件不成立

三、实践应用

例 3.1.1　判断负数

读入一个整数，然后输出该数，如果该数是负数，在输出该数前还要加上提示“注意负数!”

题目分析：

用变量 n 存放读入的数，输出该数直接使用输出语句即可。对于负数，还要输出“注意负数!”的提示。这时，需要判断条件 $n<0$ 是否成立：如果成立，则在输出 n 值前增加输出“注意负数!”

程序代码：

```
1   //exam3.1.1
2   #include<iostream>
3   using namespace std;
4   int main()
5   {
6       int n;
7       cout<<"n=";
8       cin>>n;
9       if(n<0)             //如果 n 小于 0,输出"注意负数!"
10          cout<<"注意负数!"<<endl;
11      cout<<n<<endl;      //输出 n 值
12      return 0;
13  }
```

运行结果：

说明：

程序第 9 行有关系表达式，需要加括号。第 10 行是满足条件要做的事，而第 11 行是正常执行的语句。

例 3.1.2 判断奇偶

读入一个整数，判定其是“偶数”还是“奇数”。

题目分析：

一个整数如果是偶数，那么该数除 2 的余数为 0。用变量 n 存放读入的数。如果 $n\%2$ 为 0，n 为偶数；否则，n 为奇数。

程序代码：

```
1    //exam3.1.2
2    #include<iostream>
3    using namespace std;
4    int main()
5    {
6         int n;
7         cin>>n;
8         if(n%2==0)                          //判断 n 除以 2 的余数是否为 0
9              cout<<n<<"是偶数"<<endl;    //条件式成立输出偶数
10        else
11             cout<<n<<"是奇数"<<endl;    //条件式不成立输出奇数
12        return 0;
13   }
```

运行结果：

```
191
191是奇数
```

说明：

程序第 8 行表示判断 n 除以 2 的余数是否等于 0。特别注意：关系表达式中的“等于”写作“==”，而不是“=”。如(n%k==0)是判断一个整数 n 是否能被另一个整数 k 整除的常用写法。

程序第 9 行是条件成立要执行的语句，第 11 行是条件不成立要执行的语句。

例 3.1.3 音乐社团 1

学校的音乐社团招收社员。社团依据音乐成绩给同学们发放不同的广告：为音乐成绩少于 80 分的同学发的广告单内容是“欢迎你参加音乐社”，为其他同学发的广告单内容是“非常欢迎你参加音乐社”。

请编写程序表达这件事。

题目分析：

针对输入的音乐成绩 m，在发放广告单时可以这么考虑：当 $m \geq 80$ 时，输出“非常欢迎你参加音乐社”；否则，输出“欢迎你参加音乐社”。

程序代码：

```
1    //exam3.1.3
2    #include<iostream>
3    using namespace std;
4    int main()
5    {
6        int m;
7        cout<<"m=";
8        cin>>m;
9        if (m>=80)                    //依据音乐成绩发放不同广告单内容
10           cout<<"非常欢迎你参加音乐社";
11       else
12           cout<<"欢迎你参加音乐社";
13       return 0;
14   }
```

运行结果：

```
m=67
欢迎你参加音乐社
```

```
m=89
非常欢迎你参加音乐社
```

思考：

要发放不同内容的广告，是否还有其他的程序写法？

例 3.1.4　种果树

编程解决情境导航中的“种果树”问题。

程序代码：

```
1    //exam3.1.4
2    #include<iostream>
3    #include<cmath>
4    using namespace std;
5    int main()
6    {
7        int money;
8        cout<<"money=";
9        cin>>money;
10       if (money<100000)           //捐款小于 10 万输出梨树棵数
11           cout<<"梨树="<<money/500<<"棵"<<endl;
12       else                        //捐款大等于 10 万,输出 3 种树的棵数
13       {
```

```
14            cout<<"梨树="<<floor(money*0.3/500)<<"棵"<<endl;
15            cout<<"桃树="<<floor(money*0.5/600)<<"棵"<<endl;
16            cout<<"苹果树="<<floor(money*0.2/800)<<"棵"<<endl;
17        }
18        return 0;
19    }
```

运行结果：

说明：

程序中第14~16行表示在一个分支下要完成的操作，使用花括号“{}”括起来，做成了复合语句。

四、总结提升

分支问题的重点与难点是如何依据问题灵活地构建条件。本节构建的条件相对简单，在后面的学习中会遇到更复杂的条件。

对初学者，要特别注意 if 语句的使用细节：

(1) 关系表达式要加括号；

(2) C++程序中“==”与“=”有区别；

(3) 复合句用{}。

拓展 1

针对同一个问题，可以有不同的分支语句表达方式。

例 3.1.5 音乐社团 2

进一步分析例 3.1.3 广告单内容的特点，可以发现音乐成绩不少于 80 分的人收到的广告单内容比其他人多了“非常”两字。即当 $m\geqslant 80$ 时，先输出“非常”，然后跟所有人一样输出“欢迎你参加音乐社”。

程序代码：

```
1    //exam3.1.5
2    #include<iostream>
3    using namespace std;
4    int main()
5    {
6        int m;
7        cout<<"m=";
```

```
8         cin>>m;
9         if (m>=80)           //依据音乐成绩发放不同广告单内容
10            cout<<"非常";
11        cout<<"欢迎你参加音乐社";
12        return 0;
13        }
```

运行结果：

说明：

程序中的主干部分输出共同的内容“欢迎你参加音乐社”，分支部分用于输出对应条件下的不同内容。这也是一个分析问题的角度，在后期的学习中可以借鉴。

拓展 2

很多问题的分支条件不是很直观，需要进一步分析问题，求出相关的量值，然后分支条件就比较容易表达了。

例 3.1.6　买水杯

为了学生的卫生安全，学校给每个住宿生配一个水杯，每只水杯 3 元，大洋商城打 0.86 折，百汇商厦“买八送一”。输入学校想买水杯的数量，请你算一算到哪家购买较合算？输出商家名称。

题目分析：

读完问题，可以发现很难直接写出关系表达式。朴素的思路是求费用少的商家。如果将问题转换为求在杯子数量相同的情况下不同商家的价格，这样就容易写出解决问题的条件表达式了。

设变量 cup 存放读入的水杯数量，变量 a 为到大洋商城购买水杯的费用，变量 b 为到百汇商厦购买水杯的费用。那么：

a=cup * 3 * 0.86

b=(cup-cup/8) * 3 式中 cup/8 是求 cup 除以 8 的商，“买八送一” 送的杯子数量

如果 $a<b$，那么到大洋商城购买，否则到百汇商厦购买。

程序代码：

```
1    //exam3.1.6
2    #include<iostream>
3    using namespace std;
4    int main()
5    {
6         int cup;                          //定义变量
7         float a,b;
8         cout<<"cup=";                     //提示输入
9         cin>>cup;                         //输入购买的杯子数量
```

```
10        a=cup*3*0.86;                    //求到大洋商城购买水杯的费用
11        b=(cup-cup/8)*3;                 //求到百汇商厦购买水杯的费用
12        if (a<b) cout<<"大洋商城"<<endl;   //比较 a、b 的值,输出购买商家
13        else cout<<"百汇商厦"<<endl;
14        return 0;
15    }
```

运行结果：

说明：

问题中的关系表达式是到两家商场购买杯子的费用比较，为了方便关系式的书写，程序中第 10~12 行，先求出购买的费用，再进行比较。这也是一种常用的处理问题的表达方式。

五、学习检测

练习 3.1.1 运行下列两个程序，分别输入 3 组数据，观察运行结果，说明 if 语句中“=”和“==”的区别。

5 5

5 6

6 5

```
//test3.1.1-1
#include<iostream>
using namespace std;
int main()
{
    int a,b;
    cout<<"a,b=";
    cin>>a>>b;
    if (a == b) cout<<a;
    else cout<<"Unequal";
    return 0;
}
```

```
//test3.1.1-2
#include<iostream>
using namespace std;
int main()
{
    int a,b;
    cout<<"a,b=";
    cin>>a>>b;
    if (a= b) cout<<a;
    else cout<<"Unequal";
    return 0;
}
```

练习 3.1.2 运行下列两程序，分别输入两组数据，观察运行结果，说明分支语句中{}的作用。

5 7

7 6

```
//test3.1.2-1
#include<iostream>
using namespace std;
int main()
{
    int a,b,c=0,d=0;
    cout<<"a,b=";
    cin>>a>>b;
    if(a>b)
        c=a/b;
        d=a%b;
    cout<<c+d;
    return 0;
}
```

```
//test3.1.2-2
#include<iostream>
using namespace std;
int main()
{
    int a,b,c=0,d=0;
    cout<<"a,b=";
    cin>>a>>b;
    if(a>b)
    {
        c=a/b;
        d=a%b;
    }
    cout<<c+d;
    return 0;
}
```

练习 3.1.3 输入一个三位数 n，判断是否为水仙花数，如果是则输出“该数是水仙花数”，不是则输出“该数不是水仙花数”。水仙花数：是指一个 3 位数，它的每个位上的数字的 3 次幂之和等于它本身(例如：$1^3+5^3+3^3=153$)。

第二节 逻辑表达式和条件表达式

一、情境导航

判断闰年

在公历中，年份分平年和闰年。其中，闰年是为了弥补因人为历法规定造成的年度天数与地球实际公转周期的时间差而设立的。补上时间差的年份为闰年，平年每年有 365 天，而闰年每年有 366 天(即 2 月有 29 天)。

你能编写程序：依据年份，判断这一年是否为闰年吗?

根据闰年的规律可知：闰年分为普通闰年和世纪闰年。其中，年份是 4 的倍数且不是 100 的倍数，这一年为普通闰年(如 2020 年就是普通闰年)；年份是整百数的且是 400 的倍数，这一年是世纪闰年(如 1900 年不是世纪闰年，2000 年是世纪闰年)。

依据上面的分析，可以根据年份判定其是否为闰年。

可以看出，解决这个问题涉及多个条件。能否将多个条件合并表达？是否有简洁的分支问题表达与运算？

本节，学习逻辑运算和逻辑表达式、逻辑型变量和条件表达式，解决这些问题。

二、知识探究

（一）逻辑运算和逻辑表达式

用逻辑运算符将关系表达式或逻辑量连接起来的有意义的式子称为逻辑表达式。逻辑运算符见表 3-3。

表 3-3　逻辑运算符

名称	逻辑非	逻辑与	逻辑或
符号	!	&&	||

（1）逻辑非：经过逻辑非运算，其结果与原来相反。

（2）逻辑与：若参加运算的某个条件不成立，其结果为不成立；只有当参加运算的条件都成立，其结果才成立。

（3）逻辑或：若参加运算的某个条件成立，其结果就成立；只有当参加运算的所有条件都不成立，其结果才不成立。

逻辑运算符优先级别如下：

逻辑运算符中的“&&”和“||”低于关系运算符，“!”高于算术运算符。逻辑表达式的一般形式为：

表达式　逻辑运算符　表达式

例如：

判断一个数 n 是否可以同时被 2 与 3 整除，对应的逻辑表达式为：

`if (n%2==0&&n%3==0)`

判断一个数 x 是否在区间[1，5]之内，对应的逻辑表达式为：

`if (x>=1&&x<=5)`或者 `if (x<1||x>5)`

判断一个数 x 是否等于 0，对应的逻辑表达式为：

`if (x!=0)`或者 `if (!x)`

逻辑表达式的值是一个逻辑值。在 C++中，整型数据可以出现在逻辑表达式中，在进行逻辑运算时，根据整型数据的值是 0 或非 0，把它作为逻辑值“假”或“真”，然后参加逻辑运算。

设 A、B 为两个条件，值为 0 表示条件不成立，值为 1 表示条件成立，逻辑运算真值表，见表 3-4。

表 3-4　逻辑运算真值表

A	B	!A	A&&B	A‖B
0	0	1	0	0
0	1	1	0	1
1	0	0	0	1
1	1	0	1	1

（二）逻辑型变量

逻辑型变量用类型标识符 bool 来定义，因此又称为布尔变量。它的值只有 true(真)或 false(假)两种。

C++编译系统在处理逻辑型数据时，将 false 处理为 0，将 true 处理为 1。因此，逻辑型数据可以与数值型数据进行算术运算。

如果将一个非零的整数赋给逻辑型变量，则按 true 处理。

（三）条件表达式

格式：

```
<表达式 1> ? <表达式 2> : <表达式 3>
```

条件表达式要求有 3 个操作对象，“?”和“:”一起出现在条件表达式中，称三目(元)运算符，它是 C++中唯一的一个三目运算符。

条件表达式的运算规则是：计算表达式 1 的值，若表达式 1 的值为真(或非 0)，则只计算表达式 2，并将其结果作为整个表达式的值；若表达式 1 的值为假(或为 0)，则只计算表达式 3，并将其结果作为整个表达式的值。

例如：下面三个条件表达式分别完成了不同操作。

1) `int maxn = (a>b) ? a : b ;`

2) `cout<<((num%2==0)? "num is even" : "num is odd")<<endl;`

3) `y = (x>0) ? 1 : -1;`

条件表达式 1)将 a 和 b 两个变量中较大值赋予 maxn 整型变量中。

条件表达式 2)当 num 为偶数时，输出 num is even；当 num 为奇数时，输出 num is odd。

条件表达式 3)当 $x>0$ 时，将 1 赋给 y；当 $x\leqslant 0$ 时，将 1 赋给 y。

思考：

将条件表达式 2)去除最外层括号，即写成如下形式，是否可行？为什么？

```
cout<<(num%2==0)? "num is even" : "num is odd"<<endl;
```

三、实践应用

例 3.2.1 逻辑型变量

阅读下列程序和运行结果，理解逻辑型变量。

程序代码：

```
1    //exam3.2.1
2    #include<iostream>
3    using namespace std;
4    int main()
5    {
6        bool found, flag=false;           //定义逻辑变量 found 和 flag,并使 flag
                                             的初值为 false
7        found=true;                       //让逻辑变量 found 值为 true
8        cout<<flag<<" "<<found<<endl;
9        flag=5;                           //赋值后 flag 的值为 true
10       found=0;                          //赋值后 found 的值为 false
11       cout<<flag<<" "<<found<<endl;
12       return 0;
13   }
```

运行结果：

说明：

程序第 6~7 行表示：0 代表 false，1 代表 true。程序的第 9 行表示：非 0 的逻辑变量值为 1。

例 3.2.2 拼图游戏

妈妈鼓励小计玩拼图游戏。如果小计能拼出 500 块以内的拼图图案，妈妈会奖励他 6 颗星星；如果能拼出超过 500 块的拼图图案，妈妈会奖励他 9 颗星星。

根据拼图块数，确定小计可以获得星星颗数。

题目分析：

问题的条件是拼图块数是否少于 500。设拼图块数为 n，获得的星星的数量为 c，n 和 c 的关系可以用数学方式表示如下：

$$c=\begin{cases}6 & n<500\\9 & n\geqslant 500\end{cases}$$

程序代码：

```
1    //exam3.2.2
2    #include <iostream>
```

```
3    using namespace std;
4    int main()
5    {
6        int c,n;
7        bool flag;                        //定义布尔变量
8        cout<<"n=";
9        cin>>n;
10       flag=n<500;                       //求条件表达式的值
11       if (flag)                         //如果 flag 值为 1,奖励 6 颗星星
12           c=6;
13           else                          //否则奖励 9 颗星星
14           c=9;
15       cout<<"c="<<c<<endl;
16       return 0;
17   }
```

运行结果：

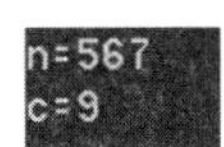

说明：

程序设计中设置了一个布尔型变量 flag，第 10 行求关系表达式 $n<500$ 的值，第 11 行 if 语句中的判断条件为 flag 的值是“真”还是“假”，在 C++程序中的真和假的值表示为 1 或 0。

例 3.2.3　先进个人

班级评选先进个人。其中一个条件是语文成绩不低于 75 分且数学成绩不低于 85 分，输入一位学生的语文和数学成绩，输出该生是否有资格参选。

题目分析：

解决问题的关键是如何表达语文成绩不低于 75 分且数学成绩不低于 85 分的条件，我们使用逻辑表达式能直观地实现。

C++语言中，使用 && 符号连接两个需要同时满足的条件。

程序代码：

```
1    //exam3.2.3
2    #include<iostream>
3    #include<cmath>
4    using namespace std;
5    int main()
6    {
7        int cmark,mmark;
8        cin>>cmark>>mmark;                //读入一位学生的语文和数学成绩
9        if (cmark>=75&&mmark>=85)         //判断语文和数学成绩是否同时满足条件
```

```
10            cout<<"有资格"<<endl;
11        else
12            cout<<"无资格"<<endl;
13        return 0;
14    }
```

运行结果：

```
60 90
无资格
```

例 3.2.4 判断闰年 1

编程解决情境导航中的“判断闰年”问题。

题目分析：

使用变量 year 存放读入的年份。

普通闰年可以转换成“年份能被 4 整除但是不能被 100 整除”，逻辑表达式为：

```
(year %4 == 0 && year %100 ! = 0)
```

世纪闰年可以转换成“年份能被 400 整除”，其关系表达式为：

```
year %400 == 0
```

两个条件式构成“或”的关系，逻辑表达式表示如下：

```
(year %4 == 0 && year %100 ! = 0) ||year %400 == 0
```

当表达式值为真时，则 year 为闰年，否则 year 为非闰年。

程序代码：

```
1    //exam3.2.4
2    #include<iostream>
3    using namespace std;
4    int main()
5    {
6        int year;
7        cin>>year;
8        if((year %4 == 0 && year %100 ! = 0) ||year %400 == 0)   //闰年判断
9            cout<<year<<"是闰年"<<endl;                          //输出是闰年
10       else
11           cout<<year<<"不是闰年"<<endl;                        //输出不是闰年
12       return 0;
13   }
```

运行结果：

```
2016
2016是闰年
```

```
2014
2014不是闰年
```

思考：

程序第 8 行中的逻辑表达式是否还有其他的表达方式？

例 3.2.5　字符转换

输入一个字符，判别它是否为大写字母，如果是，将它转换成小写字母；如果不是，不转换输出原有字符。

题目分析：

使用 ch 存放输入的字符。当满足条件 ch>='A'&& ch<='Z'时，*ch* 为大写字母，将大写字母的 ASCII 码加上 32，就可以转换为小写字母。

程序如下：

```
1    //exam3.2.5
2    #include <iostream>
3    using namespace std;
4    int main( )
5    {
6        char ch;
7        cin>>ch;
8        ch=(ch>='A'&& ch<='Z')? (ch+32):ch;  //判断 ch 是否为大写字母,是则转换
9        cout<<ch<<endl;
10       return 0;
11   }
```

运行结果：

说明：

程序第 8 行使用了三目运算来表达问题的解。

实验：

使用分支语句解决本问题。

四、总结提升

C++语言表达能力强，其中一个重要原因就在于它的表达式类型丰富，运算符功能强。

本节在解决问题的过程中，使用了不同的逻辑表达式，构造了不同形式的分支表达解决同一问题，实现了灵活编程。

拓展 1

对于一个问题的分支条件描述，通常可以从正命题和反命题两个角度去给出关系表达式、逻辑表达式或条件表达式。

例如：输入三角形的三条边 a、b、c 的值，判断是否构成三角形。

根据构成三角形的三边满足任意两边之和大于第三边的条件，用逻辑表达式可以表示为：

```
a+b>c && b+c>a && a+c>b
```

也可以将条件解读为：只要某两边之和小于等于第三边就不构成三角形。于是，可以用逻辑表达式表示出不能构成三角形的条件：

```
a+b<=c ||b+c<=a ||a+c<=b
```

上面两种写法都可以判断是否能构成三角形。

思考：

以上分别用逻辑与和逻辑或来解决相同的问题，那么，是否所有的逻辑与和逻辑或的表达式都能相互转换？

拓展 2

在编写程序后，还要养成测试程序的良好习惯。即：构造多组测试数据验证程序的正确性。测试数据通常要包括以下类型。

（1）依据题意构造的多方面测试数据。

例如，输入半径 r，求圆的面积和周长的程序。构造的测试数据需要考虑 r 为 0、r 为整型数、r 为实型数、r 为负数等多种情况，来检验程序的结果与提示是否正确。

（2）根据编写的程序决定测试数据。

例如，本节程序中的分支有两个走向。那么，测试数据至少要两种，以保证程序和每一条指令都能运行到。除了这种简单的调试，更严谨的做法还要考虑逻辑表达式中的每一个部分。只有每一个部分都测试过，才能验证程序的正确性。后面遇到分支嵌套时，还需要更多的测试数据将分支的每一部分都执行过并且正确，才能保证程序的正确性。

思考：

例 3.2.4 中给出了两个测试数据。应该补充怎样的测试数据，保证程序的正确性？说明补充的测试数据的作用。

五、学习检测

练习 3.2.1 在社会实践活动中有三项任务。分别是种树、采茶、送水。依据小组人数及男生、女生人数决定小组的任务：人数小于 10 人的小组负责送水，人数大于等于10人且男生多于女生的小组负责种树，人数大于等于10人且女生多于男生的小组负责采茶。输入小组男生人数、女生人数，输出小组接受的任务。

练习3.2.2 某邮局对邮寄包裹有如下规定：若包裹的重量超过30千克，不予邮寄，对可以邮寄的包裹每件收手续费0.2元。再加上根据下表按重量wei计算的费用：

重量(千克)	收费标准(元/千克)
wei<=10	0.80
10<wei<=20	0.75
20<wei<=30	0.70

请你编写一个程序，输入包裹重量，输出所需费用或“无法邮寄”。

练习3.2.3 使用下面的密码变换规则，输入一个正整数，输出变换后的字母。

一个正整数对应一个字母；如果该数除以123，余数的值在97~122范围，变换为小写字母；如果变换不了小写字母，将该数除以91，若余数在65~90范围，变换为大写字母；如果变换不了大小写字母，变换为“*”。

第三节 嵌套if语句

一、情境导航

铁丝面积

在劳动技术课上，老师拿来不同长度的铁丝，给每个同学发一根，要求同学们用手里的铁丝制作固定面积的矩形框。

例如，使用长度为18厘米的铁丝制作面积为20平方厘米的矩形，可以制成长5厘米宽4厘米的矩形；但是，要用长度为8厘米的铁丝做成面积为5平方厘米的矩形就无法完成，只能提示“找不到这样的矩形!”。

你能根据老师的要求，设计程序得出长、宽数值或提示信息吗?

设铁丝长度为L，矩形面积为S，矩形宽为a。

可以计算出矩形长为：$1/2\times L-a$。

于是，有：$a\times(1/2\times L-a)=S$。

化简得：$a^2-1/2\times L\times a+S=0$。

至此，问题转换为已知L和S，求一元二次方程$a^2-1/2\times L\times a+S=0$的解。

根据数学求解一元二次方程的步骤，我们需要先计算出一元二次方程的判别式：

$$d=1/4\times L\times L-4\times S$$

然后，根据 d 的值，做出判断和计算：

如果 $d<0$，输出“找不到这样的矩形！”；

否则，

如果 $d=0$，求出相等的两个解：$x1=x2=L/4$，输出解的值；

如果 $d>0$，求出两个不等解：$x1=(L/2+\mathrm{sqrt}(d))/2$，$x2=(L/2-\mathrm{sqrt}(d))/2$，输出解的值。

可以看出，上述求解过程并不是单一的分支，在 $d\geqslant 0$ 条件下，还需要继续判断 $d=0$ 或 $d>0$，并做出相应处理。

如何描述这种复杂情况的分支问题？本节学习用嵌套 if 语句来解决这类问题。

二、知识探究

（一）嵌套 if 语句的概念

嵌套 if 语句是指在 if…else 分支中还存在 if…else 语句。

在用 if 嵌套语句表达问题时，最重要的环节是把问题的分支逻辑关系分析清楚。下面便是情境导航中“铁丝面积”问题的分支逻辑关系：

$d<0$？
- 是，输出“找不到这样的矩形！”
- 否，$d=0$？
  - 是，求解 $x1=x2=L/4$，输出解
  - 否，求解 $x1=(L/2+\mathrm{sqrt}(d))/2$，$x2=(L/2-\mathrm{sqrt}(d))/2$，输出解。

有了清晰的分析，接着用嵌套 if 语句表达分支逻辑关系就顺理成章了。

（二）嵌套 if 语句使用的注意事项

在使用嵌套 if 语句时，需要特别注意 if 与 else 的配对关系，else 总是与它上面最近的且未配对的 if 配对。

为了清晰表达嵌套 if 语句，通常程序中采用缩进方式，让同层的 if 与 else 对齐。

例如：

```
if (条件 1)
    if (条件 2)
        …
    else
        …
else
    if (条件 3)
        …
    else
        …
```

三、实践应用

例 3.3.1　程序对比

分析下面两个程序的区别。

程序代码：

```
1   //exam3.3.1-1
2   #include<iostream>
3   using namespace std;
4   int main()
5   {
6        int n;
7        cin>>n;
8        if (n%3==0)
9             if (n%5==0)
10                 cout<<n<<"是15的倍数"<<endl;
11            else
12                 cout<<n<<"是3的倍数但不是5的倍数"<<endl;
13       cout<<"结束"<<endl;
14       return 0;
15  }
```

```
1   //exam3.3.1-2
2   #include<iostream>
3   using namespace std;
4   int main()
5   {
6        int n;
7        cin>>n;
8        if (n%3==0)
9        {
10       if (n%5==0)
11            cout<<n<<"是15的倍数"<<endl;
12       }
13       else
14            cout<<n<<"不是3的倍数"<<endl;
15       cout<<"结束"<<endl;
16       return 0;
17  }
```

运行结果

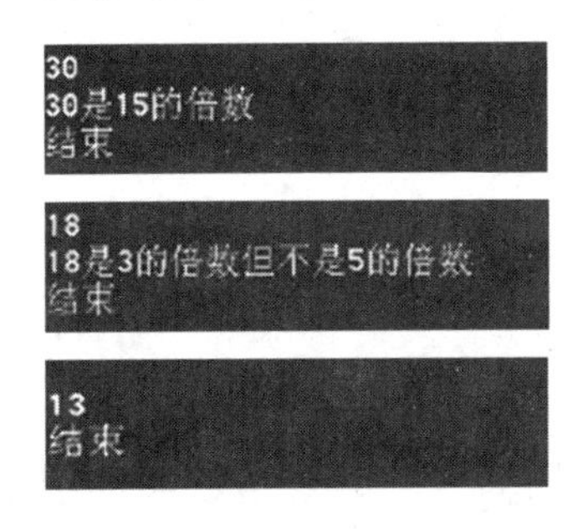

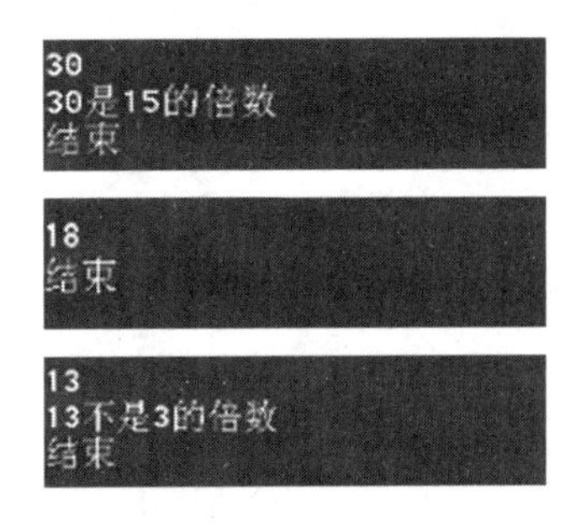

说明：

程序 1 中第 11 行的 else 与第二个(第 9 行)if 配对，语句只针对被 3 整除的数，判定输出“是 15 的倍数”还是“是 3 的倍数但不是 5 的倍数”。

程序 2 中的第 13 行的 else 与第一个(第 8 行)if 配对，程序对于数 n，先判定是否被 3 整除。能被 3 整除时，再判断是否被 5 整除：若是，输出“是 15 的倍数”，若不是，输出“不是 3 的倍数”。

两个程序的区别虽然仅在于一对“{}”，但逻辑关系却完全不同，运行结果也会有所不同。

例 3.3.2 铁丝面积

编程解决情境导航中的“铁丝面积”问题。

题目分析：

依据前述分析及问题分支逻辑，就能自然而然地构建出嵌套 if 语句的程序。

程序代码：

```
1   //exam3.3.2
2   #include<iostream>
3   #include<cmath>
4   using namespace std;
5   int main()
6   {
7       double l,s,x1,x2;
8       double d;
9       cin>>l>>s;
10      d=l*l/4-4*s;          //计算一元二次方程判别式
11      if(d<0)
12          cout<<"找不到这样的矩形!"<<endl;
13      else                  //求方程的解
14      {
15          if(d==0)
16              x1=x2=l/4;
17          else
18          {
19              x1=(l/2+sqrt(d))/2;
20              x2=(l/2-sqrt(d))/2;
21          }
22          cout<<"矩形的长和宽分别为:"<<x1<<","<<x2<<endl;
23      }
24      return 0;
25  }
```

说明：

本题把一个实际问题用数学的一元二次方程求解，提供了一种用朴素的数学分析转换为用数学方程表示的思维方法。

实验：

设计合理的不同测试数据，测试程序的正确性。

思考：

程序中第 14 与 23 行、第 18 与 21 行两对大括号的作用是什么？

例 3.3.3　判断闰年 2

用嵌套 if 语句解决例 3.2.4 的“判断闰年 1”问题。

题目分析：

在例 3.2.4 中用逻辑表达式表示闰年的条件。其中，年份能被 400 整除或者能被 4 整除但是不能被 100 整除的闰年条件，可以用三层嵌套分支表示：

$$year\%400==0?\begin{cases}\text{是，输出是闰年}\\ \text{否，}year\%4==0?\begin{cases}\text{是，}year\%100!=0?\begin{cases}\text{是，输出是闰年}\\ \text{否，输出不是闰年}\end{cases}\\ \text{否，输出不是闰年}\end{cases}\end{cases}$$

程序代码：

```
1    //exam3.3.3
2    #include<iostream>
3    using namespace std;
4    int main()
5    {
6        int year;
7        cin>>year;
8        if (year%400==0) cout<<year<<"是闰年"<<endl;            //第 1 层分支
9        else
10           if (year%4==0 )                                     //第 2 层分支
11               if (year%100! =0) cout<<year<<"是闰年"<<endl; //第 3 层分支
12               else cout<<year<<"不是闰年"<<endl;
13           else cout<<year<<"不是闰年"<<endl;
14       return 0;
15   }
```

运行结果：

1997
1997不是闰年

思考：

程序中第 12 行和 13 行的 else 分别对应哪行的 if 语句？

例 3.3.4　商场打折

某商场开展优惠活动，规定某商品一次购买 5 件以上(包含 5 件)10 件以下(不包含 10 件)打 9 折，一次购买 10 件以上(包含 10 件)打 8 折。

设计程序根据商品单价和客户的购买量计算总价。

题目分析：

用变量 price 表示商品单价，count 表示购买商品数量，discount 表示折扣，amount 表示总价。

根据题意，折扣与商品数量的关系数学表示如下：

$$discount=\begin{cases}1 & count<5\\0.9 & 5\leqslant count<10\\0.8 & count\geqslant 10\end{cases}$$

amount = price * count * discount。

将数学表示转换为分支结构，对应表达如下：

$$count<5?\begin{cases}是，discount=1\\否，count<10?\begin{cases}是，discount=0.9\\否，discount=0.8\end{cases}\end{cases}$$

程序代码：

```
1     //exam3.3.4
2     #include <iostream>
3     using namespace std;
4     int main()
5     {
6          float price,discount,amount;
7          int count;
8          cout<<"输入单价:"<<endl;
9          cin>>price;
10         cout<<"输入购买件数:"<<endl;
11         cin>>count;
12         if(count<5)  discount=1;              //购买数量小于 5 件,没有折扣
13         else if(count<10) discount=0.9;       //购买 5 件以上 10 件以下,9 折
14         else  discount=0.8;                   //购买 10 件以上,8 折
15         amount=price*count*discount;          //求付费总价
16         cout <<"单价:"<<price<<"  购买件数:"<<count<<"  折扣:"<<discount<<
                "总价:"<<amount<<endl;            //输出结果
17         return 0;
18    }
```

运行结果：

```
输入单价:
78.6
输入购买件数:
3
单价: 78.6  购买件数: 3  折扣: 1  总价: 235.8
```

```
输入单价:
78.3
输入购买件数:
8
单价: 78.3  购买件数: 8  折扣: 0.9  总价: 563.76
```

```
输入单价:
30
输入购买件数:
12
单价: 30  购买件数: 12  折扣: 0.8  总价: 288
```

实验：

设计合理的不同测试数据，测试程序的正确性。

例 3.3.5　三数求最大

输入三个数，输出其中最大的数。

题目分析：

求三数中最大数的方法有许多，这里选择两种朴素想法的程序表达。抓住问题的特点，只要最大数，即每次比较后保留大的那一个，输出最后留下的那个。

输入的三个数存放在 a、b、c 中，用 $maxn$ 存放三数中最大的数。

方法 1

如果 a 比 b 和 c 大，则最大数是 a；否则，如果 b 比 a 和 c 大，则最大数是 b；否则，最大数是 c。

程序代码：

```
1    //exam3.3.5-1
2    #include <iostream>
3    using namespace std;
4    int main()
5    {
6        float a, b, c, maxn;
7        cout<<"输入三个数:";
8        cin>>a>>b>>c;
9        if(a>b&&a>c)  maxn=a;              //判断 a 是否最大
10       else if(b>a&&b>c)  maxn=b;         //判断 b 是否最大
11       else  maxn=c;
12       cout<<"最大数为:"<<maxn<<endl;
13       return 0;
14   }
```

方法 2

设置初值 maxn=a，即假设 a 为最大。那么，如果 b>maxn，则此时的最大数应该是 b，即 maxn=b；如果 c>maxn，则最大数应该是 c，即 maxn=c。

程序代码：

```
1    //exam3.3.5-2
2    #include <iostream>
3    using namespace std;
4    int main()
5    {
6        float a, b, c, maxn;
7        cout<<"输入三个整数:";
8        cin>>a>>b>>c;
9        maxn=a;
```

```
10        if(b>maxn) maxn=b;        //maxn 为 a,b 中的最大值
11        if(c>maxn) maxn=c;        //maxn 为 a,b,c 中的最大值
12        cout<<"最大数为:"<<maxn<<endl;
13        return 0;
14    }
```

运行结果：

实验：

修改上面两个程序，求输入四个数中的最大数。

思考：

(1) 方法 2 与方法 1 相比有哪些优点？

(2) 运行结果中 3 组测试数据的意义是什么？

(3) 方法 1 中程序使用嵌套 if 语句，方法 2 中程序使用并列 if 语句，在程序运行过程中有何区别？

例 3.3.6　排序输出

输入三个数，按从大到小的顺序输出。

题目分析：

三个数排序的方法有许多种，这里选择两种朴素想法的程序表达。抓住问题的特点，只要从大到小输出。

方法 1：

将输入的三个数存放在 a、b、c 中。那么，比较结果的分支结构有 6 种情况：

- $a>b$?
  - 是，$b>c$?
    - 是，输出 a，b，c
    - 否，$a>c$?
      - 是，输出 a，c，b
      - 否，输出 c，a，b
  - 否，$b>c$?
    - 是，$a>c$?
      - 是，输出 b，a，c
      - 否，输出 b，c，a
    - 否，输出 c，b，a

程序代码：

```
1    //exam3.3.6-1
2    #include<iostream>
3    using namespace std;
4    int main()
5    {
6        float a,b,c;
7        cin>>a>>b>>c;
8        if(a>b)                //确定了 a 在 b 前面的顺序
```

```
9            if(b>c)              //c 在 b 之后
10               cout<<a<<","<<b<<","<<c;
11           else
12               if(a>c)          //c 在 a 与 b 中间
13                   cout<<a<<","<<c<<","<<b;
14               else             //c 在 a 之前
15                   cout<<c<<","<<a<<","<<b;
16       else                     //确定了 a 在 b 之后的顺序,接着判断 c 的位置
17           if(b>c)
18               if(a>c)
19                   cout<<b<<","<<a<<","<<c;
20               else
21                   cout<<b<<","<<c<<","<<a;
22           else
23               cout<<c<<","<<b<<","<<a;
24       return 0;
25   }
```

方法 2：

将输入的三个数存放在 a、b、c 中。设想让 a 为三数中最大数，怎么做？如果 $a<b$，那么让 a 与 b 的值交换，保证了 $a \geqslant b$；如果 $a<c$，那么让 a 与 c 的值交换，保证了 $a \geqslant c$。设想让 b 为第二大的数，c 为第三大的数，怎么做？如果 $b<c$，那么让 b 与 c 的值交换，保证了 $b \geqslant c$，最后，输出 a，b，c。

程序代码：

```
1    //exam3.3.6-2
2    #include<iostream>
3    using namespace std;
4    int main()
5    {
6        float a,b,c,temp;
7        cin>>a>>b>>c;
8        if(a<b)                  //保证 a 大于等于 b
9        {
10           temp=a; a=b; b=temp;
11       }
12       if(a<c)                  //保证 a 大于等于 c,则 a 为最大数
13       {
14           temp=a;a=c;c=temp;
15       }
16       if(b<c)                  //保证 b 大于等于 c
17       {
18           temp=b;b=c;c=temp;
```

```
19        }
20        cout<<a<<" "<<b<<" "<<c<<endl;
21        return 0;
22        }
```

说明：

方法 2 也称为选择排序，程序第 8~15 行，从三个数中选择一个最大的数放在 a 中，程序第 16~19 行，剩下两数中选择大的数放在 b 中，而最后 c 是最小的数了。

实验：

修改上面两个程序，输入四个数并从大到小排序。

思考：

(1) 比较方法 1 和方法 2，哪种方法更好？好在哪里？

(2) 针对该问题，应该设计出多少组、怎样组合的数据来测试程序，才能保证程序的正确性？

(3) 你还有其他实现排序的方法吗？

四、总结提升

学习了分支嵌套后，编程的难度明显提高了，编程的错误率也随之提升。对于初学者而言，有些分支嵌套错误不易发现。为了避免这种现象，写程序前要做好分支结构框架，写程序时依据分支结构框架用{}将同层的 if 与 else 匹配好。实践应用中的例 3.3.1 至例 3.3.4 也从编程方法上引导大家：认真对待方法与细节将使编程事半功倍。

学习了分支嵌套后，分析问题的角度变得多样化了。实践应用中的例 3.3.5 和例 3.3.6 引导大家思考：一个问题可以有不同的解决方法即可以有不同的算法，不同的算法对解决问题的局限性、程序表达的便捷性以及后面会涉及的程序效率等带来不一样的效果。这两个例题的方法 1 是初学者最容易想到的方法，然后进一步分析可以发现该方法无法进一步扩展解决更多数据的问题，而方法 2 则可以通过描述成有规律的方法来扩展解决更多数据的问题。一个问题的解决从程序设计角度来看，没有标准答案，只有更好的方案，这也是程序设计的魅力之一。

拓展 1

分支语句在处理实数问题时，常常因为计算机的运算误差而出现意想不到的错误。建议在算法设计与编程时，尽量规避直接的实型变量或表达式的比较。

例 3.3.7 出行方式

在大学校园里，由于校区很大，没有自行车上课、办事会很不方便。但实际上，并非去办任何事情都是骑车快，因为骑车要找车、开锁、停车、锁车等，这会耽误一些时间。假设找到自行车、开锁并骑上自行车的时间为 27 秒，停车锁车的时间为 23 秒，步行每秒行走 1.2 米，骑车每秒行走 3.0 米。输入距离(单位：米)，输出是骑车快还是走路快。

分别用 Walk、The same、Bike 表示走路快、一样快、自行车快。

例如输入 90，应输出 Walk。

题目分析：

设距离为 dis，则骑车所需时间为：$t1=dis\div3+27+23$，走路所需时间为：$t2=dis\div1.2$，那么比较结果 res 为：

$$res=\begin{cases}\text{Walk} & t1>t2\\ \text{The same} & t1=t2\\ \text{Bike} & t1<t2\end{cases}$$

方法 1：

```
1    //exam3.3.7-1
2    #include<iostream>
3    using namespace std;
4    int main()
5    {
6        double dis;
7        double t1,t2;
8        cin>>dis;
9        t1=dis/3+27+23;           //计算骑车所需时间
10       t2=dis/1.2;               //计算走路所需时间
11       if(t1>t2)                 //比较两种方式所需时间
12           cout<<" Walk "<<endl;
13       else if(t1==t2)
14           cout<<"The same"<<endl;
15       else
16           cout<<" Bike "<<endl;
17       return 0;
18   }
```

运行结果：

说明：

对于第 3 组数据，当距离为 100 时，计算结果 $t1=250/3$、$t2=250/3$，应该得到 "The same" 的结果，然而在某些编译系统下程序运行结果却是 Bike，为什么？因为程序第 9 行表达式中计算 dis/3 和程序第 10 行表达式中计算 *dis*/1.2 时，由于除不尽，浮点数的运算存在误差，导致计算出的 $t1$ 不等于 $t2$，如何解决？对于实数运行的结果比较要特别注意误差问题，关于误差问题根据实际情况可以有不同的解决方案，对于本问题，将 $t1$ 和 $t2$ 都乘以 6，则 `t1= dis*2+(27+23)*6,t2= dis*5` 把问题转换为乘法运算，减少因为除不尽而产生的误差。

方法 2：

```
1    //exam3.3.7-2
2    #include<iostream>
3    using namespace std;
4    int main()
5    {
6        double dis;
7        double t1,t2;
8        cin>>dis;
9        t1=dis*2+(27+23)*6;          //计算骑车所需时间
10       t2=dis*5;                    //计算走路所需时间
11       if(t1>t2)                    //比较两种方式所需时间
12           cout<<"Walk"<<endl;
13       else if(t1==t2)
14           cout<<"The same"<<endl;
15       else
16           cout<<"Bike"<<endl;
17       return 0;
18   }
```

运行结果：

拓展 2

学习分支语句，有了分支嵌套思维后，程序表达就更多样化了。

例 3.3.8　虫子吃苹果

小计买了一箱苹果共有 n 个，不幸的是买完时一条虫子掉进了箱子里。虫子每 x 小时能吃掉一个苹果，假设虫子在吃完一个苹果之前不会吃另一个。那么，经过 y 小时，这箱苹果中还有多少个没有被虫子吃过？

输入 n、x、y，输出答案。

输入样例：

3 2 1

输出样例：

2

题目分析：

根据题意，被虫子吃过的苹果个数为 y/x 值的向上取整，如果其值大于 n 说明被虫子吃光。那么，没有被虫子吃过的苹果个数 res 值为：

$$res=\begin{cases}n-\lceil y/x\rceil & \lceil y/x\rceil<n\\0 & \text{其他}\end{cases}$$

方法 1：

```
1    //exam3.3.8-1
2    #include<iostream>
3    #include<cmath>
4    using namespace std;
5    int main()
6    {
7        int n,x,y,t,rest;
8        cin>>n>>x>>y;
9        t=ceil((double)y/x);    //将 y 强制转换为实数求 y 除以 x 的值后求上取整值
10       if  (t<n)  rest=n-t;
11       else rest=0;
12       cout<<rest<<endl;
13       return 0;
14   }
```

方法 2：

```
1    //exam3.3.8-2
2    #include<iostream>
3    using namespace std;
4    int main()
5    {
6        int n,x,y,rest;
7        cin>>n>>x>>y;
8        if  (y%x==0)  rest=y/x>=n? 0:n-y/x;      //虫子完整吃完苹果
9        else rest=y/x>=n-1? 0:n-1-y/x;          //某个苹果虫子没有完整吃完
10       cout<<rest<<endl;
11       return 0;
12   }
```

说明：

方法 1 的程序直接使用 C++提供的上取整函数，在使用时注意类型及类型转换问题。方法 2 的程序嵌套了一个三目运算。这两个程序提供了对于取整问题的不同程序表达方法。

思考：

（1）实现向上取整的程序表达方法有多种，你能用其他方法来表达吗？

（2）如何设计不同的测试数据，才能够说明时间和苹果被虫子吃可能出现的情况，并测试上述程序的正确性？

五、学习检测

练习 3.3.1　对于下面两个程序段，输入下列几组数据，会分别输出怎样的结果？

(1) $x=3$, $y=2$　　(2) $x=2$, $y=3$　　(3) $x=3$, $y=4$

(4) $x=2$, $y=2$　　(5) $x=3$, $y=3$

```
//test3.3.1-1
if(x>2)
    if (y>2)
        {
            int  z=x+y;
            cout<<"z ="<<z<<endl;
        }
    else
    cout<<"x="<<x<<endl;
```

```
//test3.3.1-2
if(x>2)
    {
        if (y>2)
        {
            int  z=x+y;
            cout<<"z ="<<z<<endl;
        }
    }
else
        cout<<"x="<<x<<endl;
```

练习 3.3.2　输入三个正整数，判断能否构成三角形的三边，如果不能，输出不构成三角形。如果能构成三角形，判断构成什么三角形？按等边、直角、一般三角形顺序，输出对应的三角形类型。

练习 3.3.3　输入某学生成绩，根据成绩好坏输出相应评语。如果成绩大于等于 90 分，输出“优秀”；如果成绩大于等于 80 分且小于 90 分，输出“良好”；如果成绩大于等于 60 分且小于 80 分，输出“及格”；成绩小于 60 分，输出“不及格”。

第四节　switch 语句

一、情境导航

简易计算器

小计想编程制作一个最简单的计算器，支持+，-，*，/四种运算。输入只有一行，包含两个参加运算的数据和操作符(+，-，*，/)之一，输出运算表达式及结果。考虑下面两种情况：

(1) 如果出现除数为 0 的情况，则输出：Divided by zero!

(2) 如果出现无效的操作符(即不为+，-，*，/之一)，则输出：Invalid operator!

你能帮助他一起完成吗?

小计的计算器参加运算的数据只有两个，可用变量 num1、num2 存放两个参加运算的操作数，除了操作数还有一个操作符，用变量 op 存放操作符。

当 op 为“+”号时，实现加法操作；

当 op 为“-”号时，实现减法操作；

当 op 为“*”号时，实现乘法操作；

当 op 为“/”号时，判断 b 值，如果不为 0 实现除法操作，如果为 0 输出：Divided by zero!；

当 op 不是上面 4 种操作符时，输出：Invalid operator!

根据上述分析，可以使用 if 语句来解决问题。由于这个问题的分支非常有规律，还可以描述成依据操作符的值来完成对应的分支操作，这样的描述比用 if 来描述分支更为简单直观。

本节学习 switch 语句与使用的注意事项，以更简洁的方式来解决这类问题。

二、知识探究

（一）switch 语句的格式

基本格式：

```
switch(表达式)
{
    case 常量表达式 1:[语句组 1][break;]
        …
    case 常量表达式 n:[语句组 n][break;]
    [default:语句组]
}
```

功能：

执行 switch 语句后，首先计算表达式的值，case 后面的常量表达式值逐一与之匹配。当某一个 case 分支中的常量表达式值与之匹配时，则执行该分支后面的语句组，然后顺序执行之后的所有语句，直到遇到 break 语句或 switch 语句的关括号“}”为止。如果 switch 语句中包含 default，default 表示表达式与各分支常量表达式的值都不匹配时，执行其后面的语句组，通常将 default 放在最后。

说明：

（1）合法的 switch 语句，其中表达式的取值只能是整数型、字符型、布尔型或枚举型。

（2）常量表达式是由常量组成的表达式，值的类型与 switch 表达式相同。

（3）任意两个 case 后的常量表达式值必须不相同，否则将引起歧义。

（4）“语句组”可以是一个语句也可以是一组语句。

（5）基本格式中的“[ ]”表示可选项。

(二) switch 语句使用的注意事项

1. switch 语句中 break 的作用

switch 语句基本格式中，[break;]虽然是可选项，但如果没用 break 语句，当执行匹配到的 case 分支后，则继续执行下面分支所有的语句，也就是产生多个常量表达式在这种情况下无效的现象。利用这一点可以精简程序，但往往容易产生歧义甚至错误的结果！

因此，对于分支明确的问题，switch 语句常用如下格式，避免出现分支执行混乱。

switch 语句常用格式：

```
switch（表达式）
{
    case 常量表达式 1:语句组 1;break;
        …
    case 常量表达式 n:语句组 n;break;
    [default:语句组]
}
```

2. switch 语句中多值共用同一语句组

switch 语句支持多个常量表达式共用同一语句组，格式如下：

```
switch（表达式）
{
    case 常量表达式 1: case 常量表达式 2: case 常量表达式 3:语句组 1;break;
        …
    case 常量表达式 n:语句组 n;break;
    [default:语句组]
}
```

三、实践应用

例 3.4.1 程序对比

分析下面两个程序的区别。

程序代码：

```
1   //exam3.4.1-1
2   #include <iostream>
3   using namespace std;
4   int main()
5   {
6   int n;
7   cout<<"n=";
```

```
1   /exam3.4.1-2
2   #include <iostream>
3   using namespace std;
4   int main()
5   {
6   int n;
7   cout<<"n=";
```

```
8    cin>>n;
9    switch(n)
10   {
11       case 1:cout<<"f=n"<<endl;
             break;
12       case 2:cout<<"f=n*n"<<
             endl; break;
13       case 3:cout<<"f=n*n*n"<<
             endl; break;
14       default:cout <<"f=0";
15   }
16   return 0;
17   }
```

```
8    cin>>n;
9    switch(n)
10   {
11       case 1:cout<<"f=n"<<endl;
12       case 2:cout<<"f=n*n"<<
             endl;
13       case 3:cout<<"f=n*n*n"<<
             endl;
14       default:cout <<"f=0";
15   }
16   return 0;
17   }
```

运行结果

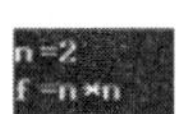

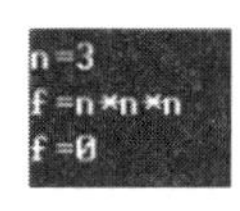

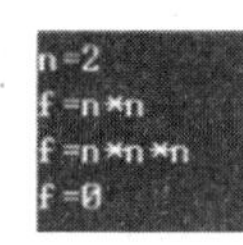

说明：

程序 2 与程序 1 的区别在于：程序 1 的每个 case 分支都有 break 语句，因此每个分支的运行结果很明确；程序 2 的每个 case 分支没有 break 语句，当执行匹配分支后，会继续执行下面分支所有的语句。

实验：

(1) 对于程序 1 和程序 2，调整各 case 分支和 default 分支在程序中的先后顺序，说明其对程序运行结果的影响及原因？

(2) 如果将变量 n 类型改为 float 类型，编译运行结果会出现什么现象？为什么？

例 3.4.2　阅读程序

阅读下面程序和运行结果。

程序代码：

```
1    //exam3.4.2
2    #include <iostream>
3    using namespace std;
4    int main()
5    {
6        char score;
7        cout<<"score=";
8        cin>>score;
9        switch (score)
```

```
10        {
11            case 'A': case 'a': cout<<"excellent"; break;
12            case 'B': case 'b': cout<<"good"; break;
13            default: cout<<"general";
14        }
15        return 0;
16    }
```

运行结果：

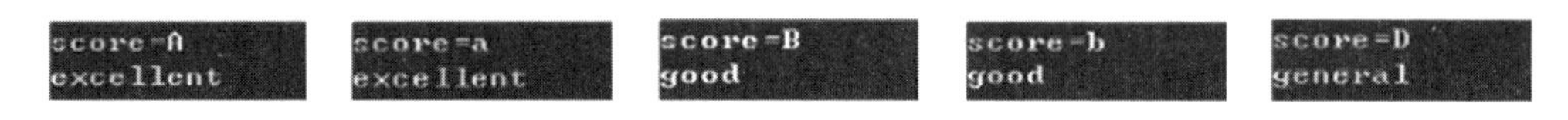

说明：

当 score='A'和 score='a'时，执行同一语句组；当 score='B'和 score='b'时，执行同一语句组，也就是 switch 语句支持多个常量表达式共用同一语句组。

例 3.4.3 恩格尔系数

恩格尔系数是德国统计学家恩格尔在 19 世纪提出的反映一个国家和地区居民生活水平状况的定律，计算公式为：

N=人均食物支出金额÷人均总支出金额×100%

联合国根据恩格尔系数的大小，对生活水平有一个划分标准，即一个国家和地区的平均恩格尔系数大于等于 60%为贫穷；50%~59%为温饱；40%~49%为小康；30%~39%属于相对富裕；20%~29%为富裕；20%以下为极其富裕。

题目分析：

用 x 表示人均食物支出金额，y 表示人均总支出金额，n 表示恩格尔系数，则恩格尔系数 $n=x/y*100$。

方法 1：

使用 if 分支语句，按照题目叙述，依据 n 的值显示不同的生活水平。

程序代码：

```
1    //exam3.4.3-1
2    #include<iostream>
3    using namespace std;
4    int main()
5    {
6        float n,x,y;
7        cin>>x>>y;
8        n=100*x/y;              //求恩格尔系数
9            if(n>=60) cout<<"贫穷"<<endl;
10           else if(n>=50)  cout<<"温饱"<<endl;
11           else if(n>=40)  cout<<"小康"<<endl;
```

```
12            else if(n>=30)  cout<<"相对富裕"<<endl;
13            else if(n>=20)  cout<<"富裕"<<endl;
14            else  cout<<"极其富裕"<<endl;
15            return 0;
16    }
```

方法 2：

这是一个多重选择的问题，使用 switch 语句来描述问题的解决过程更为直观，然而，$x/y*100$ 的值是一个实型数，如果作为 switch 表达式，需要先转换为整型数。设 n 为整型变量，求 $x/y*100$ 四舍五入的值为：

$$n=x/y*100+0.5$$

这里 n 的值分布在 0~100 之间，作为 switch 表达式寻找与之匹配的 case 值范围太大也不合适，进一步分析题意可以发现 n 值是以 10 为间隔改变生活水平，因此，可以用 $n/10$ 作为 switch 表达式。

程序代码：

```
1     //exam3.4.3-2
2     #include<iostream>
3     using namespace std;
4     int main()
5     {
6         int n;
7         float x,y;
8         cin>>x>>y;
9         n=100*x/y+0.5;      //求恩格尔系数,对小数后一位四舍五入取整
10        switch (n/10)       //依题意,用整除 10 后的个位数表示相应范围的恩格尔系数
11        {
12            case 0:case 1: cout<<"极其富裕"<<endl; break;
13            case 2: cout<<"富裕"<<endl; break;
14            case 3:cout<<"相对富裕"<<endl; break;
15            case 4: cout<<"小康"<<endl; break;
16            case 5: cout<<"温饱"<<endl; break;
17            default: cout<<"贫穷"<<endl; break;
18            }
19        return 0;
20    }
```

实验：

运行程序，用不同的测试数据，获得程序的每个分支的运行结果。

思考：

为什么两种方法的程序中对 n 变量类型设置不同？

例 3.4.4 简易计算器

编程解决情境导航中的“简易计算器”问题。

题目分析：

依据前述分析，变量 op 为 char 类型，使用 switch 语句实现更为便捷。

程序代码：

```
1    //exam3.4.4
2    #include <iostream>
3    using namespace std;
4    int main()
5    {
6        float num1,num2;
7        char op;
8        cin>>num1>>num2>>op;
9        switch(op)
10       {
11           case '+':cout<<num1<<op<<num2<<"="<<num1+num2<<endl; break;
12           case '-':cout<<num1<<op<<num2<<"="<<num1-num2<<endl; break;
13           case '*':cout<<num1<<op<<num2<<"="<<num1*num2<<endl; break;
14           case '/':if (num2!=0) cout<<num1<<op<<num2<<"="<<num1/num2<<
                 endl;
15                   else cout<<"Divided by zero!"<<endl; break;
16           default:cout <<"Invalid operator!";
17       }
18       return 0;
19   }
```

运行结果：

```
67 23 *
67*23=1541

56 23 /
56/23=2.43478

34 0 /
Divided by zero!

23 45 (
Invalid operator!
```

四、总结提升

嵌套 if 语句适用于任何分支结构的问题，而 switch 语句只适用于有规律且分支多的问题，此类问题通常可以描述成依据表达式的值走向各个分支。

事实上，switch 语句能够解决的问题都能用 if 嵌套解决，只是使用 switch 语句编写的程序更为直观，可读性强。

拓展 1

使用 switch 语句的关键点在于构造语句中的表达式，其取值只能是有序的类型且在有限范围内。很多问题使用 switch 语句，需要对问题进行进一步的分析和转换。

例 3.4.5 买书

春节来临，小计想用自己的零花钱购买一些书送给贫困山区的小朋友，他来到书店挑了 4 本书，每本书的价格分别为 6 元、13 元、15 元、20 元，小计想在把钱用光的同时尽量使购买书本的数量最多，输入小计的零花钱，输出每种价格书购买的数量(小计的零花钱为大于等于35元的整钱)。

题目分析：

设小计购买6元、13元、15元、20元4种书的数量分别为 a、b、c、d。

小计想在把钱用光的同时尽量使购买书本的数量最多，则尽可能买价格为6元的书。

设小计有 x 元钱，不妨先买6元书的数量为 $a=x/6$ 的商，剩余的零钱值为：0、1、2、3、4、5中的一个，我们发现13%6=1、15%6=3、20%6=2，也就是说他们的余数可以组合成0、1、2、3、4、5，则当零钱不为0时，减少最少的6元书数量，与零钱组合换购其他种书，其他种书每种最多购买1本。

换购方案有以下几种：

剩余零钱	换购方案	结果
$x\%6=0$	全买6元的书	$a=x/6$、$b=0$、$c=0$、$d=0$
$x\%6=1$	从 a 中退2本，加上剩余的1元，买1本13元的书	$a=a-2$、$b=1$、$c=0$、$d=0$
$x\%6=2$	从 a 中退3本，加上剩余的2元，买1本20元的书	$a=a-3$、$b=0$、$c=0$、$d=1$
$x\%6=3$	从 a 中退2本，加上剩余的3元，买1本15元的书	$a=a-2$、$b=0$、$c=1$、$d=0$
$x\%6=4$	从 a 中退4本，加上剩余的4元，买1本13元的书和1本15元的书	$a=a-4$、$b=1$、$c=1$、$d=0$
$x\%6=5$	从 a 中退5本，加上剩余的5元，买1本15元的书和1本20元的书	$a=a-5$、$b=0$、$c=1$、$d=1$

构造 switch 语句：

```
switch(x%6)
    {
        case 0:b=0,c=0,d=0;break;
        case 1:a=a-2,b=1,c=0,d=0;break;
        case 2:a=a-3,b=0,c=0,d=1;break;
        case 3:a=a-2,b=0,c=1,d=0;break;
        case 4:a=a-4,b=1,c=1,d=0;break;
        case 5:a=a-5,b=0,c=1,d=1;break;
    }
```

思考：

能否证明解决本问题的决策是最优的？

实验：

结合上述分析，编写完整的程序解决问题。

拓展2

通常 switch 语句中的每个分支后要用 break，表示该分支执行结束且退出 switch 语句。但有些问题可以利用 case 语句后不加 break，巧妙地解决某一类问题。

例3.4.6 计算运费

运输公司对所运货物实行分段计费。对于重量为 w 的货物，每公里每吨基本运费为

p，折扣为 d，运输里程为 m，当里程处于不同里程阶段 s 时，折扣不同，如下表，每阶段运费 f 的计算公式为：$f=p*w*s*(1-d)$。设计程序，当输入 p、w 和 m 后，计算总运费 f。

阶段里程 s	折扣
$s<250$	无折扣
$250\leqslant s<500$	2%折扣
$500\leqslant s<1000$	5%折扣
$1000\leqslant s<2000$	8%折扣
$2000\leqslant s<3000$	10%折扣
$s\geqslant 3000$	15%折扣

题目分析：

根据题意，总运费为每个阶段里程运费之和。先找到里程 s 所处的折扣里程阶段，计算处于该折扣里程阶段的运费，然后，累加剩余的不同里程阶段的运费。

例如：$m=1250$，所处的折扣里程阶段是 8%折扣，在该里程阶段 $s=m-1000$，`f=p*w*s*(1-d)`；使 $s=1000$ 表示处于第一个里程阶段 5%折扣，然后，累加 `f+=p*w*(s-500)*(1-d)`，使 $s=500$ 进入 2%折扣里程阶段，累加 `f+=p*w*(s-250)*(1-d)`，使 $s=250$，进入无折扣里程阶段，累加 `f+=p*w*s*(1-d)`。

本问题是一个多阶段问题，可以用 switch 语句实现。

分析阶段里程表，可以发现每个阶段都是以 250 的倍数划分的：以 $c=m/250$ 作为 switch 语句表达式，当 c 值在 0~11 范围时对应于 3000 千米以内不同的里程阶段。需要特别注意的是，当 c 值不在 0~11 范围时，即为大于等于 3000 千米，作为 default 处理。因此，对于本问题 default 放在 switch 语句最上面。

构造 switch 语句：

```
switch(c)
{
    default:d=0.15;f+=p*w*(s-3000)*(1-d);s=3000;
    case 8:case 9:case 10: case 11: d=0.1;f+=p*w*(s-2000)*(1-d);s=2000;
    case 4:case 5:case 6: case 7: d=0.08;f+=p*w*(s-1000)*(1-d);s=1000;
    case 2: case 3: d=0.05;f+=p*w*(s-500)*(1-d);s=500;
    case 1: d=0.02;f+=p*w*(s-250)*(1-d);s=250;
    case 0: d=0;f+=p*w*s*(1-d);
}
```

实验：

（1）根据题目分析，编写完整的程序解决问题。

（2）使用嵌套 if 语句编写程序解决这个问题，并与使用 switch 语句的程序进行对比分析。

五、学习检测

练习 3.4.1　输入数字 1～7 用于表示星期一至星期日，输出对应星期几的英文。

练习 3.4.2　输入年份与月份，求该月共有多少天。

练习 3.4.3　编写程序，计算下列分段函数 $y=f(x)$ 的值。

$$f(x)=\begin{cases} -x+2.5; & 0\leqslant x<5 \\ 2-1.5(x-3)(x-3); & 5\leqslant x<10 \\ x/2-1.5; & 10\leqslant x<20 \end{cases}$$

本章回顾

学习重点

学会使用 if 分支语句、if 嵌套语句和 switch 语句，理解分支语句中的关系表达式、逻辑表达式和条件表达式，掌握分支结构程序设计。

知识结构

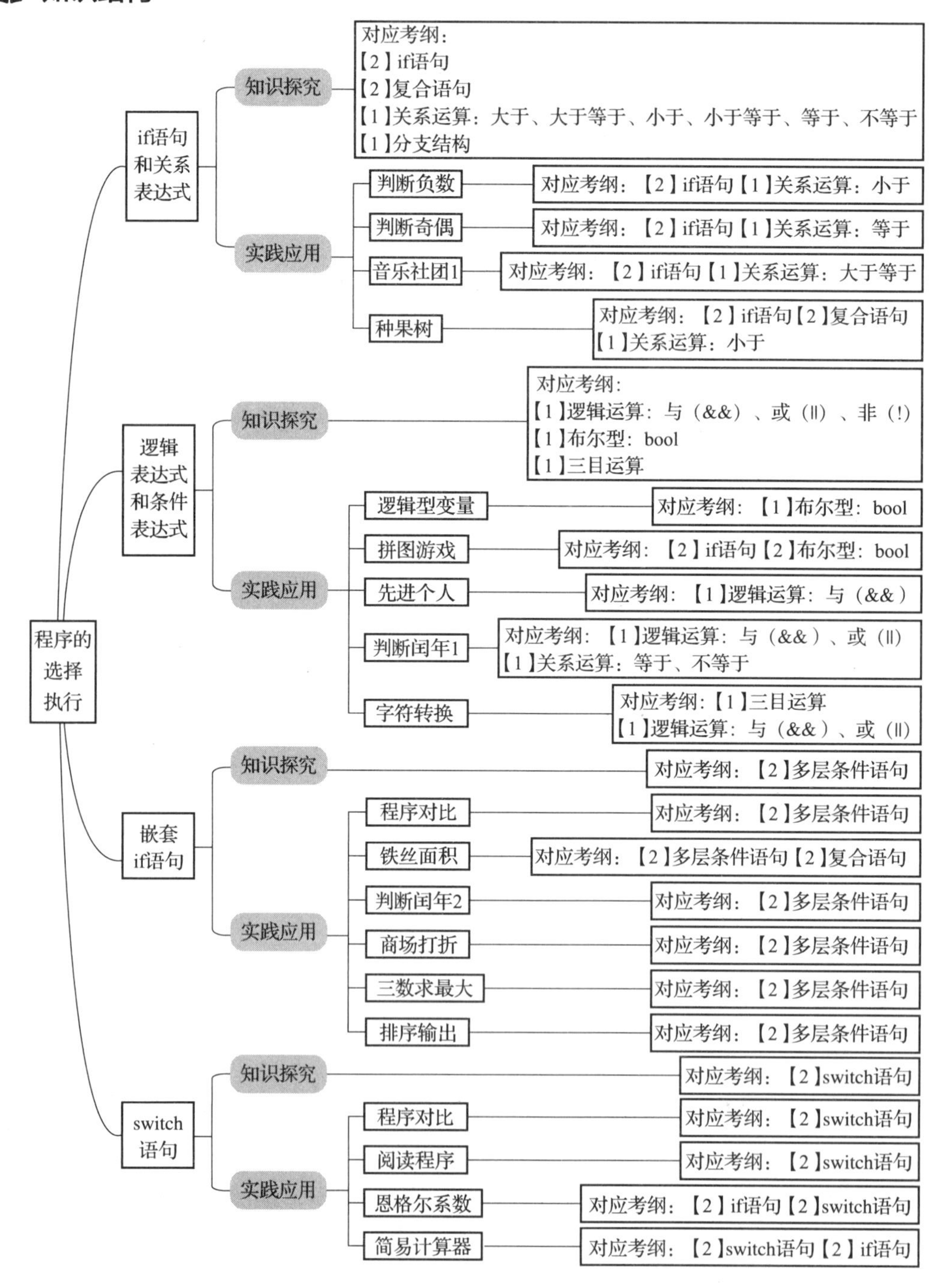

第四章 程序段的反复执行

生活中经常会遇到一些重复性的工作。例如，将书包里的 10 本书，摆放到书架的指定位置上。要做的工作就是重复 10 次：拿起书——找位置——摆好书。如果用程序的方式描述这个工作，那就需要 10 个重复的程序段。可是，真的要写出 10 段同样的程序吗？如果 10 段还不算麻烦，那么，100 段甚至更多呢？

在 C++中，为实现反复执行多次同样的操作，提供了 for、while、do while 3 种不同的循环语句。

本章，就来学习这些循环语句，并用于解决具体问题。

第一节 for 语句

一、情境导航

折纸问题

珠穆朗玛峰是世界第一高峰，其高度为 8848.86 米。而且经科学鉴定，它还会不断长高！

关于珠穆朗玛峰有很多有趣的传说。其中有一个跟数学相关的说法：将一张 0.1 毫米厚的纸张对折 30 次就能高过珠穆朗玛峰。

这是真的吗？

要判断这个传说的真假，不妨先来算一算：将一张厚度是 0.1 毫米的纸张对折 30 次后，厚度是多少？

设一张纸的厚度为 h，则对折一次后的厚度为 $2\times h$，再对折一次后的厚度是 $2\times(2\times h)$，再对折一次后的厚度为 $2\times(2\times(2\times h))$……

不难发现每一次对折后，纸张的厚度都是对折前的 2 倍。不妨用 s 保存纸张对折后的厚度，其初始值就是未进行对折操作时的纸张厚度 h。于是，可以将问题的解决过程描述如下：

设定 h 的初值，$h=0.0001$ 米（纸的厚度单位转化为米）；

设定 s 的初值：$s=h$；

对折 1 次，更新厚度：$s=s\times2$；

对折 2 次，更新厚度：$s=s\times2$；

对折 3 次，更新厚度：$s=s\times2$；

……

对折操作是重复的，在解决步骤上表现为：对折 30 次，“更新厚度：$s=s\times2$”这个操作就要重复 30 次。

将这段重复操作换一种写法：

重复 30 次：

　　更新厚度：$s=s\times2$；

这种写法看起来更加简洁直观，清晰地表达重复的次数和重复的内容。在 C++中，这种写法可以直接用一个 for 语句表示。

本节就学习循环结构和 for 语句的相关知识。

二、知识探究

(一) 循环结构

循环结构用于执行有规律的重复操作。在程序中，体现为某些语句被重复执行，这种重复就是循环。所有重复的内容，构成循环体。

循环结构可以用较少的语句解决复杂的运算，它是一种重要的、常用的程序设计方式。它的特点是：在给定条件成立时，反复执行循环体，直到条件不成立为止。

例如，针对情境导航中的“折纸问题”而言，其循环条件是“重复次数不足 30 次”，循环体是：“更新厚度：$s=s\times2$”。

在 C++语言中，设计循环结构可以使用 for 语句、while 语句、do while 语句等不同形式。本节仅学习 for 语句，其他语句将在后面学习。

循环结构与前面学的顺序结构、分支结构是结构化程序控制的三种基本结构。无论是简单的还是复杂的算法都可以由这三种结构组合实现。

(二) for 语句的格式

1. 格式

格式 1：

```
for(循环变量初始化;循环条件;循环变量增量)
     语句;
```

格式 2：

```
for(循环变量初始化;循环条件;循环变量增量)
{
     语句 1;
     语句 2;
     …
}
```

上面格式 1 中的语句、格式 2 中的{语句 1;语句 2;…}都是要重复执行的内容，即循环体。

在 for 后括号中的内容是 for 语句的重要组成部分。每一部分都有各自的作用。

(1) 循环变量初始化：确定循环变量的初始值。

(2) 循环条件：循环条件一般用来约束循环的执行情况。当循环条件不成立时，这个循环就会结束。

(3) 循环变量增量：一般情况下，循环变量增量是计算循环变量的语句，例如 i++、i--、i*=2 等(对于初学者，不建议将循环变量增量设置为 0)。

需要注意，如果循环条件一直成立，循环体将一直被执行，会出现死循环。

2. 功能

执行 for 语句时，对于使循环条件成立的每一个循环变量的取值，都要执行一次循环体。for 语句的执行流程如图 4-1 所示，具体表现为重复的判断和执行。

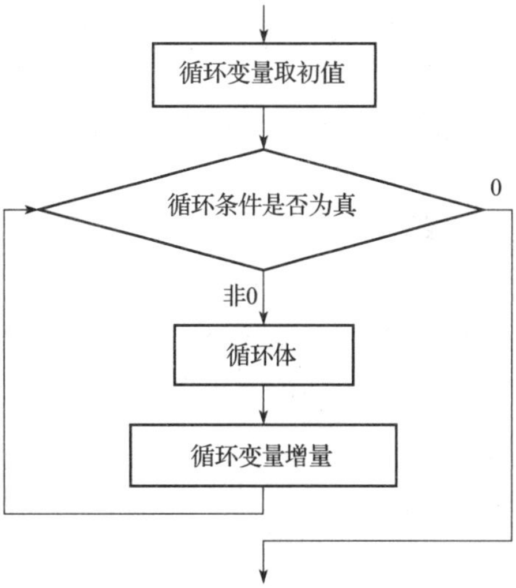

图 4-1 for 语句的执行流程

三、实践应用

例 4.1.1 输出平方数

输出前 5 个自然数的平方数。

题目分析：

对于任意自然数 i，其对应的平方数就是 $i\times i$。解决本题，可以做 5 次重复操作：产生平方数、输出平方数。

程序代码：

```
1   //exam4.1.1
2   #include<iostream>
3   using namespace std;
4   int main()
5   {
6       int i;
7       for (i=1;i<=5;i++)        //重复操作
8           cout<<i*i<<" ";
9       return 0;
10  }
```

运行结果：

```
1 4 9 16 25
```

说明：

在程序第 7 行中，`i=1` 是循环变量初始化部分，使作为循环控制变量的 i 获得初值 1；`i<=5` 是循环条件部分，约定了 i 的取值不能超过 5；`i++`是循环变量增量部分，设置了 i 的取值每次增加 1。

因此，在程序运行时，变量 i 的取值及循环体的执行情况如下。

i 的取值	表达式 i<=5 的结果	循环体的执行情况	i 的取值	表达式 i<=5 的结果	循环体的执行情况
1	非 0	输出 1；i 更新为 2	4	非 0	输出 16；i 更新为 5
2	非 0	输出 4；i 更新为 3	5	非 0	输出 25；i 更新为 6
3	非 0	输出 9；i 更新为 4	6	0	退出循环

例 4.1.2 折纸问题

编程解决情境导航中的“折纸问题”。

题目分析：

根据前述分析，计算出一张厚度是 0.1 毫米的纸张对折 30 次后的厚度，就可以证明传说的真伪。

程序代码：

```
1    //exam4.1.2
2    #include <iostream>
3    using namespace std;
4    int main()
5    {
6        int i;
7        float h,s;
8        h=0.0001;                   //纸的厚度转化为米
9        s=h;
10       for (i=1; i<=30; i++)    //重复 30 次
11           s=s*2;
12       cout<<s;
13       return 0;
14   }
```

运行结果：

```
107374
```

实验：

由结果可知，纸张重复对折操作 30 次后，厚度将变成 107 374 米，大于 8848.86 米，所以传说是真的。请修改程序，输出折纸超过珠峰高度的最少次数。

思考：

本问题能否用数学表达式直接求解？如果能，用数学表达式直接求解与用循环求解的区别是什么？

例 4.1.3 输出偶数

输出 100 以内的所有偶数。

题目分析：

从题目看，数据的范围很明确：1~100；重复内容也很明确：输出偶数。循环变量的初值、终值、增量以及循环体都很清楚，所以，适合应用 for 循环语句来解决问题。

方法 1：

我们可以直接对 1~100 的所有整数，进行重复判断：如果是偶数，则输出。

程序代码：

```
1    //exam4.1.3-1
2    #include<iostream>
```

```
3    using namespace std;
4    int main()
5    {
6        int i;
7        for(i=1;i<=100;i++)             //i 输入 1~100 的所有整数
8            if (i%2==0)                 //判断 i 是否为偶数
9        cout<<i<<" ";                   //输出偶数
10       return 0;
11   }
```

说明：

程序中，将1~100之间的所有数字都列举出来，然后一一判断，符合偶数条件的，就输出。这种思想，保证了所有可能解都会被判断，不会丢解。当然缺点就是效率不高。

方法2：

再进一步分析：我们都知道，相邻偶数之间的差值为2，所以我们还可以设置循环变量的初值为2、增量为2的for循环，使循环次数减少为50次。

程序代码：

```
1    //exam4.1.3-2
2    #include<iostream>
3    using namespace std;
4    int main()
5    {
6        int i;
7        for(i=2;i<=100;i+=2)            //i 输入 2~100 的所有偶数
8            cout<<i<<" ";               //直接输出 i 的值
9        return 0;
10   }
```

运行结果：

```
2 4 6 8 10 12 14 16 18 20 22 24 26 28 30 32 34 36 38 40 42 44 46 48 50 52
54 56 58 60 62 64 66 68 70 72 74 76 78 80 82 84 86 88 90 92 94 96 98 100
```

思考：

对比上述两个程序，不难发现它们的不同之处在于第7~9行。可以得出以下结论：

(1) 对于同一个问题，可以设置不同的循环变量初值、条件和循环增量。

(2) 不同的for语句设置，循环体的内容和执行次数也会有所不同。

那么，解决这个问题，还可以设置其他的循环变量初值、条件和循环增量吗？

例4.1.4　求最大值

已知n个人的身高值，求出其中的最大值。

题目分析：

我们联想一下日常排队找排头的方式：先假设一个排头，然后其他人和他比身高，如果有人比当前排头还高，就取代当前排头成为新排头；后面的人再和排头比身高，如果比当前排头还高，就成为新排头……重复比身高，直到全部人都经过比较、调整后，这时的排头一定是最高的。

依据这个思路，我们用 maxx 来存放身高最大值(这里可以将其初始化为 0)。读入第一个人的身高值，若比 maxx 大，则将其存入 maxx；继续读入第二个人的身高值，若比 maxx 大，则将其存入 maxx……直到读入第 n 个人的身高值，若比 maxx 大，则将其存入 maxx。

不难看出，这个过程就是一个循环的过程：重复 n 次，每一次读入身高 x，更新 maxx。

程序代码：

```
1    //exam4.1.4
2    #include<iostream>
3    using namespace std;
4    int main()
5    {
6        int i,n;
7        float x,maxx=0;              //将身高最大值初始化为 0
8        cin>>n;
9        for(i=1;i<=n;i++)
10       {
11           cin>>x;
12           if(x>maxx) maxx=x;       //判断身高是否比当前最高者高
13       }
14           cout<<maxx;
15       return 0;
16   }
```

运行结果：

```
5
1.79 1.75 1.69 1.80 1.70
1.8
```

思考：

程序第 7 行中，maxx 赋值为 0 的作用是什么？赋值为其他值可以吗？

实验：

(1) 将 maxx 初始化为第一个人的身高值，自己编程求最大身高值。

(2) 结合程序，尝试自己编程求最小身高值。

例 4.1.5 Fibonacci 数列 1

Fibonacci 数列是一个特殊的数列：第 1 项和第 2 项分别为 0 和 1，从第 3 项开始，每一项是其前面两项之和，即 0，1，1，2，3，5，8……

请编程输出 Fibonacci 数列的前 40 项(每 10 项一行，每两项之间用空格分隔)。

题目分析：

根据题目描述，从第 3 项开始，对于数列中的第 i 项 c，可以表示为其前面两项 a 和 b 之和，即 c=a+b。

由于题目只要求输出，我们就不需要将数列的前 40 项全部存放下来，只需边计算边输出即可。完整的计算步骤如下：

将第 1 项 a、第 2 项 b 分别初始化为 0、1，并输出它们的值；

计算第 3 项 c，令 c=a+b，输出第 3 项的值；

计算第 4 项，此时，它的前两项分别是当前的 b 和 c，而当前 a 的值不再需要被保存。为保持描述的连贯性，我们不妨做以下更新：

```
a=b;
b=c;
```

这样，第 4 项的值又可以表示为 c=a+b，输出 c 值即可。

处理其后各项的值，都可以先更新 a 和 b 的值，求解 c，然后输出 c 值。

分析至此，我们可以发现：解决本题，从第 3 项开始就有重复操作：计算 c=a+b 并输出、再更新 a 和 b 的值。

程序代码：

```
1    //exam 4.1.5
2    #include<iostream>
3    using namespace std;
4    int main()
5    {
6        int i,a=0,b=1,c;
7        cout<<a<<" "<<b<<" ";              //输出第 1 项和第 2 项的值
8        for(i=3;i<=40;i++)                 //求解第 3 项至第 40 项的值
9        {
10           c=a+b;                         //求第 i 项的值
11           cout<<c<<" ";
12           if(i%10==0)                    //每 10 项数据一行
13               cout<<endl;
14           a=b;b=c;                       //更新 a 和 b 的值
15       }
16       return 0;
17   }
```

运行结果：

```
0 1 1 2 3 5 8 13 21 34
55 89 144 233 377 610 987 1597 2584 4181
6765 10946 17711 28657 46368 75025 121393 196418 317811 514229
832040 1346269 2178309 3524578 5702887 9227465 14930352 24157817 39088169 63245986
```

说明：

程序中使用了重复更新 a、b 值的方法求数列每一项的值。这种思路，本质是一种迭代。

思考：

程序中 a、b、c 三者的关系如何？当 $i=10$ 时，这 3 个变量的值各是多少？

实验：

(1)程序中 a、b、c 的数据类型均定义为 int 类型。那么，这个程序可以正确输出 Fibonacci 数列的多少项？

(2)是否可以用两个变量求解该问题？如果可以，请编程实现。

四、总结提升

for 语句依据循环变量初始化、循环条件、循环变量增量，实现满足约定次数或满足条件的循环。因此，针对具体问题，设计循环变量初始化、循环条件、循环变量增量是编程的重要环节。不同的设计，会产生不同的效果，甚至直接影响程序的执行效率。

拓展 1

在 for 语句的循环变量初始化部分和增量部分，可以使用逗号分隔形成组合形式，实现多个操作。

例 4.1.6 求和

计算 1~100 中偶数之和与奇数之和。

方法 1：

参考例 4.1.2 的分析，我们很容易找到所有的偶数和奇数，继而分别计算偶数和与奇数和。

程序代码：

```
1    //exam4.1.6-1
2    #include<iostream>
3    using namespace std;
4    int main()
5    {
6        int i,sum1=0,sum2=0;    //sum1、sum2 分别存放偶数和、奇数和,均初始化为 0
7        for(i=1;i<=100;i++)     //对 i 读入 1~100 之间的每一个整数都重复操作
8            if(i%2==0) sum1+=i;          //偶数累加到 sum1 中
9            else sum2+=i;                //奇数累加到 sum2 中
10       cout<<"偶数和="<<sum1<<""<<"奇数和="<<sum2;
11       return 0;
12   }
```

方法 2：

我们还可以在 for 语句的循环变量初始化和循环变量增量两部分中，都使用逗号语句序列，同时产生偶数和奇数。

偶数从 2 开始每次递增 2，奇数从 1 开始，每次递增 2。这个规律很明确，也很适合同时写在 for 语句中控制循环变量。

程序代码：

```
1    //exam4.1.6-2
2    #include<iostream>
3    using namespace std;
4    int main()
5    {
6        int i,j,sum1=0,sum2=0;
7        for(i=2,j=1;i<=100;i+=2,j+=2)     //同时生成偶数和奇数
8        {
9            sum1+=i;                      //偶数 i 累加入 sum1
10           sum2+=j;                      //奇数 j 累加入 sum2
11       }
12       cout<<"偶数和= "<<sum1<<" "<<"奇数和= "<<sum2;
13       return 0;
14   }
```

运行结果：

```
偶数和=2550 奇数和=2500
```

思考：

对比上述 2 段程序，你有什么启发？在 for 语句的括号内出现组合形式，适合解决什么问题？

实验：

设计一个新算法解决本题。

拓展 2

虽然，循环变量初始化、循环条件、循环变量增量是 for 语句的重要组成部分，但是，在实际应用时，这三个要素中可以出现部分省略的情况。

例如，下面的 for 语句省略了循环变量初始化和循环变量增量部分。

```
i=1;
sum=0;
for ( ;i<=100; )
{
    sum+=i;
    i++;
```

```
    }
    cout<<i<<" "<<sum;
```

这段程序的运行结果如下：

```
101 5050
```

这段程序与下面两段程序有相同的功能。

程序段 1：

```
for(i=1, sum=0 ; i<=100 ; i++)
    sum+=i;
```

程序段 2：

```
sum=0;
for(i=1; i<=100 ; i++)
    sum+1=i;
```

如果将 for 语句中的三个部分都省略。例如：

```
for (; ;)
{……}
```

此时，系统约定循环条件的值为 1，即恒为真。上述 for 语句等价于：

```
for (; 1;)
{……}
```

需要说明的是，此时循环体内若没有控制语句，该循环将成为死循环。

实验：

结合上述关于 for 语句的相关说明，写出下面程序的运行结果。

```
1   //exam4.1.7
2   #include<iostream>
3   using namespace std;
4   int main()
5   {
6       int i,j;
7       for(i=20,j=0;i<=50;i++,j=j+5)
8           if(i==j) cout<<i<<endl;
9       return 0;
10  }
```

五、学习检测

练习 4.1.1　根据下列表达式，计算并输出 S 的结果。

(1) $S=1+2-3+4-5+6-\cdots+100$

(2) $S=1+(1+2)+(1+2+3)+\cdots+(1+2+3+\cdots+10)$

(3) $S=1/2-1/2+1/3-1/4+1/5-1/6+\cdots-1/100$

练习 4.1.2　平均年龄

班级有若干名学生，给出每名学生的年龄(整数)，求班级全体学生的平均年龄(保留至小数点后两位)。

【输入格式】

若干行。

第一行，一个整数 $n(1\leqslant n\leqslant 100)$，表示学生人数。

下面 n 行，每行一个整数，表示每名学生的年龄，取值为 15~25。

【输出格式】

仅一行，一个数，表示平均年龄。

【输入样例】

2

18

17

【输出样例】

17.50

练习 4.1.3　最大跨度

给定一个长度为 n 的非负整数序列，请计算序列的最大跨度值(最大跨度值=最大值-最小值)。

【输入格式】

共两行。

第一行，序列的个数 $n(1\leqslant n\leqslant 1000)$。

第二行，n 个不超过 1000 的非负整数，整数之间用空格分隔。

【输出格式】

仅一行，一个数，表示最大跨度值。

【输入样例】

6

3 0 8 7 5 9

【输出样例】

9

练习 4.1.4　宰相的麦子

相传古印度宰相达依尔是国际象棋的发明者。有一次，国王因为他的贡献要奖励他，问他想要什么。达依尔说："只要在国际象棋棋盘的 64 个格子里摆上麦子：第一格一粒，第二格两粒……后一格的麦子总是前一格麦子数的两倍，摆满整个棋盘，我就感恩不尽了。”国王一想，这还不容易。于是令人扛来一袋麦子，可很快用完了，又扛来一袋，还是很快用完了……国王对此感到很奇怪。

现在，请你编程计算所需要麦子的体积(1 立方米的麦子约为 1.42×10^8 粒)。

【输出格式】

仅一行，仅一个数字，表示麦子的体积，保留到小数点后两位。

练习 4.1.5 评委打分

在一次运动会方队表演中，学校安排了 10 名老师进行打分。对于给定的每个参赛班级的不同打分(百分制整数)，按照去掉一个最高分、去掉一个最低分，再算出平均分的方法，算出该班级的最后得分。

【输入格式】

仅一行，以空格分隔的 10 个整数。

【输出格式】

仅一行，一个数字，表示该班级的最后得分，保留到小数点后两位。

【输入样例】

90 89 92 90 93 95 88 90 89 88

【输出样例】

90.13

练习 4.1.6 陶陶摘苹果

陶陶家的院子里有一棵苹果树，每到秋天树上就会结出 10 个苹果。苹果成熟的时候，陶陶就会跑去摘苹果。陶陶有个 30 厘米高的板凳，当她不能直接用手摘到苹果的时候，就会踩到板凳上再试试。

现在已知 10 个苹果到地面的高度，以及陶陶把手伸直的时候能够达到的最大高度，请帮陶陶算一下她能够摘到的苹果的数目。假设她碰到苹果，苹果就会掉下来。

【输入格式】

共两行。

第一行只包括 1 个 100~120(包含 100 和 120)的整数(以厘米为单位)，表示陶陶把手伸直的时候能够达到的最大高度。

第二行包含 10 个 100~200(包括 100 和 200)的整数(以厘米为单位)，分别表示 10 个苹果到地面的高度，两个相邻的整数之间用一个空格隔开。

【输出格式】

仅一行，只包含一个整数，表示陶陶能够摘到的苹果的数目。

【输入样例】

110

100 200 150 140 129 134 167 198 200 111

【输出样例】

5

第二节 while 语句

一、情境导航

冰雹猜想

历史上，有一个游戏曾经吸引了无数数学爱好者。游戏规则是这样的：任意给出一个正整数 N，如果是奇数，变成 $3N+1$；如果是偶数，变成 $N/2$。生成的新数再做同样的处理……无论 N 是什么数，经过若干次变换，最终都会变成数字 1。

在变化过程中，数值一会儿上升，一会儿又降下来，就像小冰雹粒子在冰雹云中翻滚增长的样子。于是，人们称这个游戏为“冰雹猜想”。

给你一个正整数，你能验证冰雹猜想吗？

“冰雹猜想”的游戏过程实际上就是一个数字重复变化的过程。只要数字 N 不是 1，就按照规则处理：如果是奇数，N 变成 $3N+1$；如果是偶数，N 变成 $N/2$；然后再对新的 N 做同样处理。

要重复多少次？未知！

我们知道的是如果 N 不是 1，就要重复操作。

下面，我们换一种方式来描述重复操作的过程。

当 $N\neq1$ 时，重复：

如果 N 是奇数，则

　　　$N=3N+1$；

否则

　　　$N=N/2$；

这种写法清晰地表达出解决问题的思路和过程。

在 C++语言中，“当满足条件就重复”的操作，可以使用 while 语句来解决。下面，我们就来学习使用 while 语句和模拟法解决重复操作的方法。

二、知识探究

（一）while 语句的格式

1. 格式

格式 1：

```
while(表达式)
    语句;
```

格式 2：

```
while(表达式)
{
    语句 1;
    语句 2;
    …
}
```

表达式和由语句序列组成的循环体构成了 while 语句的两个要素。

（1）表达式：循环的条件。while 语句将根据表达式的结果，确定是否执行循环体。因此，若表达式的初始值为 0 时，则根本不进入循环体，即 while 语句的循环体执行 0 次。

例如，下面程序段中的输出语句将不被执行。

```
i=5;
while (i<5)
    cout<<i;
```

（2）循环体：为了能终止循环，while 语句的循环体中一定要有影响表达式的操作，否则该循环就是一个死循环。

例如，下面程序段将无法停止。

```
i=1;
while (i<5)
    cout<<i;
```

2. 功能

当表达式的值非 0 时，会不断执行循环体中的语句。这段功能描述也反映出 while 语句的执行过程，如图 4-2 所示。

所以，用 while 语句实现的循环称为“当型循环”。

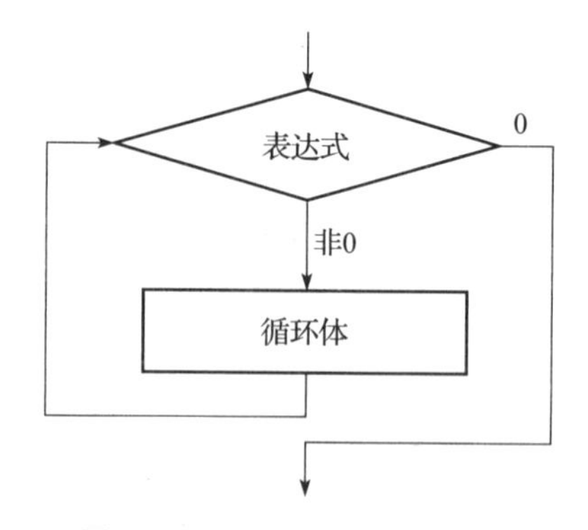

图 4-2　while 语句的执行过程

（二）模拟法

情境导航中的“冰雹猜想”清晰地描述了数字的变化过程，要验证“冰雹猜想”只需要按照描述的步骤向下进行即可。

这种借助程序模仿解决问题的过程，进而得到问题解的算法，就是模拟法。

模拟法相对容易实现，是分析解决问题时的一种实用算法。尤其适用于解决求解过程清晰、运算规模相对较小的问题。

三、实践应用

例 4.2.1　阅读程序

请写出下面程序的运行结果。

程序代码：

```
1    //exam4.2.1
2    #include<iostream>
3    using namespace std;
4    int main()
5    {
6        int i=1;
7        while (i<=5)
8        {
9            cout<<i*i<<" ";
10           i++;
11       }
12       return 0;
13   }
```

运行结果：

```
1 4 9 16 25
```

说明：

程序中使用 while 语句来控制循环。根据 while 语句的使用说明，当表达式 i<=5 的值非 0 时，就执行循环体；首次执行 while 语句也不例外(若表达式的初值为 0，则根本不执行循环体)。

程序的第 6 行，将 i 初始化为 1；第 7 行的表达式结果为非 0(1<=5 成立)，则执行循环体：输出 i 的值，i 自增，结果为 2；再根据 i 的值，判断第 7 行的表达式结果为非 0(2<=5 成立)，输出 i 的值，i 自增……直到判断第 7 行的表达式结果为 0(6<=5 不成立)，退出循环。

我们可以模拟程序的执行过程：

i 的取值	表达式 i<=5 的结果	循环体的执行情况	i 的取值	表达式 i<=5 的结果	循环体的执行情况
1	非 0	输出 1；i 更新为 2	4	非 0	输出 4；i 更新为 5
2	非 0	输出 2；i 更新为 3	5	非 0	输出 5；i 更新为 6
3	非 0	输出 3；i 更新为 4	6	0	退出循环

思考：

对比例 4.2.1 与例 4.1.2 的程序，二者在程序功能上是一致的，但是在描述上却有所不同。你能说出用 while 语句替换 for 语句的一般规律吗？

实验：

将程序的第 6 行（i 的初始化语句）修改成如下写法，程序的运行结果将发生什么变化？

```
int i=6;
```

例 4.2.2 整数位数

输入一个正整数，输出其位数。

题目分析：

当正整数不是一位数时，我们要用累计的方法完成位数统计：用变量 num 表示计数器，取出正整数的个位数字，num 加 1，从正整数中去掉个位数字，对剩余数位上的数字所组成的新数重复计数。这个计数的过程是一个当型循环，可以用 while 语句来解决。

程序代码：

```
1    //exam4.2.2
2    #include<iostream>
3    using namespace std;
4    int main()
5    {
6        int n,num=1;      //num 存放数字的位数,初始化为 1
7        cin>>n;
8        while(n>10)       //当 n 不是一位数,就重复操作
9        {
10           num++;
11           n/=10;        //产生要去计数的新整数
12       }
13       cout<<num;        //输出整数的位数
14       return 0;
15   }
```

运行结果：

思考：

对于任意正整数 n，$n=n/10$ 的结果是什么？

实验：

在第 11 行后插入以下语句，程序的运行结果会怎样？

```
cout<<n<<" ";
```

例 4.2.3　冰雹猜想

编程解决情景导航中的“冰雹猜想”问题。

题目分析：

根据前述分析，我们只需使用模拟法按照冰雹猜想的步骤操作就可以完成验证。

具体分析本题的编程细节：当数字 N 不是 1 时，就重复对 N 进行变换。这个描述正是 while 语句的功能体现。因此，我们可以应用 while 语句解决问题。设置循环的条件为：N 不是 1；设置循环体为：对 N 进行变换。

为更清晰地表现冰雹猜想的过程，我们在程序中输出数字 N 的每一个变换结果。

程序代码：

```
1    //exam 4.2.3
2    #include <iostream>
3    using namespace std;
4    int main()
5    {
6        int N;
7        cin>>N;
8        while(N! =1)             //重复操作
9        {
10           cout<<N<<" ";
11           if(N%2! =0)          //处理 N 是奇数的情况
12           N=3*N+1;
13               else             //处理 N 是偶数的情况
14               N=N/2;
15       }
16       cout<<N<<endl;
17       return 0;
18   }
```

运行结果：

由结果可知：冰雹猜想是可验证的。

实验：

为识别输入错误(例如，输入 0)，在程序中需要加入怎样的处理？编程实现你的想法。

例 4.2.4　银行密码

在银行取款时，我们需要输入一个六位数字组成的密码。密码正确，才可以进行取款操作，若连续 3 次输入错误密码，账号就会被冻结。

现在，请你编写一个程序，来模拟输入密码的过程。

【输入格式】

每次输入六位数字

【输出格式】

给出提示信息：正确、错误、冻结

题目分析：

对于取款用户来说，做的就是反复输入六位数字的操作。每输入一次密码，可能产生 3 种结果：

输入未超过 3 次，密码错误，输出“错误”。

输入未超过 3 次，密码正确，退出循环，输出“正确”。

输入错误的次数已达 3 次，退出循环，输出“冻结”。

综上，我们可以设置循环的条件为：输入次数不超过 3 次且密码错误；设置循环体为：输入密码并进行判断。

从上述描述，也可以看出，解决本题应用了模拟法。

程序代码：

```
1   //exam 4.2.4
2   #include <iostream>
3   using namespace std;
4   int main()
5   {
6       int mima=0,n=0;                  //mima 接受密码,n 统计输入次数
7       while(n<3 && mima!=202307)       //设定初始密码为 202307,重复操作
8       {
9           cin>>mima;
10          n++;
11          if(mima!=202307)
12              cout<<"错误"<<endl;      //提示错误
13      }
14      if(mima==202307)
15          cout<<"正确"<<endl;          //提示正确
16      else
17          if(n==3)
18      cout<<"冻结"<<endl;              //提示冻结
19      return 0;
20  }
```

运行结果：

思考：

程序第 6 行的 mima、n 的初始化部分可以省略吗？它们与 while 的条件式有关系吗？

实验：

将程序中的第 14~18 行改成如下写法，输出结果会怎样？

```
if (n==3)
    cout<<"冻结"<<endl;
else
    if (mima==202307)
        cout<<"正确"<<endl;
```

例 4.2.5　判断质数

判断给定正整数 n（保证在正整数范围内）是否为质数。是，输出 Yes；否，输出 No。

题目分析：

根据数学知识，质数是这样约定的：对于一个大于 1 的自然数，除了 1 和它本身，不能被其他自然数整除，这个数就是质数。

因此，我们可以从除数 2 开始试除，除数没有超过 $n-1$ 并且没有出现整除现象，就将除数加 1，反复试除。在重复的过程中，一旦出现整除现象，就说明 n 非质数；如果除数超过了 $n-1$，也没有出现整除现象，那么 n 一定是质数。

不难看出，解决问题过程中用到了循环，只是重复的次数未知。但是，重复进行的条件能确定为没出现整除并且除数未超过 $n-1$。所以，可以用 while 语句来解决问题。解决本问题的过程完全再现了质数的定义，因此也应用了模拟法。

程序代码：

```
1   //exam 4.2.5
2   #include <iostream>
3   using namespace std;
4   int main()
5   {
6       int n,i;
7       cin>>n;
8       i=2;
9       while(n%i!=0 && i<=n-1)        //重复操作
10          i++;
11      if (i>n-1)                      //退出循环时,若 i 超过 n-1,则 n 是质数
12          cout<<"Yes"<<endl;
13      else                            //退出循环时,若 i 未超过 n-1,则 n 非质数
14          cout<<"No"<<endl;
15      return 0;
16  }
```

运行结果：

思考：

程序中，除数的上限设定为 $n-1$。这个数字可否缩小？你能设计一个合适的数字吗？

实验：

将程序的第 11~14 行改成如下形式，运行结果会怎样？

```
if (n%i==0)
    cout<<"No"<<endl;
else
    cout<<"Yes"<<endl;
```

四、总结提升

与 for 语句常用于计数循环相对应，while 语句常用于当型循环。while 语句的表达式和循环体共同构成了当型循环的两个要素。在使用 while 语句时，要注意表达式与循环体的配合，避免出现表达式初值不成立造成的无法进行循环、表达式恒成立造成的死循环。

拓展 1

虽然 for 语句和 while 语句有各自的适用情况，但是解决具体问题时，使用哪一种循环语句并没有绝对的约定。一般情况下，用 for 语句编写的程序都可以用 while 语句来实现，反之亦然。

例如，输出 1~5 这五个数字，应用 for 语句和 while 语句编写的程序对比如下。

应用 for 语句的程序

```
#include<bits/stdc++.h>
using namespace std;
int main()
{
int i;
for(i=1;i<=5;i++)
    cout<<i<<" ";
return 0;
}
```

应用 while 语句的程序

```
#include<bits/stdc++.h>
using namespace std;
int main()
{
    int i=1;
    while(i<=5)
    {
        cout<<i<<" ";
        i++;
    }
    return 0;
}
```

实验：

下面是用 for 语句编写的程序。你能使用 while 语句实现相同的功能吗？

```
1   //exam 4.2.6
2   #include <iostream>
3   using namespace std;
4   int main()
5   {
6       float score,tot=0;
7       int count;
8       cin>>score;
9       for(count=0;score! =0;count++)
10      {
11              tot+=score;
12              cin>>score;
13      }
14      cout<<tot/count<<endl;
15      return 0;
16  }
```

拓展 2

在使用 while 语句时，构造表达式内容是一个重要环节。有时候，将其设置为 1 也是一种可行的方式。

下面给出例 4.2.4 验证密码的另一种程序形式——以 1 作为 while 语句表达式的程序。

程序代码：

```
1   //exam 4.2.7
2   #include<bits/stdc++.h>
3   using namespace std;
4   int main()
5   {
6       int n,mima;
7       n=0;
8       while(1)
9       {
10          cin>>mima;
11          n++;
12          if(mima==202307)
13          {
14              cout<<"正确"<<endl;
15              break;
16          }
17          else
18              cout<<"错误"<<endl;
19          if(n==3)
```

```
20              {
21                  cout<<"冻结"<<endl;
22                  break;
23              }
24          }
25          return 0;
26      }
```

实验：

运行程序，与例 4.2.4 的程序做对比。

你能设计出其他形式的 while 语句，解决这个问题吗？

五、学习检测

练习 4.2.1 整数求和

对于任意输入的非负整数，计算其各个数位上的数字之和。

【输入格式】

仅一行，一个整数(保证在整数范围之内)

【输出格式】

仅一行，仅一个数字，表示各个数位上的数字之和

【输入样例 1】

1234

【输出样例 1】

10

【输入样例 2】

0

【输出样例 2】

0

练习 4.2.2 判断互质

输入两个正整数，判断他们是否互质(即最大公约数为 1)。是，输出 Yes；否，输出 No。

【输入格式】

仅一行，用空格分隔的两个正整数。

【输出格式】

仅一行，判断结果。

【输入样例】

36 56

【输出样例】

No

练习 4.2.3　数字统计(NOIP 2010 普及组复赛试题)

请统计某个给定范围[L, R]的所有整数中，数字 2 出现的次数($1 \leq L \leq R \leq 10\,000$)。

例如，给定范围[2, 22]，数字 2 在数 2 中出现了 1 次，在数 12 中出现 1 次，在数 20 中出现 1 次，在数 21 中出现 1 次，在数 22 中出现 2 次，所以数字 2 在该范围内一共出现了 6 次。

【输入格式】

共一行，以空格分隔的两个正整数，分别表示 L 和 R。

【输出格式】

共一行，一个整数，表示数字 2 出现的次数。

【输入样例 1】

2 22

【输出样例 1】

6

【输入样例 2】

2 100

【输出样例 2】

20

练习 4.2.4　求最小 n(NOIP 2002 普及组复赛试题)

已知 $s_n = 1+1/2+1/3+\cdots+1/n$。显然对于任意一个整数 k，当 n 足够大时，s_n 大于 k。现给出一个整数 k($1 \leq k \leq 15$)，计算出一个最小的 n，使 $s_n > k$。

【输入格式】

仅一行，一个整数，表示 k。

【输出格式】

仅一行，一个整数，表示 n。

练习 4.2.5　信息加密

在发送信息的过程中，为了加密，有时需要按一定规则将文本转换成密文发送出去。

有一种加密规则是这样的：对于字母字符，将其转换成其后的第 3 个字母。例如，将 A 转换成 D，将 a 转换成 d。

当字母字符为 x，y，z 或 X，Y，Z 时，将字母表看成环形，转换成对应的密文。例如，将 x 转换成 a，将 X 转换成 A。

对于非字母字符，保持不变。

现在，请你根据输入的一串字符，输出其对应的密文。

【输入格式】

仅一行，一串字符，表示信息原文。

【输出格式】

仅一行，一串字符，表示信息密文。

【输入样例】

I(2023)love(08)China(15)!

【输出样例】

L(2023)oryh(08)Fklqd(15)!

第三节 do…while 语句

一、情境导航

二进制数位数

通过前面的学习，小计已经会将二进制数转换成对应的十进制数了。现在，他又开始研究将十进制数转换成二进制数的相关问题。

他的问题是：给定一个十进制正整数，求与之等值的二进制数有多少位？

编个程序帮他解决问题吧！

将一个十进制正整数转换为二进制数，通常采用“除二取余，逆序连接”的方法：将十进制整数反复除以2，直到商为0。将做除法过程中的所有余数逆序连接起来，就得到十进制正整数对应的二进制数。将十进制正整数转换为二进制数的过程，如图4-3所示。

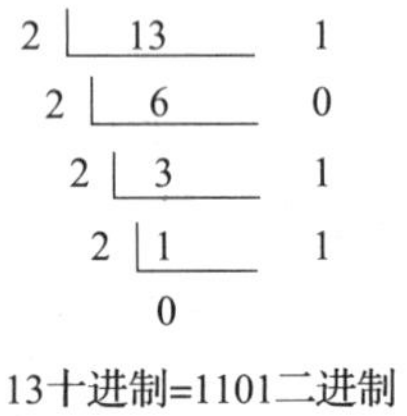

```
2 |_13_    1
 2 |_6_    0
  2 |_3_   1
   2 |_1_  1
       0
```

13十进制=1101二进制

图 4-3 十进制正整数转换为二进制数的过程

很明显，这个转换过程符合循环的思想。只是与 for 语句、while 语句的执行过程略有不同，属于“先操作后判断条件的循环”。

在 C++语言中，将这类循环描述为循环操作，直到条件不成立。其对应的是 do…while 语句。

本节，就学习 do…while 语句与位运算的相关知识。

二、知识探究

（一）do…while 语句的格式

1. 格式

格式 1：

```
do
    语句;
while(条件表达式);
```

格式 2：

```
do
{
    语句 1;
    语句 2;
    …
}
while(条件表达式);
```

2. 说明

（1）与 for 语句、while 语句不同，do…while 语句是先执行循环体再检查表达式的值。因此，do…while 语句的循环体至少执行一次。

例如，下面程序段中的循环体将被执行一次，输出一个数字：5。

```
int i=5;
do
    cout<<i;
while (i<5);
```

（2）与 while 语句一样，do…while 语句的循环体中一定要有影响表达式的操作，否则该循环就是一个死循环。

例如，下面程序段将无法停止运行。

```
i=1;
do
    cout<<i;
while (i<=5)
```

3. 执行流程

执行 do…while 语句时，重复执行循环体，直到条件表达式的值为 0。do…while 语句的执行过程如图 4-4 所示。

与 while 语句相比，do…while 语句是先执行循环体，后判断条件表达式的当型循环。

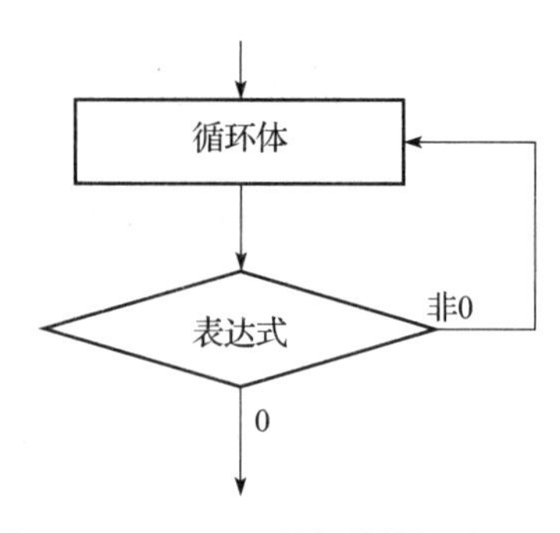

图 4-4　do…while 语句的执行过程

（二）位运算

计算机内部使用二进制进行存储和计算等操作。二进制数中每个 0 或 1 都是一个二进制位，简称位。在 C++语言中，有一类特殊运算，就是针对位进行的，我们称之为位运算。

C++语言提供了 6 种位运算符，见表 4-1。

表 4-1　位运算符

运算符	含义	说明	举例
&	按位与	把参与运算的两个数对应的二进制位相与，只有对应的二进制位均为 1 时，结果的对应位才为 1，否则为 0	9&5 相当于 00001001&00000101 运算结果为 00000001 输出结果为 1
|	按位或	把参与运算的两个数对应的二进制位相或，只要对应的两个二进制位有一个为 1 时，其结果就为 1	9 | 5 相当于 00001001 | 00000101 运算结果为 00001101 输出结果为 13
^	按位异或	把参与运算的两个数对应的二进制位相异或，对应位上的两个二进制数字不同时，结果为 1，否则为 0	9^5 相当于 00001001^00000101 运算结果为 00001100 输出结果为 12
~	取反	把运算数的各个二进制位按位求反	~9 相当于~00001001 运算结果为 11110110 输出结果为-10
<<	左移	*m*<<*n* 是指把 *m* 对应的二进制数的各个二进制位向左移 *n* 位，高位丢弃，低位用 0 补齐	设 *a*=3，*a*<<1 表示把 3 对应的二进制数 00000011 的各二进制位向左移动 1 位 运算结果为 00000110 输出结果为 6
>>	右移	*m*>>*n* 是指把 *m* 对应的二进制数的各二进位全部右移 *n* 位，低位丢弃，高位用 0 补齐	设 *a*=3，*a*>>1 表示把 3 对应的二进制数 00000011 的各二进制位向右移动 1 位 运算结果为 00000001 输出结果为 1

根据位运算符的含义及举例，可以发现：

（1）对于正整数 *a* 进行左移 1 位的操作，等价于 *a* 乘以 2 的操作。

```
3<<1=3*2=6
```

（2）对于正整数 *a* 进行右移 1 位的操作，等价于 *a* 整除 2 的操作。

```
3>>1=3/2=1
```

因此，在将十进制整数转换成二进制数时，可以应用右移操作来完成。

三、实践应用

例 4.3.1　程序对比 1

请写出下面程序的运行结果。

程序代码：

```
1    //exam4.3.1-1
2    #include<iostream>
3    using namespace std;
4    int main()
5    {
6        int i=1;
7        do
8        {
9            cout<<i;
10           i++;
11       }
12       while (i<1);
13       return 0;
14   }
```

```
1    //exam4.3.1-2
2    #include<iostream>
3    using namespace std;
4    int main()
5    {
6        int i=1;
7        while(i<1)
8        {
9            cout<<i;
10           i++;
11       }
12       return 0;
13   }
```

运行结果：

```
--------------------------------
Process exited after 0.01402 seconds with return value 0
请按任意键继续. . .
```

```
1
--------------------------------
Process exited after 0.01446 seconds with return value 0
请按任意键继续. . .
```

说明：

do…while 语句是先执行循环体再检查表达式的值；而 while 语句是先检查表达式的值。因此，既使上面两段程序中循环语句的表达式是一致的且结果均为 0，程序的运行结果也不同。前者执行了一次循环体后检查表达式，确认循环结束，输出了 1；后者检查到表达式不成立，则直接结束循环，没有任何输出。

思考：

如果希望上面两段程序输出相同的结果，需要怎样修改？

例 4.3.2　程序对比 2

请写出下面程序的运行结果。

程序代码：

```
1    //exam4.3.2-1
2    #include<iostream>
3    using namespace std;
4    int main()
5    {
6        int i=1;
```

```
1    //exam4.3.2-2
2    #include<iostream>
3    using namespace std;
4    int main()
5    {
6        int i=1;
```

```
7        do
8        {
9            cout<<i;
10           i++;
11       }
12       while (i<=5);
13       return 0;
14   }
```

```
7        do
8        {
9            i++;
10           cout<<i;
11       }
12       while (i<=5);
13       return 0;
14   }
```

运行结果：

```
12345
```

```
23456
```

说明：

两个程序中都使用了 do…while 语句来控制循环，但是循环体部分(第 9~10 行)的语句顺序不同。当 $i \leqslant 5$ 时，exam4. 3. 2-1 重复执行：先输出 i 的值，i 再自增 1；exam4. 3. 2-2 重复执行：i 先自增 1，再输出 i 的值。

我们分别模拟一下两个程序的执行过程。

i 的值	exam4. 3. 2-1 循环体的执行情况	exam4. 3. 2-2 循环体的执行情况
1	输出 1；i 更新为 2	i 更新为 2；输出 2
2	输出 2；i 更新为 3	i 更新为 3；输出 3
3	输出 3；i 更新为 4	i 更新为 4；输出 4
4	输出 4；i 更新为 5	i 更新为 5；输出 5
5	输出 5；i 更新为 6	i 更新为 6；输出 6
6	退出循环	退出循环

实验：

将 exam4. 3. 2-2 第 6 行改成如下形式，程序的运行结果将会怎样？

```
int i=0;
```

例 4. 3. 3 算数练习

为提高算数能力，借助计算机随机出题练习是个好办法。

算数练习的具体功能是由计算机随机产生两个三位数，用户计算并输入其和，直到计算正确。最后，计算机会输出用户做对题目所用的次数。

题目分析：

根据题意，输入的数不正确，就要重复输入。这是很明确的循环思想，而“输入的数不正确”就是循环的条件。

因为至少要输入一个数用以判断计算是否正确，符合 do…while 至少执行一次循环体的特征。我们应用 do…while 语句来编写程序。

更具体地，为得到用户做对题目所用的次数，需要设置一个计数器 num，并将值初始化为 0，在循环体内，每次输入数据，num 的值增 1。

程序代码：

```
1    //exam4.3.3
2    #include<iostream>
3    #include<cstdlib>
4    #include<ctime>
5    using namespace std;
6    int main()
7    {
8        int x,y,n,num=0;
9        srand(time(NULL));                    //随机数种子
10       x=100+rand()%(999-100+1);             //产生第一个三位随机数
11       y=100+rand()%(999-100+1);             //产生第二个三位随机数
12       do
13       {
14           cout<<x<<"+"<<y<<"=?"<<endl;
15           cin>>n;
16           num++;
17       }
18       while(n!=x+y);                        //输入数不对,重复操作
19       cout<<num<<endl;                      //输出次数
20       return 0;
21   }
```

运行结果：

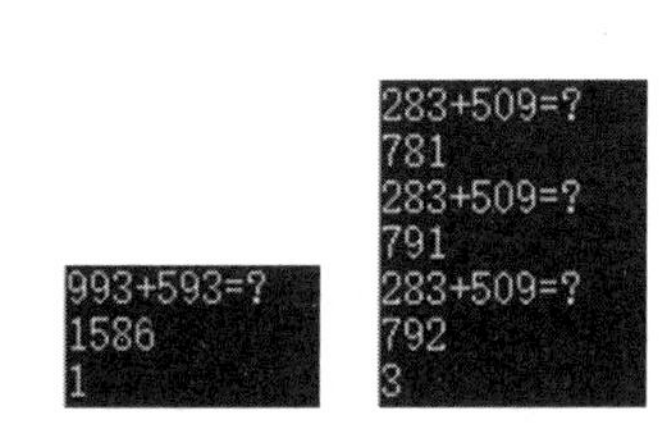

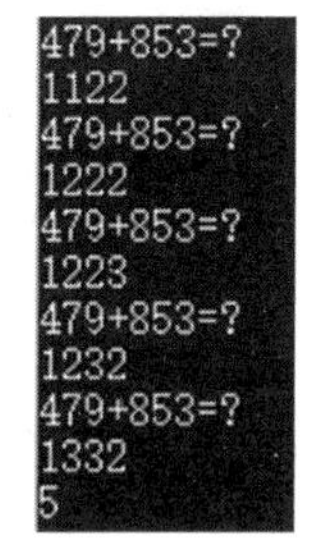

思考：

程序中 srand( ) 和 rand( ) 的作用是什么？

实验：

将程序第 18 行 do…while 语句的条件改写成如下形式，验证程序的正确性。

```
!(n==x+y)
```

例 4.3.4 　反向输出

对于给定的任意正整数，将其各个数位上的数字分离出来，并反向输出。例如，输入 123，应输出 3 2 1。

题目分析：

题目中给了一个暗示——从整数的低位开始输出。那么如何产生一个整数 n 的最低位？实践一下，234%10 的结果是 4。

事实上，n%10 就是产生整数 n 的最低位的方法。

解决本题，我们需要进行若干次取出最低位、更新整数的方法（产生去掉最低位的新数，可参考例 4.2.2）。不同的整数需要做%运算的次数也不同。那么，如何控制循环何时停止？当 $n=0$ 时，就无须再做%运算了。

本题可以使用 while 语句也可以使用 do…while 语句，到底用哪一种呢？对于一位数字，我们也做一次%运算，那就是至少执行一次循环体，因此我们选用 do…while 语句。

程序代码：

```
1    //exam4.3.4
2    #include<iostream>
3    using namespace std;
4    int main()
5    {
6        int n;
7        cin>>n;
8        do
9        {
10           cout<<n%10<<" ";        //输出最末一位数字
11           n/=10;                  //产生新的数字
12       }
13       while(n! =0);               //商非 0,就重复操作
14       return 0;
15   }
```

运行结果：

```
0      5      123
0      5      3 2 1
```

思考：

如果要求组成一个反向的新数，程序该做怎样的改变？

例如，输入 120，输出 21。

实验：

将程序第 13 行写成如下形式，程序的运行结果会怎样？

```
while(n)
```

例 4.3.5 二进制数位数

编程解决情境导航中的“二进制数位数”问题。

题目分析：

方法 1：

因为 0 也需要进行位数的计数，也就是至少需要执行一次操作。所以，解决本题我

们选用 do while 语句。

程序代码：

```
1   //exam4.3.5-1
2   #include<iostream>
3   using namespace std;
4   int main()
5   {
6       int n,num=0;
7       cin>>n;
8       do
9       {
10          num++;                  //二进制位数加 1
11          n/=2;
12      }
13      while(n!=0);                //商(数字)非 0,就重复操作
14      cout<<num<<endl;
15      return 0;
16  }
```

实验：

解决这个问题，还可以应用 cmath 库中的对数函数 $\log_2(n)$ 来实现。请尝试编写出相应的程序。

方法 2：

根据位运算规则：正整数右移 1 位，等价于正整数整除 2。因此，本题也可以使用右移运算完成。

程序代码：

```
1   //exam4.3.5-2
2   #include<iostream>
3   using namespace std;
4   int main()
5   {
6       int n,num=0;
7       cin>>n;
8       do
9       {
10          num++;                  //二进制位数加 1
11          n>>=1;                  //用位运算产生新的数字
12      }
13      while(n!=0);                //商(数字)非 0,就重复操作
14      cout<<num<<endl;
15      return 0;
16  }
```

运行结果：

实验：

（1）在上述两个程序的第 11～12 行之间插入下面内容，程序的运行结果将会怎样？

```
cout<<n<<endl;
```

（2）输入多组测试数据，对比上述两个程序的执行效率。

四、总结提升

与 for 语句、while 语句不同，do…while 语句是先执行循环体再检查表达式的值。因此，do…while 语句的循环体至少执行一次。这一点，在编程时需要特别注意。

本节我们还学习了位运算。我们知道计算机中的数在内存中都是以二进制形式进行存储的，而位运算直接对整数在内存中的二进制位进行操作。因此，位运算的执行效率非常高，在程序中使用位运算进行操作，会大大提高程序的性能。

拓展 1

for 语句、while 语句、do…while 语句各有所长，并没有严格的使用约束。通常情况下，三者可以互相转换。

例 4.3.6 求前 n 个自然数的和

以下程序都可以计算并输出前 n 个自然数的和。

1. 应用 for 语句

程序代码：

```
1   //exam4.3.6-1(1)
2   #include<iostream>
3   using namespace std;
4   int main()
5   {
6       int n,i,sum=0;
7       cin>>n;
8       for(i=1;i<=n;i++)
9           sum=sum+i;
10      cout<<"sum="<<sum<<endl;
11      cout<<"i="<<i<<endl;
12      return 0;
13  }
```

```
1   //exam4.3.6-1(2)
2   #include<iostream>
3   using namespace std;
4   int main()
5   {
6       int n,i,sum=1;
7       cin>>n;
8       for(i=2;i<=n;i++)
9           sum=sum+i;
10      cout<<"sum="<<sum<<endl;
11      cout<<"i="<<i<<endl;
12      return 0;
13  }
```

运行结果：

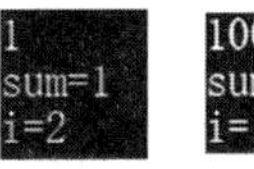

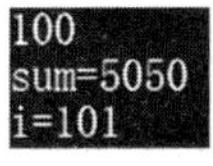

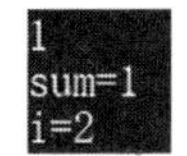

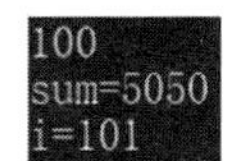

2. 应用 while 语句

程序代码：

```
1   //exam4.3.6-2(1)
2   #include<iostream>
3   using namespace std;
4   int main()
5   {
6       int n,i=0,sum=0;
7       cin>>n;
8       while(i<n)
9       {
10          i++;
11          sum=sum+i;
12      }
13      cout<<"sum="<<sum<<endl;
14      cout<<"i="<<i<<endl;
15      return 0;
16  }
```

```
1   //exam4.3.6-2(2)
2   #include<iostream>
3   using namespace std;
4   int main()
5   {
6       int n,i=1,sum=0;
7       cin>>n;
8       while(i<=n)
9       {
10          sum=sum+i;
11          i++;
12      }
13      cout<<"sum="<<sum<<endl;
14      cout<<"i="<<i<<endl;
15      return 0;
16  }
```

运行结果：

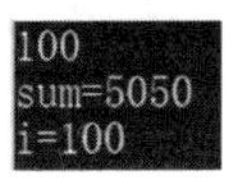

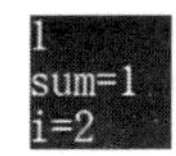

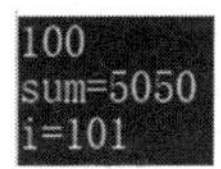

3. 应用 do…while 语句

程序代码：

```
1   //exam4.3.6-3(1)
2   #include<iostream>
3   using namespace std;
4   int main()
5   {
6       int n,i=0,sum=0;
7       cin>>n;
8       do
9       {
10          i++;
11          sum=sum+i;
12      }
13      while (i<n);
14      cout<<"sum="<<sum<<endl;
15      cout<<"i="<<i<<endl;
16      return 0;
17  }
```

```
1   //exam4.3.6-3(2)
2   #include<iostream>
3   using namespace std;
4   int main()
5   {
6       int n,i=1,sum=0;
7       cin>>n;
8       do
9       {
10          sum=sum+i;
11          i++;
12      }
13      while (i<=n);
14      cout<<"sum="<<sum<<endl;
15      cout<<"i="<<i<<endl;
16      return 0;
17  }
```

运行结果：

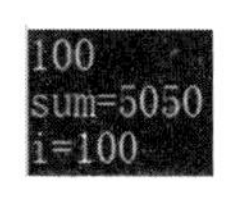

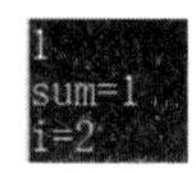

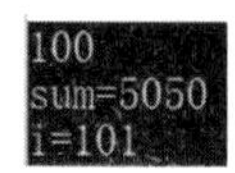

思考：

三种不同循环语句解决了同一个问题，它们之间相互转换的一般规律是什么？

拓展 2

位运算的效率高于四则运算。有研究说：由于位运算的操作单元是位(bit)，相对普通操作，其运算效率能提高 60%。

不只在效率上有优势，位运算符的巧妙应用，有时还会产生特殊的结果。

例 4.3.7 位运算应用

对于一个自然数 n，可用 n&(n-1) 的结果判断 n 是否为 2 的指数幂。

写出下面程序的运行结果，验证结论。

程序代码：

```
1    //exam4.3.7
2    #include<iostream>
3    using namespace std;
4    int main()
5    {
6        int n;
7        for(n=1;n<=10;n++)
8            if((n&(n-1))==0)
9                cout<<n<<" ";
10       return 0;
11   }
```

思考：

你还能写出位运算的哪些特殊应用？

五、学习检测

练习 4.3.1 求最小的 i

对于给定的自然数 n，求使 $1+2+3+4+5+\cdots+i \geqslant n$ 成立的最小的 i 值。

【输入格式】

仅一行，一个整数，表示 n。

【输出格式】

仅一行，一个整数，表示最小的 i 值。

【输入样例】

5

【输出样例】

3

练习 4.3.2　小球路程

一个小球从 200 米高处自由落下，每次落地后反弹回落下时的一半高度，然后再落下，再反弹……直到小球弹起的高度不足 0.5 米时，计算小球经过了多少路程？

练习 4.3.3　求圆周率

圆周率的近似值 PI 可以用如下公式产生：

PI/4 = 1-1/3+1/5-1/7…

请你计算当某项的绝对值小于 10^{-6} 时，PI 的近似值是多少？

【输出格式】

仅一行，仅一个双精度实数，表示 PI 的值。

练习 4.3.4　数字反转(NOIP 2011 普及组复赛试题)

给定一个整数，请将该数各个数位上的数字反转得到一个新数。新数也应满足整数的常见形式，即除非给定的原数为零，否则反转后得到的新数的最高位数字不应为零(参见样例 2)。

【输入格式】

仅一行，一个整数 N。

【输出格式】

仅一行，一个整数，表示反转后的新数。

【输入样例 1】

123

【输出样例 1】

321

【输入样例 2】

-380

【输出样例 2】

-83

练习 4.3.5　Cantor 表(NOIP 1999 年普及组复赛试题)

现代数学的著名证明之一是格奥尔格 · 康托尔(Georg Cantor)证明了有理数是可枚举的。他是用下面这一张表来证明这一命题的：

1/1　1/2　1/3　1/4　1/5…
2/1　2/2　2/3　2/4　…
3/1　3/2　3/3　…
4/1　4/2…
5/1

我们以 z 字型为顺序给上表的每一项编号。第 1 项是 1/1，之后是 1/2，2/1，3/1，2/2……

输入正整数 N，输出表中的第 N 项。

【输入格式】

仅一行，一个整数，表示 N。

【输出格式】

仅一行，Cantor 表中的第 N 项。

【输入样例】

7

【输出样例】

1/4

练习 4.3.6 检验街灯

在一条笔直的街道上，有无数的街灯，每盏街灯有自己的独立开关。为了检验灯的质量，管理员想出了一个有趣的办法。找若干个人按顺序一个一个地从街道的一侧进入，每个人看到亮着的灯就熄灭，直到看到第一盏关着的灯，将其点亮，完成任务。

如果所有的灯在初始时都是熄灭的，并且质量完好，那么第 m 人走过后，有多少灯被点亮过？

【输入样例】

共一行，一个整数，表示 m。

【输出格式】

共一行，一个整数，表示被点亮过的灯数。

第四节 多层循环

一、情境导航

百鸡问题

中国古代数学著作《张丘建算经》中有一个著名的“百鸡问题”。问题描述如下：

鸡翁一，值钱五，鸡母一，值钱三，鸡雏三，值钱一，百钱买百鸡，问鸡翁、鸡母、鸡雏各几何？

你能解决这个问题吗？

在数学中解决这个问题，通常可以列出一个方程组，设公鸡为 x 只，母鸡为 y 只，小鸡为 z 只，则：

$$x+y+z=100$$
$$5\times x+3\times y+z\div 3=100$$

同时满足上述两个方程的 x、y、z 值就是所求。

我们不妨列举 x、y、z 的所有可能解，然后判断这些可能解是否能使方程组成立，步骤如下：

x 依次取值 0~100/5 中的整数；

y 依次取值 0~100/3 中的整数；

z 依次取值 0~3 * 100 中的 3 的倍数；

如果某一组 x、y、z 使方程组成立，则确定一个方案。

不难看出，在上述描述中，对应 x 的每一个取值之下，有对应 y 的循环；对应 y 的每一个取值，又有对应 z 的循环。

事实上，循环语句的循环体可以是任何语句。当循环体也是循环语句时，就构成了多层循环。上述问题解决过程的描述中，就出现了多层循环。

本节就来学习用多层循环和枚举法解决实际问题。

二、知识探究

(一) 多层循环

1. 一般形式

for 语句、while 语句和 do while 语句的循环体，可以是任何一种循环语句。下面都是多层循环的语句形式：

情况 1	情况 2	情况 3

for(…)
{
    …
    for(…)
    {
    …
    }
    …
}
	for(…)
	{
	    …
	    while(…)
	    {
	    …
	    }
	    …
	}
		for(…)
		{
		    …
		    do(…)
		    {
		    …
		    }
		    while(…)
		    …
		}

情况 4	**情况 5**	**情况 6**

while(…)
{
    …
    for(…)
    {
    …
    }
    …
}
	while(…)
	{
	    …
	    while(…)
	    {
	    …
	    }
	    …
	}
		while(…)
		{
		    …
		    do
		    {
		    …
		    }
		    while(…)
		    …
		}

（续）

<table>
<tr><th>情况 7</th><th>情况 8</th><th>情况 9</th></tr>
<tr><td><pre>do
{
    …
    for(…)
    {
    …
    }
    …
}
while(…)</pre></td><td><pre>do
{
    …
    while(…)
    {
    …
    }
    …
}
while(…)</pre></td><td><pre>do
{
    …
    do
    {
    …
    }
    while(…)
    …
}
while(…)</pre></td></tr>
</table>

在执行多层循环时，对于每一个满足外层循环条件的情况，程序将依次执行内层循环中所有满足条件的情况，直到内层循环结束。这样能确保每一次外层循环都能全面覆盖内层循环的所有情况。

2. 注意事项

多层循环中，内层循环必须在内层结束，不能出现内外循环交叉的情况。例如，下面的写法就是错误的。

```
do
    for (j=1;j<i;j++)
while (i>5);
    printf("%d ",i+j);
    i++;
```

（二）枚举法

枚举法也叫穷举法。如果将问题的所有可能解看作一个集合，枚举法就是通过逐一判断集合中的解，确定问题的最终解。

枚举法在现实生活中也有很多应用的场合，例如医生查找病因、警察排查嫌疑人、教师从候选人中选出优秀学生等。

枚举法的执行流程如图 4-5 所示，在实施上表现为循环的流程，在程序上一般通过在循环语句内嵌条件语句来实现。

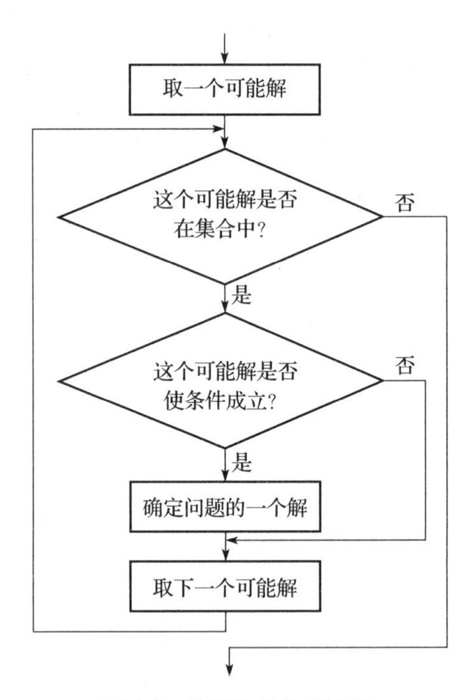

图 4-5　枚举法的执行流程

因此在应用枚举法时，需要确定以下两个要素。

(1) 枚举对象及其范围。例如，“百鸡问题”中枚举对象是鸡翁、鸡母、鸡雏的数量，每种鸡的数量都不能超过 100(事实上，范围还可以更精准)。

（2）判断的条件。“百鸡问题”中的条件就是鸡的数量是 100 并且钱数也是 100。

三、实践应用

例 4.4.1　阅读程序 1

写出下面程序的运行结果。

程序代码：

```
1    //exam4.4.1
2    #include<iostream>
3    using namespace std;
4    int main()
5    {
6        int i,j;
7        for(i=1;i<=5;i++)
8        {
9            for(j=1;j<=i;j++)
10               cout<<i*10+j<<" ";
11           cout<<endl;
12       }
13       return 0;
14   }
```

运行结果：

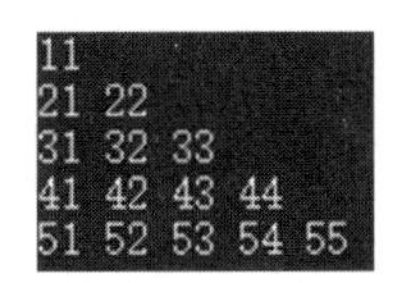

说明：

对于多层循环而言，外层循环执行一次，内层循环将执行若干次，直到内层循环的条件不成立，外层循环才去执行下一次操作。

因此，程序中第 7 行 for 语句中的循环变量 i 每取一个值，第 9 行的 for 语句将执行条件 `j<=i` 成立的所有情况。

模拟程序的执行情况如下：

i 的值	j 的值	输出情况
1	1	11
	2	退出 j 控制的 for 循环
2	1	21
	2	22
	3	退出 j 控制的 for 循环

（续）

i 的值	*j* 的值	输出情况
3	1	31
	2	32
	3	33
	4	退出 *j* 控制的 for 循环
4	1	41
	2	42
	3	43
	4	44
	5	退出 *j* 控制的 for 循环
5	1	51
	2	52
	3	53
	4	54
	5	55
	6	退出 *j* 控制的 for 循环
6	退出 *i* 控制的 for 循环	

例 4.4.2 阅读程序 2

写出下面程序的运行结果。

程序代码：

```
1    //exam4.4.2
2    #include<iostream>
3    using namespace std;
4    int main()
5    {
6        int i,j;
7        i=5;
8        while(i>0)
9        {
10           for(j=1;j<=i;j++)
11               cout<<i*10+j<<" ";
12           i=i-1;
13           cout<<endl;
14       }
15       return 0;
16   }
```

运行结果：

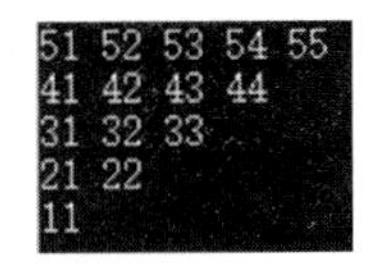

说明：

根据多层循环的执行规则，对于使得第 8 行 while 语句中 `i>0` 成立的每一个取值，第 10 行的 for 语句将执行条件 `j<=i` 成立的所有情况。

模拟程序的执行情况如下：

<table>
<tr><th>i 的值</th><th>j 的值</th><th>输出情况</th></tr>
<tr><td rowspan="6">5</td><td>1</td><td>51</td></tr>
<tr><td>2</td><td>52</td></tr>
<tr><td>3</td><td>53</td></tr>
<tr><td>4</td><td>54</td></tr>
<tr><td>5</td><td>55</td></tr>
<tr><td>6</td><td>退出 for 循环</td></tr>
<tr><td rowspan="5">4</td><td>1</td><td>41</td></tr>
<tr><td>2</td><td>42</td></tr>
<tr><td>3</td><td>43</td></tr>
<tr><td>4</td><td>44</td></tr>
<tr><td>5</td><td>退出 for 循环</td></tr>
<tr><td rowspan="4">3</td><td>1</td><td>31</td></tr>
<tr><td>2</td><td>32</td></tr>
<tr><td>3</td><td>33</td></tr>
<tr><td>4</td><td>退出 for 循环</td></tr>
<tr><td rowspan="3">2</td><td>1</td><td>21</td></tr>
<tr><td>2</td><td>22</td></tr>
<tr><td>3</td><td>退出 for 循环</td></tr>
<tr><td rowspan="2">1</td><td>1</td><td>11</td></tr>
<tr><td>2</td><td>退出 for 循环</td></tr>
<tr><td>0</td><td colspan="2">退出 while 循环</td></tr>
</table>

例 4.4.3　输出三角形

对于给定的自然数 n(n<120)，在屏幕上输出仅由“ * ”构成的 n 行的直角三角形。

例如：当 n=4 时，输出

```
*
**
***
****
```

题目分析:

输出操作总是逐行逐列进行的。本题要重复 n 行操作，对每一行又重复若干次输出"＊"的操作，于是形成了一个两层循环。外层循环是对应 $1\sim n$ 行的处理，而内层循环，则是对同一行上的每一列的处理。

通过分析样例，我们不难发现，每一行"＊"的个数恰好等于其所在行号。因此对于第 i 行，内层循环可以设置重复 i 次。

程序代码:

```
1    //exam4.4.3
2    #include<iostream>
3    using namespace std;
4    int main()
5    {
6        int i,j,n;
7        cin>>n;
8        for(i=1;i<=n;i++)           //外层循环,控制行
9        {
10           for(j=1;j<=i;j++)       //内层循环,控制同一行上的每一例
11               cout<<"*";
12           cout<<endl;             //每行最后的换行
13       }
14       return 0;
15   }
```

运行结果:

思考:

在程序中第 11~12 行分别出现了输出语句：`cout<<"*"`和 `cout<<endl`。在程序执行过程中，它们各执行了多少次?

实验:

如果外层循环的循环体不使用复合语句，即删除程序的第 9 行和第 13 行，写成如下形式。程序执行结果会怎样?

```
for(i=1;i<=n;i++)
    for(j=1;j<=i;j++)
        cout<<"*";
    cout<<endl;
```

例 4.4.4　直角三角形

已知 a、b、$c(a \leqslant b \leqslant c)$ 为 50 以内的任意三个自然数。以 a、b、c 为边长构成的三角形中，有多少个不同的直角三角形？输出所有方案。

题目分析：

直角三角形的三边长满足勾股定理，因此，以 a、b、c 为边长构成的直角三角形中，$a^2+b^2=c^2$。这个问题就是要找出使这个等式成立的所有 a、b、c 方案。

我们可以枚举 a、b、c 的所有可能值，对于每一组取值，判断是否满足勾股定理。如果满足，就找到了一个方案。

使用枚举法解题，必须确定好枚举的范围。根据问题描述，a、b、c 均为 1~50 中的自然数，并且 $a \leqslant b \leqslant c$，因此，我们可以设置 a 的取值范围为 1~50；b 的取值范围为 a~50；c 的取值范围为 b~50。

程序代码：

```
1    //exam 4.4.4
2    #include <iostream>
3    using namespace std;
4    int main()
5    {
6        int a,b,c;
7        for(a=1;a<=50;a++)                              //枚举 a 的所有可能
8            for(b=a;b<=50;b++)                          //枚举 b 的所有可能
9                for(c=b;c<=50;c++)                      //枚举 c 的所有可能
10                   if(a*a+b*b==c*c)                    //判断勾股定理是否成立
11                       cout<<a<<" "<<b<<" "<<c<<endl;
12       return 0;
13   }
```

运行结果：

```
3 4 5
5 12 13
6 8 10
7 24 25
8 15 17
9 12 15
9 40 41
10 24 26
12 16 20
12 35 37
14 48 50
15 20 25
15 36 39
16 30 34
18 24 30
20 21 29
21 28 35
24 32 40
27 36 45
30 40 50
```

实验：

将 b 和 c 的取值范围都设置为 1~50，程序的运行结果将会怎样？

例 4.4.5 偶数水仙花数

水仙花数是一类特殊的三位数，它们每一个数位上的数字的立方和恰好等于这个三位数本身。例如：$153=1^3+5^3+3^3$，153 就是一个水仙花数。现在，要求输出所有的偶数水仙花数。

方法 1：

要求出所有偶数水仙花数，我们可以枚举所有三位数，逐一判断其是否为偶数且为水仙花数。三位数的范围是 100~999。

程序代码：

```
1    //exam 4.4.5-1
2    #include<iostream>
3    using namespace std;
4    int main()
5    {
6         int x,a,b,c;
7         for(x=100;x<=999;x++)                          //列举所有的三位数
8         {
9              a=x/100;                                  //产生百位数字
10             b=(x-a*100)/10;                           //产生十位数字
11             c=x%10;                                   //产生个位数字
12             if(x%2==0 && a*a*a+b*b*b+c*c*c==x)  //判断是否为偶数水仙花数
13                  cout<<x<<endl;
14        }
15        return 0;
16   }
```

方法 2：

在方法 1 中枚举了 900 个三位数，循环体也执行了 900 次，而满足条件的数字个数远小于 900 个。有没有办法减少重复的次数？

题目里有一个约定——偶数，这提示我们只需列举三位数中的偶数即可。

程序代码：

```
1    //exam 4.4.5-2
2    #include<iostream>
3    using namespace std;
4    int main()
5    {
6         int x,a,b,c;
7         for(x=100;x<=999;x+=2)                         //列举所有的三位数中的偶数
8         {
```

```
9           a=x/100;                              //产生百位数字
10          b=(x-a*100)/10;                       //产生十位数字
11          c=x%10;                               //产生个位数字
12          if(a*a*a+b*b*b+c*c*c==x)              //判断是否为水仙花数
13              cout<<x<<endl;
14      }
15      return 0;
16  }
```

思考：

枚举出的 x 有多少个？

方法 3：

在上述方法中，列举三位数后，拆分产生百位、十位和个位数字，再判断条件。

现在换一个思路：我们逆其道而行，从每一位数字出发合成三位数，会怎样？

令百位数 a 取 1~9，十位数 b 取 0~9，个位数 c 取 0~9 中的偶数，则对应的三位数表达式为 `x=a*100+b*10+c`，下面使用多层循环来编写程序。

程序代码：

```
1   //exam 4.4.5-3
2   #include<iostream>
3   using namespace std;
4   int main()
5   {
6       int x,a,b,c;
7       for(a=1;a<=9;a++)                         //列举百位数字
8           for(b=0;b<=9;b++)                     //列举十位数字
9               for(c=0;c<=9;c+=2)                //列举个位数字
10              {
11                  x=a*100+b*10+c;               //计算三位数 x
12                  if(a*a*a+b*b*b+c*c*c==x)      //判断是否为水仙花数
13                      cout<<x<<endl;
14              }
15      return 0;
16  }
```

运行结果：

```
370
```

思考：

（1）方法 3 的最内层循环体执行了多少次？

（2）对比 3 种方法，你有什么启发？

例 4.4.6 百鸡问题

编程解决情境导航中的“百鸡问题”。

方法 1：

根据前述分析，本题可以用枚举法来解决：列举 x、y、z 的所有可能解，然后逐一判断这些可能解，能使方程组成立的，就是真正的解。

具体分析，x 的取值范围可以设置为 0~100/5，y 的取值范围可以设置为 0~100/3，z 的取值范围可以设置为 0~3 * 100。

程序代码：

```
1     //exam 4.4.6-1
2     #include<iostream>
3     using namespace std;
4     int main()
5     {
6         int x,y,z;
7         for(x=0;x<=100/5;x++)                   //列举公鸡数量的所有可能
8             for(y=0;y<=100/3;y++)               //列举母鸡数量的所有可能
9                 for(z=0;z<=3*100;z=z+3)         //列举小鸡数量的所有可能
10                {
11                if(5*x+3*y+z/3==100 && x+y+z==100)
12                    cout<<x<<" "<<y<<" "<<z<<endl;
13        }
14        return 0;
15    }
```

思考：

这里用了一个三层循环的程序解决问题。当 x 取得一个数值时，for y 的循环体都要执行一次，而对于 y 的每一个取值，for z 的循环体都要执行一次；而对于 z 的每一个取值，if 语句都要执行一次。

不难算出，在程序的执行过程中，作为最内层循环体的 if 语句，将被执行 `(1+100/5)*(1+100/3)*(1+3*100/3)` = 72 114 次。而观察程序的运行结果可以发现，问题的解远远小于这个数字——只有 4 组解。

那么，如何减少循环次数？

实验：

程序的第 9 行，for 语句中循环变量的增量部分是 `z=z+3`，可以写作 `z++`吗？尝试替换内容，并分析增量部分这种写法的目的。

方法 2：

由于题目的特殊性，公鸡、母鸡、小鸡共 100 只，一旦确定了公鸡的数量 x 和母鸡的数量 y，小鸡便只能购买 $100-x-y$ 只。这样，我们可以尝试写出一个两层循环的程序，解决这个问题。

程序代码：

```
1   //exam 4.4.6-2
2   #include<iostream>
3   using namespace std;
4   int main()
5   {
6       int x,y,z;
7       for(x=0;x<=100/5;x++)                        //列举公鸡数量的所有可能
8           for(y=0;y<=100/3;y++)                    //列举母鸡数量的所有可能
9           {
10              z=100-x-y;                           //根据 x,y 计算小鸡的数量 z
11              if(z%3==0 && 5*x+3*y+z/3==100)       //判断 x,y,z 是否符合条件
12                  cout<<x<<" "<<y<<" "<<z<<endl;
13          }
14      return 0;
15  }
```

运行结果：

0 25 75
4 18 78
8 11 81
12 4 84

思考：

你还能想出哪些办法优化程序，减少循环体的执行次数？

实验：

公鸡数量 x、母鸡数量 y、小鸡数量 z 中确定了任意两个，第三个都可以用减法的形式来确定。分别设置循环变量为 x、z 和 y、z，再来编写程序，验证算法，并比较在不同的写法中，内层循环体的执行次数分别是多少。

四、总结提升

在多层循环中，外层循环语句的循环体又是一个循环语句。外层循环执行一次，内层循环将执行若干次，直到内层循环的条件不成立，外层循环才去执行下一次操作。需要注意，在使用多层循环时，要明确各层循环的关系，内层循环必须在内层结束。

本节我们还学习了枚举法。枚举法是一种很实用的算法，通过逐一判断枚举范围内所有可能，找到问题的真正解。因此，使用枚举法不会丢解。

拓展 1

多层循环的层数、每一层循环体的执行次数都将影响程序的执行效率。因此，在用多层循环实现枚举法时，往往需要通过减少枚举范围与循环的执行次数来优化程序、提

高效率。

1. 减少枚举范围

例 4.4.5 求解偶数水仙花数，方法 1 采用列举全部三位数再拆分出数位逐一判断的方式，循环体执行 900 次；方法 2 将偶数的约定添加到循环增量里，使枚举范围减少了一半，从而，循环体执行次数减少了一半，仅为 450 次。

我们还设计了方法 3，通过列举百位、十位、个位(偶数)，合成出三位数再逐一判断。虽然，使用了多层循环，且最内层循环体的执行次数也为 450 次，但是，与采用拆分方法解题的方法 1 和方法 2 相比，方法 3 采用合成方法，为我们分析和解决问题提供了一种新的思路和方向。

2. 减少循环层次

例如，在解决“百鸡问题”时，方法 1 直接列举公鸡、母鸡、小鸡的数量，使用了三层循环；方法 2 通过公鸡和母鸡的数量计算出小鸡的数量，减少了一层循环，提高了效率。

实验：

尝试自己设计程序，解决“百鸡问题”、偶数水仙花数。

拓展 2

在循环结构程序中，有时需要提前终止循环或跳过特定的语句。为此，C++语言提供了 break 语句和 continue 语句。

break 语句用于中断所在循环体(或 switch…case 语句块)，跳出本层循环；continue 语句用于结束本次循环，接着开始下一次的循环。

对比下面两个程序及其运行结果。

程序代码 1：

```
1    //continue
2    #include<iostream>
3    using namespace std;
4    int main()
5    {
6        int i;
7        for(i=10;i>0;i--)
8        {
9            if(i==5)
10               continue;     //i=5 时,不执行输出,返回去处理下一个 i 值
11           cout<<i<<endl;
12       }
13       return 0;
14   }
```

运行结果:

程序代码 2:

```
1   //对比 contine 和 break
2   #include<iostream>
3   using namespace std;
4   int main()
5   {
6       int i;
7       for(i=10;i>0;i--)
8       {
9           if(i==5)
10              break;
11          cout<<i<<endl;
12      }
13      return 0;
14  }
```

运行结果:

说明:

对比两个程序，可以更清晰地看到 continue 语句并不结束循环，只是从循环体中当前位置跳转到循环的开始处，继续执行循环体(输出结果只跳过了 5)；而 break 语句直接结束循环(输出结果不仅跳过了 5，还跳过 5 之后的所有数字)。

五、学习检测

练习 4.4.1　等腰三角形

输入一个正整数 n，输出高为 n 的由 * 组成的等腰三角形。

【输入格式】

仅一行，仅一个数字 $n(n \leqslant 100)$。

【输出格式】

仅 n 行，每一行若干个 *，组成一个等腰三角形(详见样例)。

【输入样例】

3

【输出样例】

```
  *
 ***
*****
```

练习 4.4.2 数字菱形

输入一个正整数 n，输出用 1-n 的数字组成的菱形。

【输入格式】

仅一行，仅一个正整数 $n(n\leqslant 9)$。

【输出格式】

若干行，用数字组成一个菱形(详见样例)。

【输入样例】

3

【输出样例】

```
  1
 123
12345
 123
  1
```

练习 4.4.3 乘法口诀表

根据给定的 n，输出乘法口诀表的前 n 行。

【输入格式】

仅一行，一个整数 $n(n\leqslant 9)$。

【输出格式】

共 n 行，每行若干个以空格分隔的乘法口诀。

【输入样例】

3

【输出格式】

```
1*1=1
1*2=2 2*2=4
1*3=3 2*3=6 3*3=9
```

练习 4.4.4 兑换零钞

将任意给定的整百元钞票，兑换成 10 元、20 元、50 元小钞票形式。输出兑换方案总数。

【输入格式】

仅一行，一个整数，表示要兑换的钱数。

【输出格式】

仅一行，仅一个整数，表示方案总数。

【输入样例】

100

【输出样例】

10

【样例说明】

方案序号	10 元张数	20 元张数	50 元张数
1	0	0	2
2	0	5	0
3	1	2	1
4	2	4	0
5	3	1	1
6	4	3	0
7	5	0	1
8	6	2	0
9	8	1	0
10	10	0	0

练习 4.4.5　分解质因数

把一个合数分解成若干个质因数乘积的形式(即求质因数的过程)叫做分解质因数。分解质因数(也称分解素因数)只针对合数。输入一个正整数 n，将 n 分解成质因数乘积的形式。

【输入格式】

仅一行，一个正整数，表示 n。

【输出格式】

仅一行，n 的质因数乘积形式(详见样例)。

【输入样例】

36

【输出样例】

36=2*2*3*3

练习 4.4.6　计算数根

数根是这样定义的：对于一个正整数 n，将它各个数位上的数字相加得到一个新数，如果这个数是一位数，我们就称之为 n 的数根，否则重复处理直到它成为一位数。

例如，$n=34$，$3+4=7$，7 是一位数，所以 7 是 34 的数根。

再如，$n=345$，$3+4+5=12$，$1+2=3$，3 是一位数，所以 3 是 345 的数根。

对于输入数字 n，编程计算它的数根。

【输入格式】

仅一行，一个正整数，表示 n。

【输入格式】

仅一行，一个正整数，表示 n 的数根。

【输入样例】

345

【输出格式】

3

本章回顾

学习重点

学会使用 for 语句、while 语句、do…while 语句和多层循环，理解三种循环语句的使用特点和循环结构的工作原理；能够使用模拟法、枚举法解决问题并能进行适当的优化处理；针对与二进制位相关的问题，能灵活运用位运算提高效率。

知识结构

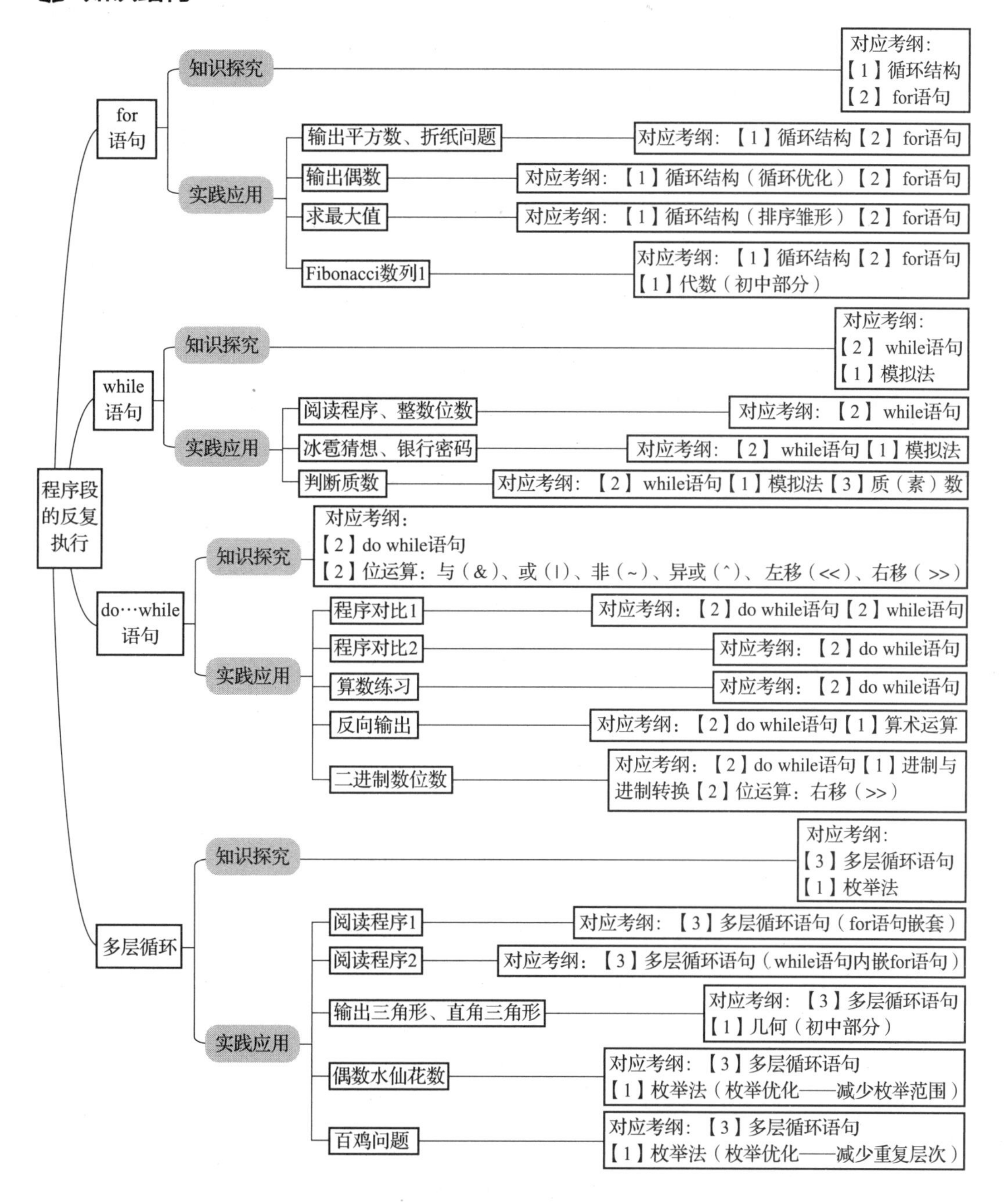

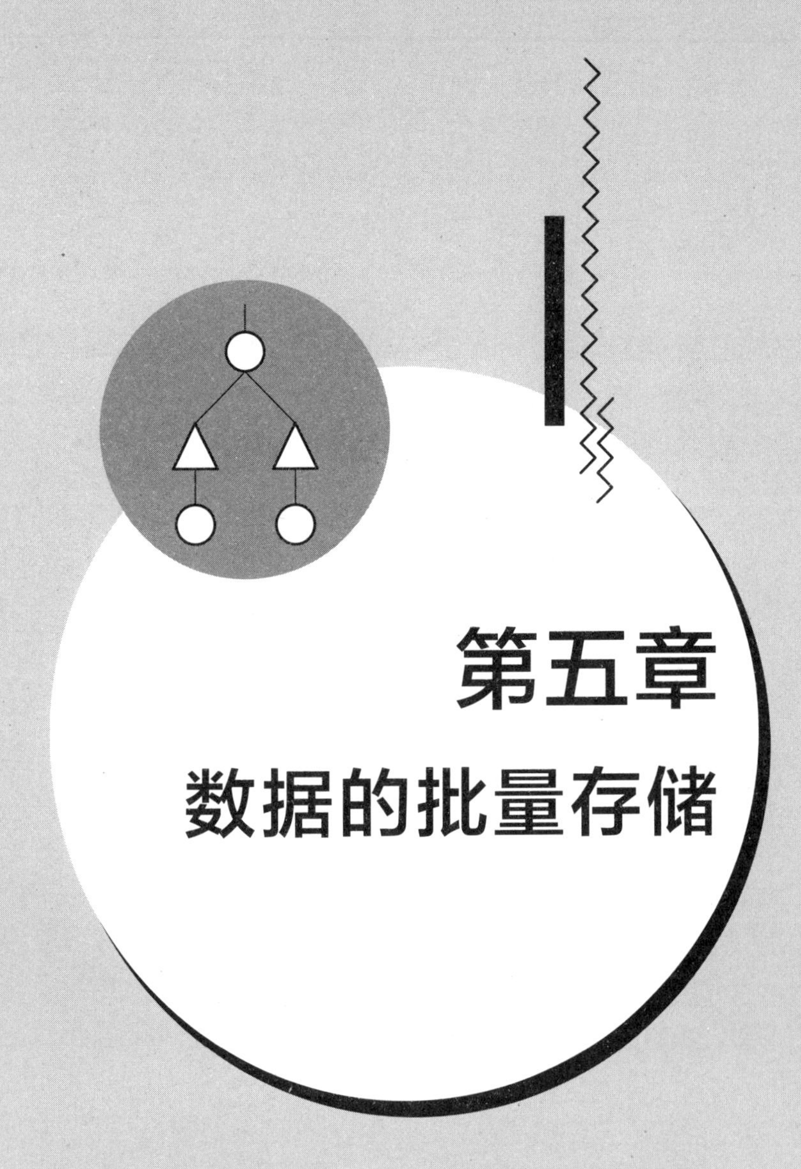

第五章 数据的批量存储

批量数据有序存放的例子在生活中随处可见。例如，图书馆中相同类别的图书摆放在一起、图书的编号是按类编排的，学生常常用某学校、某年级、某班级的学号来标识自己……这样编排标识的目的是能够快速并唯一地找到需要的数据或信息。

计算机是如何存储这些有规律的批量数据的？又是如何处理全部或部分数据的？

C++语言也借鉴了生活中分类编号的思想，引入数组解决这些问题。

本章将带领大家学习一维数组、活用数组和数组下标、字符数组与字符串，进而掌握朴素的算法分析和编程方法。

第一节　一维数组

一、情境导航

摘苹果

小计家的院子里有一棵苹果树，每到秋天树上就会结出 10 个苹果。苹果成熟的时候，小计就会去摘苹果。小计有个 30 厘米高的板凳，当他不能直接用手够到苹果的时候，就会踩到板凳上再试试。

现在已知 10 个苹果到地面的高度，以及小计把手伸直的时候能够到的最大高度，小计想算一下他能摘到的苹果数量。假设他碰到苹果，苹果就会掉下来。你能帮助他一起解决吗?

【输入格式】

共两行数据。

第一行，包含 10 个 100~200(包括 100 和 200)的整数(以厘米为单位)分别表示 10 个苹果到地面的高度，两个相邻的整数之间用一个空格隔开。

第二行，只包含 1 个 100~120 之间(包含 100 和 120)的整数(以厘米为单位)，表示小计把手伸直的时候能够到的最大高度。

【输出格式】

共一行，包含一个整数，表示小计能摘到的苹果数量。

根据问题描述，小计能摘到的应为那些到地面的高度小于等于小计把手伸直的时候能够到的最大高度再加上 30 厘米的苹果。如果已知小计把手伸直的时候能够到的最大高度，那么，一边读入苹果离地面的高度一边比较计数，当读完苹果高度数据后即可得到问题的最终结果。

然而，本题先输入 10 个苹果的高度，再输入小计把手伸直的最大高度。因此，需要先存储这 10 个苹果的高度，当读入小计把手伸直的最大高度后，再与存储的数据进行比较计数。

上述解决过程涉及如何存储一批数据并对其进行访问。

本节通过学习一维数组与数组的初始化来解决这些问题。

二、知识探究

（一）一维数组

同类型变量或对象的集合，称为数组。

1. 定义

在 C++语言中，一维数组定义方法如下：

```
类型名 数组名[元素个数];
```

其中，元素个数必须是常数或常量表达式。

数组中的每个变量称为数组元素，由于数组中每个元素都有下标，因此数组元素也称为下标变量。

数组下标取值从 0 开始，使用数组时下标不能越界。同一数组的所有数组元素在内存中占用一片连续的存储单元。

例：int num[10]；

定义了一个名字为 num 的数组，它有 10 个元素，每个元素都是一个 int 型变量，下标变量为 num[0]~num[9]，num 数组占用了一片连续的、大小为 `10*sizeof(int)`字节的空间。

2. 引用

每个数组元素都是一个变量，数组元素可以表示为：

```
数组名[下标]
```

其中，下标可以是任何值为整型的表达式。该表达式里可以包含变量和函数调用。引用时，下标值应在数组定义的下标值范围内。

例：若 *i*、*j* 都是 int 型变量，下面列出的都是合法的元素。

```
num[5]
num[i+j]
num[i++]
```

数组的精妙在于它的下标可以是表达式，通过对表达式的控制，可以达到灵活处理数组元素的目标。

（二）数组的初始化

在定义一维数组的同时，可以给数组中的元素赋初值。

格式：

```
类型名数组名[常量表达式]={值1,值2,…}
```

例如：

int a[10]={0，1，2，3，4，5，6，7，8，9}

相当于：

```
a[0]=0;a[1]=1;a[2]=2;…;a[9]=9
```

三、实践应用

例 5.1.1 奇偶下标

读入 n 个整数，将其存入一维数组下标变量 a[0]~a[n-1]中，输出下标为偶数的序列，输出下标为奇数的序列（$n \leqslant 10\,000$）。

【输入格式】

共两行。

第一行，包含一个整数，表示 n。

第二行，包含以空格分隔的 n 个整数。

【输出格式】

共两行。

第一行，包含以空格分隔的若干个整数，表示下标为偶数的序列。

第二行，包含以空格分隔的若干的整数，表示下标为奇数的序列。

【输入样例】

5

45 12 34 89 21

【输出样例】

45 34 21

12 89

题目分析：

根据题意，每次 n 值不确定。但是 n 有明确的范围：$n \leqslant 10\,000$。因此，定义 a 数组有 10 000 个数组元素。由于数组的下标可以是变量，所以我们可以循环产生下标值，将 n 个数读入对应的下标变量中。先利用循环产生偶数下标值，输出对应的下标变量值，再利用循环产生奇数下标值，输出对应的下标变量值。

程序代码：

```
1    //exam5.1.1
2    #include<iostream>
3    using namespace std;
4    const int MAXN=10000;
5    int main()
6    {
```

```
7        int a[MAXN];                //定义 10 000 个数组元素
8        int i,n;
9        cin>>n;                     //读入输入数据个数
10       for(i=0;i<n;i++)            //读入 n 个数据存入数组变量 a[0]~a[n-1]中
11           cin>>a[i];
12       for(i=0;i<n;i+=2)           //输出下标为偶数的序列
13       cout<<a[i]<<" ";
14       cout<<endl;
15       for(i=1;i<n;i+=2)           //输出下标为奇数的序列
16       cout<<a[i]<<" ";
17       return 0;
18   }
```

运行结果：

```
6
23 21 45 32 56 78
23 45 56
21 32 78
```

例 5.1.2 Fibonacci 数列 2

在第四章我们应用迭代计算了 Fibonacci 数列中的项目。现在，将问题稍作更改：求数列的前 20 项并按从大到小的顺序输出。

题目分析：

根据 Fibonacci 数列的特点：从第 3 项开始，数列的每一项是其前两项之和。这样，只要知道第 1 项和第 2 项就可以推出数列的每一项。用数组 a 存放数列的各项，则：

a[0]=1

a[1]=1

a[2]=a[0]+a[1]

⋮

a[i]=a[i-2]+a[i-1]

由于要求按从大到小的顺序输出。那么，需要先求数列的各项值，再倒序输出。

程序代码：

```
1    //exam5.1.2
2    #include<iostream>
3    using namespace std;
4    int main()
5    {
6        int a[20];                  //定义 20 个数组元素
7        int i;
8        a[0]=1;                     //数列第 1 项初值
9        a[1]=1;                     //数列第 2 项初值
10       for(i=2;i<20;i++)           //求数列的第 3~20 项
```

```
11              a[i]=a[i-2]+a[i-1];
12          for(i=19;i>=0;i--)              //倒序输出数列
13              cout<<a[i]<<" ";
14          return 0;
15      }
```

运行结果：

```
6765 4181 2584 1597 987 610 377 233 144 89 55 34 21 13 8 5 3 2 1 1
```

例 5.1.3　摘苹果

编程解决情境导航中的“摘苹果”问题。

题目分析：

依据前述分析，可用有 10 个元素的数组 a 存储 10 个苹果离地面的高度，用 h 存储板凳和小计手伸直的高度之和，用 n 存储摘到的苹果的数。

利用循环读入 10 个苹果离地面的高度存储到 a[0]~a[9]数组变量中，读入手伸直的高度并加上板凳高度。之后，枚举苹果的高度：i 从 0~9 循环，如果 $h \geqslant$ a[i]，摘下的苹果数加 1。最后输出 n 的值。

程序代码：

```
1       //exam5.1.3
2       #include<iostream>
3       using namespace std;
4       int main()
5       {
6           int a[10];                  //定义 10 个数组元素
7           int i,h,n=0;
8           for(i=0;i<=9;i++)           //读入 10 个苹果离地面的高度存储到 a[0]~a[9]中
9               cin>>a[i];
10          cin>>h;
11          h+=30;
12          for(i=0;i<=9;i++)           //循环
13              if(h>=a[i]) n++;        //如果板凳和手伸直的高度之和大于等于 a[i],摘下的
                                          苹果数加 1
14          cout<<n;                    //输出摘下的苹果数
15          return 0;
16      }
```

运行结果：

```
100 200 150 140 129 134 167 198 200 111
110
5
```

说明：

程序第 13 行的作用是在数组中查找满足条件的数。

例 5.1.4 算天数

输入年、月、日，输出该天是这一年的第几天。

题目分析：

用 year 表示年，month 表示月，day 表示日，ans 表示求得的第几天。那么，ans 值就等于 month 之前月份天数之和加上 day。

如果不考虑闰年，则每个月的天数是固定的。可以用数组 a 存放每个月的天数。通过 a 数组求 month 之前月份天数之和加上 day，则为平年的第几天。

考虑闰年时，判断 year 是否闰年，如果是闰年，那么，当 month 是 2 月之后的月份时，ans 需要加上 1。最后输出 ans 的值，即为所求的第几天。

程序代码：

```
1    //exam5.1.4
2    #include<iostream>
3    using namespace std;
4    int main()
5    {
6    int year,month,day,ans=0;
7         int a[13]={0,31,28,31,30,31,30,31,31,30,31,30,31};
                                                  //初始化数组 a
8         cin>>year>>month>>day;
9         for(int i=1;i<month;i++) ans+=a[i];
                                                  //求 month 之前月份天数之和
10        ans+=day;                               //加上 day
11        if(year%4==0 and year%100!=0 or year%400==0)
                                                  //是否闰年
12             if(month>2) ans++;                 //闰年及 2 月之后的月份,ans 加上一天
13        cout<<ans;
14        return 0;
15   }
```

运行结果：

```
2000 6 1
153
```

```
2023 6 1
152
```

思考：

程序中第 7 行初始化数组 a 时，为什么定义 a 数组有 13 个元素，并在{}内多写了一个 0？

四、总结提升

利用数组可以解决许多前面不能解决的问题。特别是将数组和循环结合使用，为批

量处理数据提供了方便。

数组使用看似简单，但初学者还是要特别注意数组使用的规定，养成良好的数组使用习惯。

拓展 1

数组初始化，是程序设计时必须考虑的问题。在编程解决具体问题时，需要重视数组初值的设置，否则，很容易造成不易查找的错误。

例 5.1.5　数组初始化

下面两程序没有初始化数组，观察程序默认的数组变量初值。

程序代码：

```
1	//exam5.1.5-1
2	#include<iostream>
3	using namespace std;
4	int a[5];
5	int main()
6	{
7		for(int i=0;i<5;i++)
8			cout<<a[i]<<" ";
9		return 0;
10	}
```

```
1	//exam5.1.5-2
2	#include<iostream>
3	using namespace std;
4	int main()
5	{
6		int a[5];
7		for(int i=0;i<5;i++)
8			cout<<a[i]<<" ";
9		return 0;
10	}
```

运行结果：

```
0 0 0 0 0
```

```
0 0 28 0 0
```

说明：

两段程序的区别，在于数组定义放在 int main( )之外与之内。如果数组定义放在 int main( )之内，其初始值是随机的，如程序 2。

例 5.1.6　关于数组初值实验

（1）当给数组的部分元素赋初值后，其他元素的初值会如何变化？

程序代码：

```
1	//exam5.1.6-1
2	#include<iostream>
3	using namespace std;
4	int main()
5	{
6		int a[5]={1,2};
7		for(int i=0;i<5;i++)
8			cout<<a[i]<<" ";
9		return 0;
10	}
```

运行结果：

```
1 2 0 0 0
```

说明：

程序中只给 a[0]、a[1]赋初值，后面的 a[2]~a[4]元素自动赋 0 值。

(2) 设置所有数组元素初值为 0。

程序代码：

```
1    //exam5.1.6-2
2    #include<iostream>
3    #include<cstring>
4    using namespace std;
5    int main()
6    {
7        int a[5];
8        memset(a,0,sizeof(a));
9        for(int i=0;i<5;i++)
10           cout<<a[i]<<" ";
11       return 0;
12   }
```

运行结果：

```
0 0 0 0 0
```

说明：

程序中用了 memset 函数给数组元素赋初值。使用 memset 函数需要`#include<cstring>`头文件。

思考：

(1) 还有什么方法可以设置所有数组元素初值为 0?

(2) 使用 memset 函数时需要注意什么?

拓展 2

在使用数组时，建议遵守以下约定：

(1) 数组元素的下标值为正整数；

(2) 在定义元素个数的下标范围内使用。

然而，在程序中把下标写成负数或大于数组元素的个数时，程序在编译的时候是不会出错的。例如：当定义 `int a[10]`后，下列语句语法正确，是能够通过程序的编译。

```
a[-3]=5;
a[20]=15;
a[10]=20;
int k=a[30];
```

它们要访问的数组元素并不在数组的存储空间内，这种现象叫数组越界。

C++语言中，数组越界访问系统时不会提示，也就是说，程序可以超出数组边界进行读或写，从而造成内存的混乱。

数组越界是实际编程中常见的错误，而且这类错误往往难以捕捉。因为越界语句本身并不一定导致程序立即出错，可能在遇到某些数据时才发生错误。有时因为越界意外改变了变量或指令，导致在调试器里调试的时候，程序会出现不按次序运行的怪现象。

发现程序中是否存在数组越界没有什么好的办法，只能在程序编写时特别注意。同时，程序编写完成后，要认真阅读程序，确认是否按照设计的要求编写。

例 5.1.7　找错误

编译运行下面的程序，说出其中的错误。

```
1    //exam5.1.7
2    #include<iostream>
3    using namespace std;
4    main()
5    {
6         int i;
7         int array[10];
8         for(i=1;i<=15;i++)
9         {
10             array[i]=0;
11             cout<<i;
12        }
13        return 0;
14   }
```

说明：

该程序能够通过编译也能运行出结果，但会无限循环地输出。这个程序的问题在第10行，定义array[10]数组下标超过了9，然而，运行后出现的问题却是另一种形式。

五、学习检测

练习 5.1.1　写出下面程序的运行结果

```
1    //test5.1.1
2    #include<iostream>
3    using namespace std;
4    int main()
5    {
6         int a[10]={1,2,3,4,5,6,7,8,9,10};
7         cout<<a[a[1]*a[2]]<<endl;
8    }
```

练习 5.1.2 找到 x

读入 n 个数(n<100)，在 n 个数中查找输入的数 x，如果存在，输出找到几个 x，如果不存在，输出“NO”。

【输入格式】

共三行。

第一行，一个正整数，表示 n。

第二行，以空格分隔的 n 个数。

第三行，一个数，表示 x。

【输出格式】

仅一行，一个整数(表示找到几个 x)或“No”(表示不存在)。

【输入样例 1】

6

12 34 56 12 67 54

12

【输出样例 1】

2

【输入样例 2】

6

12 34 56 12 67 54

23

【输出样例 2】

NO

练习 5.1.3 倒序输出

读入 n 个数(n<100)，倒序输出下标为偶数的序列。

【输入格式】

共两行。

第一行，一个正整数，表示 n。

第二行，包含以空格分隔的 n 个数。

【输出格式】

仅一行，以空格分隔的若干个数，表示下标为偶数的序列。

【输入样例】

6

12 34 56 12 67 54

【输出样例】

67 56 12

第二节　活用数组和数组下标

一、情境导航

统计选票

学校推出了10名歌手，音乐老师想知道这10名歌手受欢迎的程度。于是，设置了一个投票箱，让每个同学给自己喜欢的歌手投票。为了方便统计，音乐老师把10名歌手用1~10进行编号，这样，同学们就可以用编号进行投票。

现在，音乐老师想统计每名歌手获得的票数。

你能编程解决这个问题吗?

看到问题后，很直观的想法是投谁，谁的票数加1。例如：投2号，则2号的票数加1；投6号，6号的票数加1。如何表示这个操作过程?

定义数组num存放每个歌手的票数，用下标变量num[1]~num[10]分别存放1号至10号的选票。于是，则读入选票上的编号i后，可以做如下处理：

当$i=1$，num[1]=num[1]+1

当$i=2$，num[2]=num[2]+1

⋮

当$i=10$，num[10]=num[10]+1

上述处理可以直接写成：num[i]=num[i]+1

在解决这个问题时，赋予数组下标及下标变量以实质的含义：下标表示歌手编号，下标变量表示对应该编号歌手的票数。当读入选票上的编号i，式子num[i]=num[i]+1表示编号i对应的歌手票数加1。这种方式使问题的解决直接便捷。

如何用好数组下标及下标变量来灵活解决问题呢?

本节将通过一些实例，学习数组下标的灵活使用。

二、知识探究

通过对“统计选票”问题的分析，我们可以看到数组与简单变量的区别：除了可以批量存储数据外，数组下标与下标变量可以相互关联表示特定对象对应的值。利用明确对应实际问题的含义，可以更好地解决问题。

以下是几种常用的活用数组下标的方式：

(1) 数组下标值表示序号，下标变量表示第几个位置上的值；

(2) 数组下标用于模拟某些场景下的数值，下标变量表示对应场景的结果；

(3) 数组下标用于表示某些数字，下标变量表示对应数字的固定值。

针对具体问题灵活用好数组下标与下标变量，解决问题将事半功倍。

三、实践应用

例 5.2.1 最大值位置

输入 n 个整数，存放在数组元素 a[1]~a[n]中，输出最大值所在位置($n \leqslant 10\,000$)。

【输入格式】

第一行，一个整数，表示 n。

第二行，以空格分隔的 n 个整数。

【输出格式】

仅一行，一个整数，表示最大值的位置。

【输入样例】

5

78 43 90 78 32

【输出样例】

3

题目分析：

在这个问题中，数组下标表示位置，下标变量表示位置上的值。问题的关键是如何找到最大值？用 maxa 存放流动的最大值，k 存放当前最大值所在的位置(即数组的下标)。maxa 的初值为 a[1]，k 的初值对应为 1。枚举数组元素，找到比当前 maxa 大的数，使之成为 maxa 的新值，k 值更新为对应的位置。最后，输出 k 值，完成任务。

程序代码：

```
1   //exam5.2.1
2   #include<iostream>
3   using namespace std;
4   const int MAXN=10001;
5   int main()
6   {
7       int a[MAXN];            //定义 10 001 个数组元素
8       int i,n,maxa,k;
9       cin>>n;
10      for(i=1;i<=n;i++)     //读入 n 个整数存储到 a[1]~a[n]中
11          cin>>a[i];
12      maxa=a[1];              //赋最大值初值和初始位置
```

```
13        k=1;
14        for(i=2;i<=n;i++)            //枚举数组,找到最大数和位置
15            if (a[i]>maxa)
16            {
17                maxa=a[i];
18                k=i;
19            }
20        cout<<k;                     //输出最大数所在数组中的位置
21        return 0;
22    }
```

运行结果：

```
5
67 43 90 78 32
3
```

```
8
12 32 57 98 12 34 45 76
4
```

说明：

程序中第 17~18 行表示找到当前最大数所在的位置。这种思路可以帮助我们确定目标数据所在的位置。

例 5.2.2 约瑟夫问题

有 n 只猴子(编号 1~n)，按顺时针方向围成一圈选大王。从第 1 号开始报数，数到 m 的猴子退出圈外，剩下的猴子再接着从 1 开始报数……就这样，直到圈内只剩下一只猴子时，这只猴子就是猴王。

编程完成如下功能：

输入 n，m 后，输出最后猴王的编号。

【输入格式】

仅一行，包含用空格分开的两个整数，第一个是 n，第二个是 $m(0<m,\ n<10\,000)$。

【输出格式】

仅一行，包含一个整数，表示猴王的编号

【输入样例】

3 2

【输出样例】

3

题目分析：

约瑟夫问题是一个经典问题，大家在后面会学到许多解决的方法。这里，我们尝试用数组来模拟解决。

n 只猴子从 1~n 编号，用 a 数组的下标表示猴子编号。那么，可设下标变量值表示对应猴子编号的猴子当前状态。猴子状态有两种，一种是还在圈中，一种是出圈了。为此，下标变量的值取两种，设当值为 0 时，表示猴子在圈中。当值为 1 时，表示猴子不

在圈中。显然，数组 a 的所有元素初值为 0，即表示所有猴子都在圈中。

有了数组模拟猴子的初始状态，接着就是从 1 开始数至 m，让当前 m 对应位置上的猴子出圈，即改变当前猴子的下标变量值为 1，对圈内的猴子(下标变量值为 0) 继续从 1 开始数至 m，m 位置上的猴子出圈，直到 $n-1$ 个猴子出圈，那么，剩下的那只猴子即为猴王。

总结上述分析，可以得到解决问题的具体步骤：设变量 pos 表示数组下标，变量 k 用于计数 1 至 m。

(1) 读入 n，m。

(2) 初始化数组 a 的所有元素值为 0，表示猴子都在圈中，变量 pos、k 初值为 0。

(3) 循环：i 取值 $1\sim n-1$，让第 $n-1$ 只猴子出圈：

①逐个枚举圈中的所有位置，如果 $pos>n$，$pos=1$ 回到第 1 个位置，用数组模拟环状，最后一个与第一个相连；

②如果第 pos 个位置上猴子在圈中则 k 计数；

③如果 k 计数到 m，猴子出圈，k 清 0。

(4) 输出最后一只猴子在圈中的位置。

程序代码：

```
1    //exam5.2.2
2    #include<iostream>
3    #include<cstring>
4    #define MAXN 100010
5    using namespace std;
6    int main()
7    {
8        int n,m,i,pos,k;
9        int a[MAXN];
10       cin>>n>>m;                    //输入 n 只猴子,报数 m
11       memset(a,0,sizeof(a));        //初始化数组为 0,表示猴子都在圈中
12       k=0;pos=0;
13       for(i=1;i<=n-1;i++)           //让 n-1 只猴子出圈
14       {
15           while(k<m)
16           {
17               pos++;                //枚举圈中的位置
18               if(pos>n) pos=1;      //下标超过 n,回到 1
19               if(! a[pos]) k++;     //位置有猴子,计数加 1
20           }
21           a[pos]=! a[pos];k=0;      //猴子出圈,计数清零
22       }
23       for(i=1;i<=n;i++)             //输出猴王编号
24           if(! a[i]) cout<<i<<endl;
```

```
25        return 0;
26    }
```

运行结果：

思考：

用数组模拟解决约瑟夫问题比较直观，但效率不高，有没有更高效的解决方法？

例 5.2.3　统计选票

编程解决情境导航中的“统计选票”问题。

题目分析：

依据前述分析，总结出解决问题的具体步骤即算法如下：

(1) 开辟 num[1]~num[10]变量分别存放 10 名歌手的票数；

(2) 读入选票上的编号 i；

(3) 对应 i 的歌手票数加 1，即 num[i]=num[i]+1；

(4) 重复(2)和(3)的操作，直到读完选票为止；

(5) 输出每位歌手的票数。

程序代码：

```
1    //exam5.2.3
2    #include<iostream>
3    #include<cstring>
4    using namespace std;
5    int main()
6    {
7        int num[11];
8        int i;
9        memset(num,0,sizeof(num));    //数组初始化为 0
10       while(cin>>i && i<=10 && i>0)  //读入选票
11           num[i]=num[i]+1;        //i 表示 i 号歌手,num[i]表示 i 号歌手的选票数
12       for(i=1;i<=10;i++)          //输出各位歌手的最终选票数
13           cout<<"第"<<i<<"号歌手的选票数为:"<<num[i]<<endl;
14       return 0;
15   }
```

说明：

程序中的第 11 行充分利用数组下标达到统计歌手的选票数的目的。这种思路可以帮助我们明确数组变量和数组下标变量对应问题中的实际意义，更便捷解决问题。

例 5.2.4　火柴等式

给你 n 根火柴，你可以拼出多少个形如“$A+B=C$”的等式？等式中的 A、B、C 是

用火柴拼出的整数(若该数非零，则最高位不能是 0)。用火柴拼数字 0~9 的拼法如图所示：

0 1 2 3 4 5 6 7 8 9

注意：

(1) 加号与等号各自需要两根火柴。

(2) 如果 $A \neq B$，则 $A+B=C$ 与 $B+A=C$ 视为不同的等式(A、B、$C \geqslant 0$)。

(3) n 根火柴必须全部用上。

输入整数 $n(n \leqslant 24)$，输出能拼成的不同等式的数目。

【输入格式】

仅一行，一个整数，表示 n。

【输出格式】

仅一行，一个整数，表示拼成的不同等式的数目。

【输入样例】

18

【输出样例】

9

【样例说明】

对应的 9 个等式为：

0+4=4

0+11=11

1+10=11

2+2=4

2+7=9

4+0=4

7+2=9

10+1=11

11+0=11

题目分析：

问题的关键条件是，给你 n 根火柴且 n 根火柴必须全部用上，并拼出形如“$A+B=C$”的等式。符合条件的等式是 A 的火柴数+B 的火柴数+C 的火柴数+4=n。因为 A、B、C 都是数字，那么求组成数字的火柴数就成为解决问题的关键。

已知组成一位数字 0~9 的火柴数，可以推出其他数字的火柴数。如何关联存储数字的火柴数？数组下标与其下标变量就派上用场了。设数组 num 的下标表示数字，下标变量表示对应下标数字的火柴数。则符合条件的等式可以写成 num[A]+num[B]+

num[C]+4=n。

解决了关键的问题，接下来解决细节的问题，A、B、C 数字值范围，已知 A 和 B 也就已知 C。由于题目限制 $n \leq 24$，假设都用最少火柴数来拼数字，可以发现 A、B 值范围小于 1000，那么 C 值范围小于 2000。可以先将拼 0~2000 内数字所需的火柴数求出存放于 num 数组中。

问题转换为在 1000 内枚举 A 和 B 的值，求符合条件 num[A]+num[B]+num[C]+4 等于 n 等式的个数。为了提升效率，当 num[A]、num[B]或 num[A]+num[B]超过 n 值，直接枚举下一个。

总结上述分析，得出解决问题的具体步骤如下。

（1）预处理：求组成 0~2000 对应的火柴数。

（2）使用循环枚举 A 值与 B 值 0~1000，执行下列操作。

判断 A 和 B 值的火柴数目和是否超过限制值。是，跳过该数的处理；否，求 C 值，若 A、B、C 值的火柴数之和等于限制值，方案数加 1。

（3）输出方案数。

程序代码：

```
1   //exam5.2.4
2   #include<iostream>
3   using namespace std;
4   int main()
5   {
6       int a[10]={6,2,5,5,4,5,6,3,7,6},ans=0,temp=0,k;
7       int num[2016];
8       int n;
9       cin>>n;
10      num[0]=6;
11      for(int i=1;i<=2000;i++)          //预处理 0~2000 数对应的火柴数
12      {
13          k=i;
14          while(k)                      //求数 i 的火柴数
15          {
16              temp+=a[k%10];
17              k/=10;
18          }
19          num[i]=temp;                  //num[i]存放数 i 的火柴数
20          temp=0;
21      }
22      for(int i=0;i<=999;i++)           //枚举 A
23          for(int j=0;j<=999;j++)       //枚举 B
24          {
25              if(num[i]+num[j]>=n)
```

```
26                  continue;          //若 A、B 火柴盒数目超过限制值,跳过
27                  else
28                  {
29              if(num[i+j]+num[i]+num[j]+4==n)
                                       //C 为 A+B 即 i+j
30                  ans++;             //若 A、B、C 值火柴数之和等于限制值,计数方案数
31                  }
32              }
33          cout<<ans;
34          return 0;
35      }
```

运行结果：

说明：

程序第 19、29 行中，数组下标表示数字，下标变量表示数字对应的火柴数。利用这种方式能轻松的同时表达 $A+B=C$ 的等式火柴数和满足问题的条件。

例 5.2.5 求质数

求 1~N 中的质数。

【输入格式】

仅一行，一个数，表示 N($1<N<1\ 000\ 000$)。

【输出格式】

仅一行，以空格分隔的若干的数，表示质数。

【输入样例】

10

【输出样例】

2 3 5 7

题目分析：

在第四章，我们已经解决了判断一个数是否为质数的问题。再看本题，我们很容易得到求 2~N 之间的质数的方法：

(1) 读入 N。

(2) 输出质数 2。

(3) 对 3~N 间的每个数进行判定，是质数则输出。

这种方法与 N 的范围有很大关系。当 N 比较大时，效率会很低。

变换角度分析问题：将 1~N 的数排成一列，然后把质数标识出来。这时候数组就发挥作用了，用数组下标表示 1~N 的数，下标变量内容表示是否质数：0 表示质数，为 1 表示非质数。

具体如何对数组中所有元素标识出质数与非质数？

设置一个布尔型数组 a，数组元素 a[i]的值表示数 i 是否为质数。初始时，可以设置所有元素值均为 0。

2 是质数，2 的倍数一定不是质数，这些数就无需进行质数判定了，将它们对应的数组元素值赋值为 1；同理，3 是质数，3 的倍数一定不是质数，将它们对应的数组元素值赋值为 1……这样一直做下去，就会把不超过 N 的全部合数都赋值为 1。最后，数组中值为 0 的元素，它的下标就是质数，枚举 1~N，就可以找到不超过 N 的全部质数。

具体实现步骤如下。

(1) 读入数据范围 N。

(2) 初始化 a 数组值都为 0，假定均为质数。

(3) 循环，i 取值 2~sqrt(n)。

如果当前 i 对应的数组元素值为 0，它是质数。则 i 的所有倍数必然不是质数。将 i 的所有倍数对应的数组元素赋值为 1，即 a[$i*j$] :=1。

(4) 再次循环，i 取值 2~N。

如果当前 i 对应的数组元素值为 0，一定是质数，输出 i 的值。

程序代码：

```
1    //exam5.2.5
2    #include<iostream>
3    #include<cmath>
4    #define MAXN 1000010
5    using namespace std;
6    int main()
7    {
8         int N,i,j;
9         bool a[MAXN]={0};                  //初始化所有数组元素为 0,表示都是质数
10        cin>>N;
11        for(i=2;i<=sqrt(N)+1;i++)
12             if(a[i]==0)
13                  for(j=2;i*j<=N;j++)
14                       a[i*j]=1;           //设置 i 的所有倍数均为合数
15        for(i=2;i<=N;i++)
16             if(a[i]==0)
17                  cout<<i<<" ";            //输出素数
18        return 0;
19   }
```

运行结果：

```
1000
2 3 5 7 11 13 17 19 23 29 31 37 41 43 47 53 59 61 67 71 73 79 83 89 97 101 103 107 109 113 127 131 137 139 149 151 1
57 163 167 173 179 181 191 193 197 199 211 223 227 229 233 239 241 251 257 263 269 271 277 281 283 293 307 311 313 3
17 331 337 347 349 353 359 367 373 379 383 389 397 401 409 419 421 431 433 439 443 449 457 461 463 467 479 487 491 4
99 503 509 521 523 541 547 557 563 569 571 577 587 593 599 601 607 613 617 619 631 641 643 647 653 659 661 673 677 6
83 691 701 709 719 727 733 739 743 751 757 761 769 773 787 797 809 811 821 823 827 829 839 853 857 859 863 877 881 8
83 887 907 911 919 929 937 941 947 953 967 971 977 983 991 997
--------------------------------
```

说明:

本题提供了一种利用数组下标标识类别得到问题的解的一种思维方法。

例 5.2.6 最大子段和

给出一串长度为 n 的数列，要求从中找出连续的一段来使得总和最大。

【输入格式】

共两行。

第一行，一个整数，表示数列长度 $n(n\leqslant 100\,000)$。

第二行，以空格分隔的 n 个整数，表示数列(每个整数的绝对值不超过 1000)。

【输出格式】

仅一行，一个整数，表示最大的连续子段总和。

【输入样例】

5

1 -2 3 1 -4

【输出样例】

4

题目分析:

求“最大连续段和”是一个比较基础的问题，可以用多种方法解决。最直接的想法是，每个子段有起点位置、终点位置，枚举起点位置和终点位置，求起点位置到终点位置的子段和，比较子段和留下最大值。

设 a 数组存放数列，maxsum 存放最大子段和。使用枚举思想求子段的算法描述如下。

(1) 读入 n 个数的数列存放在数组元素 a[1]~a[n]中。

(2) maxsum 的初值为 a[1]。

(3) 枚举子段的起点:

　　枚举子段的终点:

　　求子段和存放在 temp 中;

　　如果 temp>maxsum，则 maxsum=temp。

(4) 输出 maxsum。

程序代码:

```
1    //exam5.2.6-1
2    #include<iostream>
3    const int MAXN=100001;
4    using namespace std;
5    int main()
6    {
7        int a[MAXN];
8        int n,i,j,k;
```

```
9        int maxsum;                     //子段和最大值
10       int temp;                       //子段和
11       cin>>n;
12       for( i=1;i<=n;i++)              //输入数据
13           cin>>a[i];
14       maxsum=a[1];
15       for(i=1;i<=n;i++)               //子段起始位置
16           for(j=i;j<=n;j++)           //子段终点位置
17           {
18           temp=0;
19           for(k=i;k<=j;k++)           //求子段和
20               temp=temp+a[k];
21           if(maxsum<temp) maxsum=temp;
22       }
23       cout<<maxsum;
24       return 0;
25   }
```

运行结果：

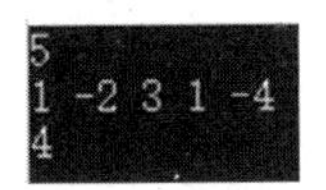

思考：

是否还有更高效的方法?

四、总结提升

数组的出现，使我们可以实现数据在数组变量间发生交换、标识、递推等变化，还可以灵活设置数组的下标与下标变量的含义，从而可以从不同的角度去分析解决问题。如例 5. 2. 2 以数组模拟猴子在圈内圈外的状态；例 5. 2. 5 跳出了数学定义求质数，通过标识的手法批量求解等。

从应用实例中可以看到学习信息学的特点：一是学习的关键点在于如何从不同的角度去分析解决问题；二是当不满足于当前的解决方法时，如何寻求更好更高效率的解决方法。

拓展 1

使用下标变量对下标对象进行计数，是一种常用的解决问题的方法，如例 5. 2. 3。下面，继续尝试使用该方法的思想解决问题。

例 5. 2. 7　排序

输入 n 个数，存入数组 a 中，每个数都是介于 0~k 之间的整数，此处 k 为某个整数（$n\leqslant 100\ 000$，$k\leqslant 1000$），按从小到大的顺序输出 a 数组中的数据。

题目分析：

看了问题，我们直观的想法是将 a 数组中的数据从小到大排序。但本问题有一个重要的特点：每一个数都是介于 $0\sim k$ 之间的整数。k 的值很小，而数组元素个数 n 与 k 相比是一个很大的数，也就是说 a 数组的值实际上有很多是重复的。想象一下，如果将 a 数组中值相同的数归在一起并记下其个数，那么 a 数组的元素个数最多有 1000 个。有了这个想法，我们能否转换一个思维来实现本问题的排序？

用 c 数组的下标表示数值，下标变量表示对应数值的个数，因为，$k\leqslant 1000$，则定义的数组是一个很小的数组，剩下的问题就是如何将 a 数组的值装入 c 数组中。

如果当前 a[i]值为 1，则 c[1]=c[1]+1，如果当前 a[i]值为 2，则 c[2]=c[2]+1,…，可以发现这个逻辑可以写成：c[a[i]]=c[a[i]]+1。

由于下标是从小到大的，因此按顺序输出 c 数组中每个元素值个数(值不为 0)的下标，就可以实现本问题的排序。

程序代码：

```
1   //exam5.2.7
2   #include<iostream>
3   #include<cstring>
4   using namespace std;
5   const int MAXN=100010;
6   const int K=1001;                    //统计 a 数组值的数组元素个数
7   int main()
8   {
9       int a[MAXN], c[K];
10      int n;
11      cin>>n;
12      memset(c,0,sizeof(c)); //为 c 数组赋初值 0
13      for (int i=0;i<n;i++)   //读入数据存放在 a 数组,并用数组 c 统计 a[i]的个数
14      {
15          cin>>a[i];
16          c[a[i]]=c[a[i]]+1;
17      }
18      for (int i=0;i<K;i++)   //输出排序后的结果
19          for (int j=1;j<=c[i];j++)
20      cout<<i<<" ";
21      return 0;
22  }
```

运行结果：

```
10
2 3 1 2 4 55 3 55 3 2
1 2 2 2 3 3 3 4 55 55
```

说明：

程序中第 16 行表示把 a 数组的元素按其值归类存放，第 19～20 行表示按类输出。这种思路可以帮助我们学会如何利用数组值与下标变量实现对数组内容的整理。这种排序方法称为计数排序。

拓展 2

在求解最大子段和的程序中，求子段和过程中有许多重复的操作。例如，求第 3 个数到第 5 个数的和包含在求第 2 个数到第 5 个数和之中，显然，重复进行了求和操作，而求第 2 个数到第 5 个数的和包含在求第 1 个数到第 5 个数和之中，也反复进行了求和运算。这种问题要如何解决？

设 s[i]存放从第 1 个数到当前第 i 个数的和，那么显然，s[i]=s[i-1]+a[i]，在读入数据时即可求得所有的 s[i]。

于是，用两层循环枚举子段起点位置 i 与终点位置 j，通过 s[j]-s[i-1]求出所有子段和，再比较子段的段数和，即可求出最大值。

程序代码：

```
1   //exam5.2.6-2
2   #include<iostream>
3   #include<cstring>
4   const int MAXN=100001;
5   using namespace std;
6   int main()
7   {
8       int s[MAXN],a[MAXN];
9       memset(s,0,sizeof(s));
10      int n,i,j;
11      int maxsum;                          //子段和最大值
12      int temp;                            //子段和
13      cin>>n;
14      for(i=1;i<=n;i++)                    //输入数据
15      {
16          cin>>a[i];
17          s[i]=a[i]+s[i-1];                //预处理
18      }
19      maxsum=a[1];                         //maxsum 值初始化为数组第一个元素
20      for(i=1;i<=n;i++)                    //子段起始位置
21          for(j=i;j<=n;j++)                //子段终点位置
22          {
23              temp=s[j]-s[i-1];            //求当前子段和
24              if(maxsum<temp) maxsum=temp;     //求最大子段和
25          }
26      cout<<maxsum;
```

```
27        return 0;
28    }
```

运行结果：

5
1 -2 3 1 -4
4

思考：

由于数据序列由正负数组成，子段和可能是正数，也可能是负数。相邻子段和有怎样的关系？

设 t[i]为以第 i 个位置为结尾的最大子段和，若 t[i-1]大于 0，显然，t[j]=t[i-1]+当前数 a[i]，因为，与和大于 0 的连续序列构成的新序列和一定比本身数构成的序列和大；如果 t[i-1]小于 0，则 t[j]=当前数 a[i]，因为，当前数大于当前数加上一个负数。

通过求从第 1 个到第 n 个数以本身数为结尾的最大子段和，即枚举了所有可能的最大子段和。

由于问题只求最大子段和，不关注每一个字段和，因此，t 无需定义为数组，在循环中迭代赋值即可。而在求解过程中，已经求得以当前数为结尾的最大子段和，每次做比较，记下其中的最大值即可。

设连续子段和为 t，则：

$$当前\ t=\begin{cases} t+a[i] & t\geqslant 0(之前) \\ a[i] & t<0(之前) \end{cases}$$

程序代码：

```
1    //exam5.2.6-3
2    #include<iostream>
3    const int MAXN=100001;
4    using namespace std;
5    int main()
6    {
7        int a[MAXN];
8        int n,i;
9        int ans;                          //子段和
10       int t;                            //以当前数为结尾的最大子段和
11       cin>>n;
12       for( i=1;i<=n;i++)                //输入数据
13           cin>>a[i];
14       ans=a[1];
15       t=ans;
16       for(i=2;i<=n;i++)
```

```
17        {
18            if(t>=0) t=t+a[i];
19            else t=a[i];
20            if(t>ans) ans=t;
21        }
22        cout<<ans;
23        return 0;
24    }
```

运行结果：

```
5
1 -2 3 1 -4
4
```

说明：

求子段和看上去是一个非常普通的问题，通过三种不同方法解决求子段和的问题，可以得到解决问题的不同效率。这些思路可以帮助我们学会分析数组中的数据性质，学会如何利用数组表示问题的关键数据并得到解决问题的更高效率。

五、学习检测

练习 5.2.1　移动最小值

输入 n 个数存放到数组里，编程输出将数组中的最小值放到数组第 1 个位置，其他数组元素顺序不变。依次输出数组的 n 个元素。

练习 5.2.2　兔子和狐狸

围绕着山顶有 10 个洞，一只狐狸和一只兔子住在各自的洞里。狐狸想吃掉兔子。一天，兔子对狐狸说："你想吃我有一个条件，先把洞从 1~10 编号，你从 10 号洞出发，先到 1 号洞找我；第二次隔 1 个洞找我，第三次隔 2 个洞找我，以后依次类推，次数不限，若能找到我，你就可以饱餐一顿。不过在没有找到我以前不能停下来。"狐狸满口答应，就开始找了。它从早到晚进了 1000 次洞，累得昏了过去也没找到兔子，请问，兔子躲在几号洞里？

练习 5.2.3　校门外的树

校大门外长度为 L 的马路上有一排树，每两棵相邻的树之间的间隔都是 1 米。我们可以把马路看成一个数轴，马路的一端在数轴 0 的位置，另一端在 L 的位置；数轴上的每个整数点，即 0，1，2，…，L，都种有一棵树并且已知每棵树的高度。

由于马路上有一些区域要用来建地铁。这些区域用它们在数轴上的起始点和终止点表示。已知任一区域的起始点和终止点的坐标都是整数，区域之间可能有重合的部分。现在要把区域涉及的最小起始点和最大终止点之间的树（包括区域端点处的两棵树）移走，规定区域的长度不能超过 100 米，也就是说如果长度超过 100 米需要修改最大终止点坐标。你的任务是设置一个 100 个元素的数组，存放移走的每棵树的高度并且输出。

【输入格式】

共三行

第一行，有两个整数 $L(1 \leqslant L \leqslant 10\,000)$ 和 $M(1 \leqslant M \leqslant 100)$，$L$ 代表马路的长度，M 代表区域的数目，L 和 M 之间用一个空格隔开。

第二行，L 个数，代表 L 棵树的高度。

第三行，包含两个不同的整数，中间用一个空格隔开，表示一个区域的起始点和终止点的坐标。

【输出格式】

仅一行，以空格分隔的若干个数，表示移走的每棵树的高度。

【输入样例】

9 1

1 2 3 4 5 6 7 8 9 10

3 5

【输出样例】

4 5 6

练习 5.2.4 分数线划定

世博会志愿者的选拔工作正在 A 市如火如荼地进行。为了选拔最合适的人才，A 市对所有报名的选手进行了笔试，笔试分数达到面试分数线的选手方可进入面试。面试分数线根据计划录取人数的 150%划定，即如果计划录取 m 名志愿者，则面试分数线为排名第 $m \times 150\%$（向下取整）名的选手的分数，而最终进入面试的选手为笔试成绩不低于面试分数线的所有选手。

现在就请你编写程序划定面试分数线，并输出进入面试的 x 名选手的报名号和笔试成绩。

【输入格式】

共 $n+1$ 行。

第一行，包括两个整数 n，$m(5 \leqslant n \leqslant 5000,\ 3 \leqslant m \leqslant n)$，中间用一个空格隔开，其中 n 表示报名参加笔试的选手总数，m 表示计划录取的志愿者人数。输入数据保证 $m \times 150\%$ 向下取整后小于等于 n。

第二行至 $n+1$ 行，每行包括两个整数，中间用一个空格隔开，分别是选手的报名号 $k(1000 \leqslant k \leqslant 9999)$ 和该选手的笔试成绩 $s(1 \leqslant s \leqslant 100)$。数据保证选手的报名号各不相同。

【输出格式】

共 $x+1$ 行。

第一行，包括两个整数，中间用一个空格隔开，第一个整数表示面试分数线，第二个整数为进入面试的选手的实际人数。

第二行至 $x+1$ 行，每行包括两个整数，中间用一个空格隔开，分别表示进入面试的选手的报名号和笔试成绩，按照笔试成绩从高到低的顺序输出，如果成绩相同，则按报名号由小到大的顺序输出。

【输入样例】

6 3

1000 90

3239 88

2390 95

7231 84

1005 95

1001 88

【输出样例】

88 5

1005 95

2390 95

1000 90

1001 88

3239 88

说明：

$m \times 150\% = 3 \times 150\% = 4.5$，向下取整后为 4。保证 4 个人进入面试的分数线为 88，但因为 88 有重分，所以所有成绩大于等于 88 的选手都可以进入面试，故最终有 5 个人进入面试。

练习 5.2.5　明明的随机数

明明想在学校中请一些同学做一项问卷调查，为了调查的客观性，他先用计算机生成了 N 个 1~1000 的随机整数($N \leqslant 100$)，对于其中重复的数字，只保留一个，其余的删掉，不同的数对应着不同学生的学号。然后再把这些数从小到大排序，按照排好的顺序去找同学做调查。请你协助明明完成“去重”与“排序”的工作。

【输入格式】

共两行。

第一行，一个整数，表示所生成的随机数的个数 N。

第二行，N 个用空格隔开的正整数，为所产生的随机数。

【输出格式】

共两行。

第一行，一个整数 M，表示不相同的随机数的个数。

第二行，M 个用空格隔开的正整数，为从小到大排好序的不相同的随机数。

【输入样例】
10
20 40 32 67 40 20 89 300 400 15
【输出样例】
8
15 20 32 40 67 89 300 400

第三节 字符数组与字符串

一、情境导航

ISBN 码

每一本正式出版的图书都有一个 ISBN 码与之对应。ISBN 码包括 9 位数字、1 位识别码和 3 位分隔符，其规定格式形如“x-xxx-xxxxx-x”。其中，符号“-”是分隔符(键盘上的减号)，最后一位是识别码，例如：0-670-82162-4 就是一个标准的 ISBN 码。

识别码的计算方法如下。

ISBN 码中的 9 个数字从左至右分别乘以 1，2，…，9，再求和；所得结果除以 11 的余数，即为识别码。如果余数为 10，则识别码为大写字母 X。

根据这个方法，你能判断任一 ISBN 码中识别码的正确性吗?

对于一个长度为 13 位的 ISBN 码，因为其中包含分隔符“-”，还可能包含大写字母“X”，所以不能应用之前学习过的整型、实型等数值类型进行存储和计算。

这种由一串字符组成数据，被称为字符串。

为处理一串字符组成的数据，C++中提供了字符数组和字符串类(以下简称“字符串”)。本节我们就来学习这些内容。

二、知识探究

(一) 字符数组

1. 字符数组的定义

字符数组的定义格式如下：

```
char 数组名[元素个数];
```

不难看出，字符数组与前面学习过的一维数组的定义方式一致，只是将其中数组的类型标识符写做字符类型 char。

字符数组在定义之后，其中的每一个元素都可以当作字符使用。

例如，下面都是合法的应用：

```
char a[5];
a[0]= '1';
```

2. 字符数组的初始化

字符数组可以如同数值类型的数组一样，在定义时对每个元素逐一初始化。

例如：

```
char a[5]={ '1', '2', '3', '4', '5'};
```

3. 字符数组的相关操作

字符数组也可以被当作一串字符整体处理。最经常使用的就是输入和输出操作。

输入格式：

```
cin>>字符数组名;
```

或

```
scanf("%s",& 字符数组名);
```

或

```
gets(字符数组名);
```

功能：

以上 3 种语句都可以输入一串字符给字符数组。

注意：cin 和 scanf，在读入空格和回车换行符时，都认为字符数组输入结束，只有 gets 以回车符作为结束符，可以接收含有空格的一串字符。

输出格式：

```
cout<<字符数组名
```

或

```
printf("%s",字符数组名)
```

或

```
puts(字符数组名)
```

功能：

以上 3 种语句都可以输出字符数组表示的一串字符。

将字符数组当作一个整体进行处理时，还会用到计算其长度(即包含的字符数量)、取出字符串中的一段等操作。这些操作可以用字符数组函数来实现。

在使用这些特殊函数时，需要添加 cstring 头文件，即在程序中使用如下语句：

```
#inlcude<cstring>
```

字符数组有很多函数，下面列出其中较常使用函数，见表 5-1。

表 5-1　字符数组函数

函数格式	功能	举例说明
strlen(字符数组名)	求字符数组中一串字符'\ 0'前面的字符个数	char a[5]={'1', '2'}; strlen(*a*)的结果为：2
strcpy(字符数组名1，字符数组名2)	将字符数组 2 中的一串字符复制到字符数组 1 中	char a[5]={'1', '2'}; char b[5]={'3', '4'}; strcpy(*b*, *a*); b 的值为"12"
strcat(字符数组名1，字符数组名2)	把字符数组 2 中的一串字符连接到字符数组 1 的字符串之后，使之为一串新的字符。	char a[5]={'1', '2'}; char b[5]={'3', '4'}; strcat(*a*, *b*); a 的值更改为"1234"，b 的值不变，还是"34"
strcmp(字符数组名1，字符数组名2)	比较两串字符的大小：将两串字符从首字母开始，逐对比较；若出现不同的字符，则以第一对不同字符的比较结果作为整个比较的结果：前者大，值为 1；相等，值为 0；前者小，值为-1	char a[5]={'1', '2'}; char b[5]={'3', '4'}; strcmp(*a*, *b*)的结果为：-1
strupr(字符数组名)	将字符数组中的小写字母转换成大写字母	char a[5]={'a', '1', 'B', '2'}; strupr(*a*); *a* 的值更改为:"A1B2"
strlwr(字符数组名)	将字符数组 1 中的大写字母转换成小写字母	char a[5]={'a', '1', 'B', '2'}; strlwr(*a*); *a* 的值更改为:"a1b2"

(二) 字符串

字符串并不是 C++的基本数据类型，而是 C++标准库中的一类声明。在使用字符串前，需要添加 string 头文件，即在程序中使用如下语句：

```
#include<string>
```

1. 字符串的定义

字符串的定义格式如下：

```
string 变量名;
```

字符串常量是以双引号括起来的一串字符。例如"12345"。

字符串变量中存储的字符串长度只受计算机内存限制。

字符串变量也可以使用类似字符数组的方法，使用其中的字符。例如：

```
string st;
string st="12345";
cout<<st[0];
```

注意：空格字符、回车符和换行符都被认为是字符串的结束符号。因此，使用 cin 读入字符串时，中间不能有空格。

为完整读入一个含有空格字符、回车符和换行符结束的字符串，可以使用 getline 函数。其格式如下：

```
getline(cin,字符串变量名);
```

2. 字符串的初始化

字符串可以在定义时，直接被初始化。

例如：

```
string st="12345";
```

3. 字符串的相关操作

字符串变量之间可以直接赋值，也可以直接使用运算符(>，>=，<，<=，==，!=)比较大小。

例如：

```
string st1,st2;
st1="12345";
st2=st1;
if (st1>st2)
    cout<<1;
```

上述程序段将 st1 的值赋给了 st2，于是二者相等，下面的条件(st1>st2) 不成立，也就没有结果输出。

字符串经常被当作一个整体处理，例如，计算字符串的长度、取出字符串中的一段等，这些操作可以使用字符串函数来实现。

在使用字符串函数时，需要添加 string 头文件，即在程序中使用如下语句：

```
#include<string>
```

假定 s 初值为“abcdef”，列出了一些常用的字符串函数，见表 5-2。

表 5-2 字符串函数

函数格式	功能	举例说明
字符串名 . size( )或字符串名 . lengt( )	求字符串长度	s. size( ) 和 s. lengt( ) 的结果均为：5
字符串名 . at(下标 i)	取字符串的某个字符。等同与字符串名[下标 *i*]	s. at(2)的结果为'c'，等同与 s[2]
字符串名 . substr(开始位置 i，子串长度 len)；	取字符串的子串。当 *i*+len 超过原字符串长度时，只取 *i* 位置至结尾的子串。	s. substr(3，2)的结果为"de"； s. substr(3，20)的结果为"def"
字符串名 . insert(插入位置 i，插入字符串 s)；	在字符串的第 *i* 个位置插入字符串 s	s. insert（2，" +"）的结果为"ab+cdef"
字符串名 . erase(开始位置 *i*，删除长度 len)；	删除字符串中第 *i* 个位置后的 len 个字符	在 s. erase(2，3)操作后，s 的结果为"abf"
字符串名 . replace（开始位置 i，长度 len，要换上的字符串 ss)	用字符串 ss 替换字符串中 *i* 开始长度是 len 的一段	在 s. replace(2，1，"123")操作后 s 的结果为"ab123def"
字符串名 . find(子串 subs[，起始位置 pos])	查找子串 subs 在字符串中从起始位置 pos 开始第 1 次出现的位置。没有找到返回-1(为了兼容各 C++版本，建议在程序中写作 string::npos)。 说明：起始位置 pos 可以省略。函数默认从字符串的开头进行查找	s. find("cd")的结果为 2； s. find("cd"，3)的结果为-1

三、实践应用

例 5.3.1 阅读程序 1

写出下面程序的运行结果。

程序代码：

```
1   //exam5.3.1
2   #include<iostream>
3   using namespace std;
4   int main()
5   {
6       char a[6];
7       int i;
8       a[0]='a';
9       for(i=1;i<6;i++)
10      {
11          a[i]=a[i-1]+2;
12          cout<<a[i]<<endl;
13      }
14      return 0;
15  }
```

运行结果：

说明：

在程序第6行，定义了有6个元素的字符数组a。于是，a数组的6个元素就都可以当作普通字符来使用。首先，在程序第8行给数组元素a[0]赋值为字符'a'，然后在第11行，对a[1]~a[5]分别赋值。

模拟程序的运行情况，字符数组元素的变化情况如下：

a[0]='a'

↓

a[1]=a[0]+2='a'+2='c'

↓

a[2]=a[1]+2='c'+2='e'

↓

a[3]=a[2]+2='e'+2='g'

↓

a[4]=a[3]+2='g'+2='i'

↓

a[5]=a[4]+2='i'+2='k'

例 5.3.2　阅读程序2

写出下面程序的运行结果。

程序代码：

```
1     //exam5.3.2
2     #include <iostream>
3     #include <string>
4     using namespace std;
5     int main()
6     {
7         string s="123ab4c5";
8         int i,cnt=0;
9         for (i=0; i<s.size(); ++i )
10            if ( '0'<=s[i] && s[i] <= '9')
11                cnt++;
12        cout << cnt <<endl;
13        return 0;
14    }
```

运行结果：

说明：

程序在第 7 行定义了字符串 s，并将其初始化为"123ab4c5"。于是，s 中的每一个字符可以类比字符数组元素的方式取出并使用。第 9~11 行使用 for 循环语句，对字符串 s 在长度范围内的每一个字符依次取出，并判断其是否在'0'~'9'之间，是，则累计个数。

综合上述分析，可知这个程序用于统计字符串中的数字字符的个数。结果为 5。

例 5.3.3 ISBN 码

编程解决情境导航中的“ISBN 码”问题。

题目分析：

根据识别码的计算规则，我们只需依次取出 ISBN 码中的 9 个数字，进行相应计算。然后，将结果与识别码进行比较，即可确定 ISBN 码的识别码是否正确。

对照 ISBN 码的格式“x-xxx-xxxxx-x”，数字字符在整个字符串中的位置分别为 0、2、3、4、6、7、8、9、10。

如何将数字字符转换成对应的数字？

根据 ASCII 码的相关知识，数字字符-'0'的结果就是其对应的数字。例如，'3'-'0'的结果就是 3。

方法 1：

使用字符数组编写程序。

程序代码：

```
1    //exam5.3.3-1
2    #include<iostream>
3    using namespace std;
4    int main()
5    {
6        char s[13];
7        int i,n=1,mod=0;
8        gets(s);
9        for(i=0;i<=10;i++)
10           if(s[i]>='0'&& s[i]<='9')
11           {
12               mod=mod+(s[i]-'0')*n;
13               n++;
14           }
15       mod=mod%11;
16       if(mod==10 && s[12]=='X'||mod<10 && s[12]-'0'==mod)
17           cout<<"YES"<<endl;
18       else
19           cout<<"NO"<<endl;
20       return 0;
21   }
```

方法 2：

使用字符串编写程序。

程序代码：

```
1    //exam5.3.3-2
2    #include<iostream>
3    #include<string>
4    using namespace std;
5    int main()
6    {
7        string s;
8        int i,n=1,mod=0;
9        getline(cin,s);
10       for(i=0;i<=10;i++)
11           if(s[i]>='0'&& s[i]<='9')
12           {
13               mod=mod+(s[i]-'0')*n;
14               n++;
15           }
16       mod=mod%11;
17       if(mod==10 && s[12]=='X'||mod<10 && s[12]-'0'==mod)
18       cout<<"YES"<<endl;
19       else
20       cout<<"NO"<<endl;
21       return 0;
22   }
```

运行结果：

实验：

（1）在方法 1 的第 8 行中，gets 是完成 ISBN 码输入的语句。分别使用 cin 和 scanf 替代 gets，并输入不同的内容，观察并分析输出结果。

（2）在方法 2 的第 9 行中，getline 是完成 ISBN 码输入的语句。分别使用 cin 和 scanf 替代 getline，并输入不同的内容，观察并分析输出结果。

例 5.3.4　判断回文

一串字符（不超过 1000 位）如果从左读和从右读完全相同，我们称之为回文。请判断键盘输入的一串字符，是否是回文。

【输入格式】

仅一行，包含一个字符串。

【输出格式】

仅一行，包含一个单词，是则输出 YES，否则输出 NO。

题目分析:

根据回文定义，对于一串 n 位的字符，如果能确定这串字符左右两边对应位置上的字符相等，即第 1 位=第 n 位，第 2 位=第 $n-1$ 位……一直到位置重合时，每一对字符都相等，那么这串 n 位的字符就是回文；如果中间出现不相等的情况，这串 n 位的字符就不是回文。

这是一个明显的循环操作。我们要做的就是把 n 位字符都保存下来，并重复判断。

方法 1:

使用字符数组编写程序。

程序代码:

```
1    //exam5.3.4-1
2    #include<iostream>
3    #include<cstring>
4    using namespace std;
5    int main()
6    {
7        char s[1000];
8        int i=0,n;
9        gets(s);
10       n=strlen(s);
11       while(i<=n/2 && s[i]==s[n-1-i])        //重复比较字符
12           i++;
13       if (i>n/2)
14           cout<<"YES";
15       else
16           cout<<"NO";
17       return 0;
18   }
```

方法 2:

使用字符串编写程序。

程序代码:

```
1    //exam5.3.4-2
2    #include<iostream>
3    #include<string>
4    using namespace std;
5    int main()
6    {
7        string s;
8        int i=0,n;
9        getline(cin,s);
10       n=s.size();
11       while(i<=n/2 && s[i]==s[n-1-i])        //重复比较字符
```

```
12            i++;
13        if (i>n/2)
14            cout<<"YES";
15        else
16            cout<<"NO";
17        return 0;
18    }
```

运行结果：

思考：

对比使用字符数组和使用字符串解决问题的程序，二者有哪些相同与不同点？

实验：

程序中 while 语句的条件部分改成如下形式，程序的运行结果将会如何？

(1) `while(i<n/2 && s[i]==s[n-i])`

(2) `while(i<=n/2 && s[i]==s[n-i])`

(3) `while(i<n/2 && s[i]==s[n-1-i])`

例 5.3.5　单词替换

输入一个以回车结束的句子。句子由若干个单词组成，单词之间用空格隔开，所有单词区分大小写。现需要将其中的某个单词替换成另一个单词，并输出替换之后的字符串。

【输入格式】

共三行。

第一行是包含多个单词的句子 s(长度≤100)；

第二行是待替换的单词 a(长度≤100)；

第三行是用于替换单词 a 的单词 b(长度≤100)。

s，a，b 最前面和最后面都没有空格。

【输出格式】

仅一行，包含一个句子，表示将 s 中所有单词 a 替换成 b 之后的结果。

【输入样例】

You want someone to help you

You

I

【输出样例】

I want someone to help you

题目分析：

查找替换是文本处理中经常遇到的工作。在字符串函数中的 replace 可以直接完成替换。需要注意的是：题目要求替换的是单词 a。如果 a 作为某个单词的一部分出现，则不应该被替换。

题目中明确说明单词之间以空格分隔。因此，可以在查找和替换时，将 s、a、b 的前后添加空格，以解决错误替换的问题。

程序代码：

```
1   //exam5.3.5
2   #include <iostream>
3   #include <string>
4   using namespace std;
5   int main()
6   {
7       string s,a,b;
8       int lens,lena,lenb,pos;
9       getline(cin,s);
10      s=" "+s+" ";                        //s 前后添加空格
11      lens=s.size();
12      getline(cin,a);
13      a=" "+a+" ";                        //a 前后添加空格
14      lena=a.size();
15      getline(cin,b);
16      b=" "+b+" ";                        //b 前后添加空格
17      lenb=b.size();
18      pos=s.find(a);
19      while(pos>=0)
20      {
21          s.replace(pos,lena,b);          //将 a 替换成 b
22          pos=s.find(a,pos+lenb-1);       //查找下一个 a
23      }
24      cout <<s.substr(1,s.size()-2);      //输出替换后的结果,注意去掉前后的空格
25      return 0;
26  }
```

运行结果：

```
You want someone to help you
You
I
I want someone to help you
```

思考：

替换(replace)函数的功能，也可以通过删除(erase)、插入(insert)函数实现。例如程序中第 21 行可以改成：

```
s.erase(pos, lena ) ;
s.insert(pos, b ) ;
```

那么，删除(erase)函数或插入(insert)函数功能可否用替换(replace)函数来实现?

实验：

（1）程序中第 22 行，设置了再次查找 *a* 的起始位置为 pos+lenb-1。尝试删除第 22 行，观察程序的运行情况。

（2）尝试使用字符数组编程解决这个问题。

四、总结提升

在 C++程序中存储和处理文本时，可以使用字符数组和字符串。为了方便操作，C++还为字符数组和字符串配置了专门的函数。例如，输入、输出、连接、查找、插入、删除、替换等等。

在实际编程时，字符数组和字符串通常可以互换使用。例如，例 4. 3. 3 的方法 1 和方法 2 分别使用字符数组和字符串解决了判断 ISBN 码问题，例 4. 3. 4 的方法 1 和方法 2 分别使用字符数组和字符串解决了判断回文问题。

拓展 1

对于字符数组的初始化，可以在定义时对每个元素逐一初始化，也可以在定义时直接使用以双引号引起来的一串字符来实现。

例如：char a[10]={ '1', '2', '3', '4', '5'}; 与 char a[10]={"12345 "}; 是两个等价的字符数组初始化语句。

但是，在使用双引号形式初始化时，数组元素的个数必须大于实际字符个数。这是因为这种情况下，数组的最后一个位置要被系统用来存放一个特殊的占位字符'\0'。

例：下面程序中包含了两种初始化形式。

```
1   //exam5.3.6
2   #include <iostream>
3   using namespace std;
4   int main()
5   {
6       char a[6]={"12345"};
7       char b[5]={'1','2','3','4','5'};
8       int i;
9       for(i=0;i<=5;i++)
10          cout<<a[i];
11      cout<<"aOK"<<endl;
12      for(i=0;i<=4;i++)
13          cout<<b[i];
14      cout<<"bOK"<<endl;
15      return 0;
16  }
```

运行结果：

```
12345 aOK
12345bOK
```

说明：

可以看出，在定义 a 时，其数组元素个数是 6，比实际字符串内容（“12345”）的长度多 1。在运行结果中，a 与 b 的输出内容相比，前者在“12345”的后面有一个系统自行添加的占位符。

实验：

调试下面程序，并分析其运行结果。

```
1    //exam5.3.7
2    #include<iostream>
3    #include<cstring>
4    using namespace std;
5    int main()
6    {
7        char a[6]={"12345"};
8        char b[5]={'1','2','3','4','5'};
9        cout<<strlen(a)<<endl;
10       cout<<strlen(b)<<endl;
11       return 0;
12   }
```

拓展 2

字符串比较大小时，默认依据字典序进行。

字典序的规则如下：

两个字符串 a 和 b，从前向后将字符一对一对进行比较。遇到第一对不相等的字符时，这一对字符的大小关系就是两个字符串的比较结果。

字符数组不可以直接应用比较运算符，但是字符串可以。

实验：

调试下面程序，并分析其运行结果。

```
1    //exam5.3.8
2    #include<iostream>
3    #include<string>
4    using namespace std;
5    int main()
6    {
7        string s1="abcd",s2="abcde";
8        int len,i;
9        cout<<"s1<s2: "<<(s1<s2)<<endl;
10       len=min(s1.size(),s2.size());
11       i=0;
12       cout<<"s1[i]<s2[i]: ";
13       while(i<len && s1[i]==s2[i])
```

```
14        {
15            cout<<(s1[i]<s2[i])<<" ";
16            i++;
17        }
18        cout<<(s1[i]<s2[i])<<endl;
19        return 0;
20    }
```

五、学习检测

练习 5.3.1　最短单词

输入一段由若干个以空格分隔的单词组成的英文文章，文章以英文句点结束。求出文章中最短的单词(假设只有一个最短单词)。

【输入格式】

仅一行，包含一串字符，表示英文文章(字符总数不超过 200)。

【输出格式】

仅一行，包含一串字符，表示最短单词。

【输入样例】

We are Oiers.

【输出样例】

We

练习 5.3.2　加法求和

计算仅含有加法计算的表达式的值。该表达式长度不超过 250，中间没有空格与括号，并且计算结果在整数范围内。

【输入格式】

仅一行，一串包含加号和数字符号的字符。

【输出格式】

仅一行，一个整数，表示计算结果。

【输入样例】

12+23+21

【输出样例】

56

练习 5.3.3　车牌统计

小计喜欢研究数字，他收集了 N 块车牌，想研究数字 0~9 中某 2 个数字连续出现在车牌上的数量 x_i。比如：68 出现了在 100 块车牌上、44 出现在 0 块车牌上。由于车牌太多，希望你编程帮助他完成研究，并输出 x_i 的最大值。

【输入格式】

共 N 行。

第一行，一个整数，表示车牌数量 N(范围在[1..100 000]中)。

第二行至 $N+1$ 行，每一行是一个由大写字母和数字组成的字符串(长度不超过10)。

【输出格式】

仅一行，一个整数，表示 x_i 的最大值。

【输入样例】

4

YE5777

YB5677

YC8367

YA77B3

【输出样例】

3

【样例说明】

77 出现在第 1、2、4 块车牌上，因此输出 3。

练习 5.3.4　回文数(本题选自 NOIP 1999 普及组复赛试题)

若一个数(首位不为零)从左向右读与从右向左读都是一样的，我们就称之为回文数。例如：给定一个 10 进制数 56，将 56 加 65(即把 56 从右向左读)，得到的 121 是一个回文数。

又如，对于 10 进制数 87：

STEP1：87+78=165

STEP2：165+561=726

STEP3：726+627=1353

STEP4：1353+3531=4884

在这里的一步是指进行了一次 N 进制的加法，上例最少用了 4 步得到回文数 4884。

写一个程序，给定一个 $n(2\leqslant n\leqslant 10,\ n=16)$ 进制数 m，m 的位数上限为 20。求最少经过几步可以得到回文数。如果在 30 步以内(包括 30 步)不可能得到回文数，则输出"impossible"

【输入格式】：

仅一行，包含以空格分隔的两个数，分别表示 m 和 n。

【输出格式】

仅一行，仅一个数，表示步数。若不能得到回文数，输出 impossible。

【输入样例】

9 87

【输出样例】

6

练习 5.3.5　字符串的展开（本题选自 NOIP 2007 普及组复赛试题）

如果在输入的字符串中，含有类似“d-h”或者“4-8”的子串，我们就把它当作一种简写，输出时，用连续递增的字母或数字串替代其中的减号，上面两个子串可分别输出为“defgh”和“45678”。在本题中，我们通过增加一些参数的设置，使字符串的展开更为灵活。

(1) 在输入的字符串中，出现了减号“-”，减号两侧同为小写字母或数字，且按照 ASCII 码的顺序，减号右边的字符严格大于左边的字符。

(2) 参数 $p1$ 表示展开方式。$p1=1$ 时，对于字母子串，填充小写字母；$p1=2$ 时，对于字母子串，填充大写字母。这两种情况下数字子串的填充方式相同。$p1=3$ 时，不论是字母子串还是数字字串，都用与要填充的字母个数相同的星号“*”来填充。

(3) 参数 $p2$ 表示填充字符的重复个数。$p2=k$ 表示同一个字符要连续填充 k 个。例如，当 $p2=3$ 时，子串“d-h”应扩展为“deeefffgggh”。减号两边的字符不变。

(4) 参数 $p3$ 表示输出顺序。$p3=1$ 表示维持原来顺序输出，$p3=2$ 表示采用逆序输出，注意这时候仍然不包括减号两端的字符。例如当 $p1=1$、$p2=2$、$p3=2$ 时，子串“d-h”应扩展为“dggffeeh”。

(5) 如果减号右边的字符恰好是左边字符的后继字符，只删除中间的减号，例如：“d-e”应输出为“de”，“3-4”应输出为“34”。如果减号右边的字符按照 ASCII 码的顺序小于或等于左边字符，输出时，要保留中间的减号，例如：“d-d”应输出为“d-d”，“3-1”应输出为“3-1”。

【输入格式】

共两行。

第一行，用空格隔开的 3 个正整数，依次表示参数 $p1$，$p2$，$p3$。

第二行，一个仅由数字、小写字母和减号“-”组成的字符串。行首和行末均无空格。

【输出格式】

仅一行，展开后的字符串。

【数据范围】

40%的数据满足：字符串长度不超过 5；

100%的数据满足：$1 \le p1 \le 3$，$1 \le p2 \le 8$，$1 \le p3 \le 2$。字符串长度不超过 100。

【输入样例 1】

```
1 2 1
abcs-w1234-9s-4zz
```

【输出样例 1】

```
abcsttuuvvw1234556677889s-4zz
```

【输入样例 2】

```
2 3 2
a-d-d
```

【输出样例 2】

aCCCBBBd-d

【输入样例 3】

3 4 2

di-jkstra2-6

【输出样例 3】

dijkstra2 ************ 6

练习 5.3.6 同构字符串

【问题描述】

给定一个字符串 T，它的长度是 LT，那么字符串 T 可以用字符数组 T[1..LT]来表示。你可以把 T 的任意两个字符交换位置，且可以交换任意多次。经过交换之后的字符串被称为 T 的同构串。

例如：

T=“abac”，那么“aabc”“aacb”“baac”“baca”“bcaa”“caab”“caba”“cbaa”等都是字符串 T 的同构串。而“baab”、“bcab” 等都不是字符串 T 的同构串。

再给定一个字符串 S，长度是 LS，那么字符串 S 可以用字符数组 S[1..LS]来表示。

初始时，ans=0。对于每一个下标 K，其中 $1 \leqslant K \leqslant LS-LT+1$，那么 S[$K \cdots K+LT-1$]是 S 的一个子串，如果该子串 S[$K \cdots K+LT-1$]是字符串 T 的同构串，那么 ans 增加 1。你的任务就是输出 ans 最后的值。

【输入格式】

共两行。

第一行，一个字符串 T(长度不超过 10 000)。T 的每个字符要么是小写字母，要么是大写字母。

第二行，一个字符串 S(长度是 5 000 000)。S 的每个字符要么是小写字母要么是大写字母。

【输出格式】

仅一行，一个整数，表示 ans 最后的值。

【数据规模】

对于 40%的数据，T 的长度不超过 100，且 S 的长度不超过 10 000。

对于 70%的数据，S 的长度不超过 1 000 000。

【输入样例】

aba

baababac

【输出样例】

4

【样例说明】

当 $K=1$ 时，S[1..3] = “baa”，是 T 的同构串。

当 $K=2$ 时，S[2..4] = “aab”，是 T 的同构串。

当 $K=3$ 时，S[3..5] = “aba”，是 T 的同构串。

当 $K=4$ 时，S[4..6] = “bab”，不是 T 的同构串。

当 $K=5$ 时，S[5..7] = “aba”，是 T 的同构串。

当 $K=6$ 时，S[6..8] = “bac”，不是 T 的同构串。

练习 5.3.7　统计单词数(来题选自 NOIP 2011 普及组复赛试题)

一般的文本编辑器都有查找单词的功能，该功能可以快速定位特定单词在文章中的位置，有的还能统计出特定单词在文章中出现的次数。

现在，请你编程实现这一功能，具体要求是：给定一个单词，请你输出它在给定的文章中出现的次数和第一次出现的位置。注意：匹配单词时，不区分大小写，但要求完全匹配，即给定单词必须与文章中的某一独立单词在不区分大小写的情况下完全相同(参见样例 1)，如果给定单词仅是文章中某一单词的一部分则不算匹配(参见样例 2)。

【输入格式】

共两行。

第一行，一个字符串，其中只含字母，表示给定单词；

第二行，一个字符串，其中只可能包含字母和空格，表示给定的文章。

【输出格式】

仅一行。如果在文章中找到给定单词则输出两个整数，两个整数之间用一个空格隔开，分别是单词在文章中出现的次数和第一次出现的位置(即在文章中第一次出现时，单词首字母在文章中的位置，位置从 0 开始)；如果单词在文章中没有出现，则直接输出一个整数-1。

【数据范围】

1≤单词长度≤10；

1≤文章长度≤1 000 000。

【输入样例 1】

To

to be or not to be is a question

【输出样例 1】

2　0

【输入样例 2】

to

Did the Ottoman Empire lose its power at that time

【输出样例 2】

-1

本章回顾

学习重点

学会应用数组与数组下标解决实际问题；理解字符数组和字符串的特点，以及在解决具体问题时的区别。

知识结构

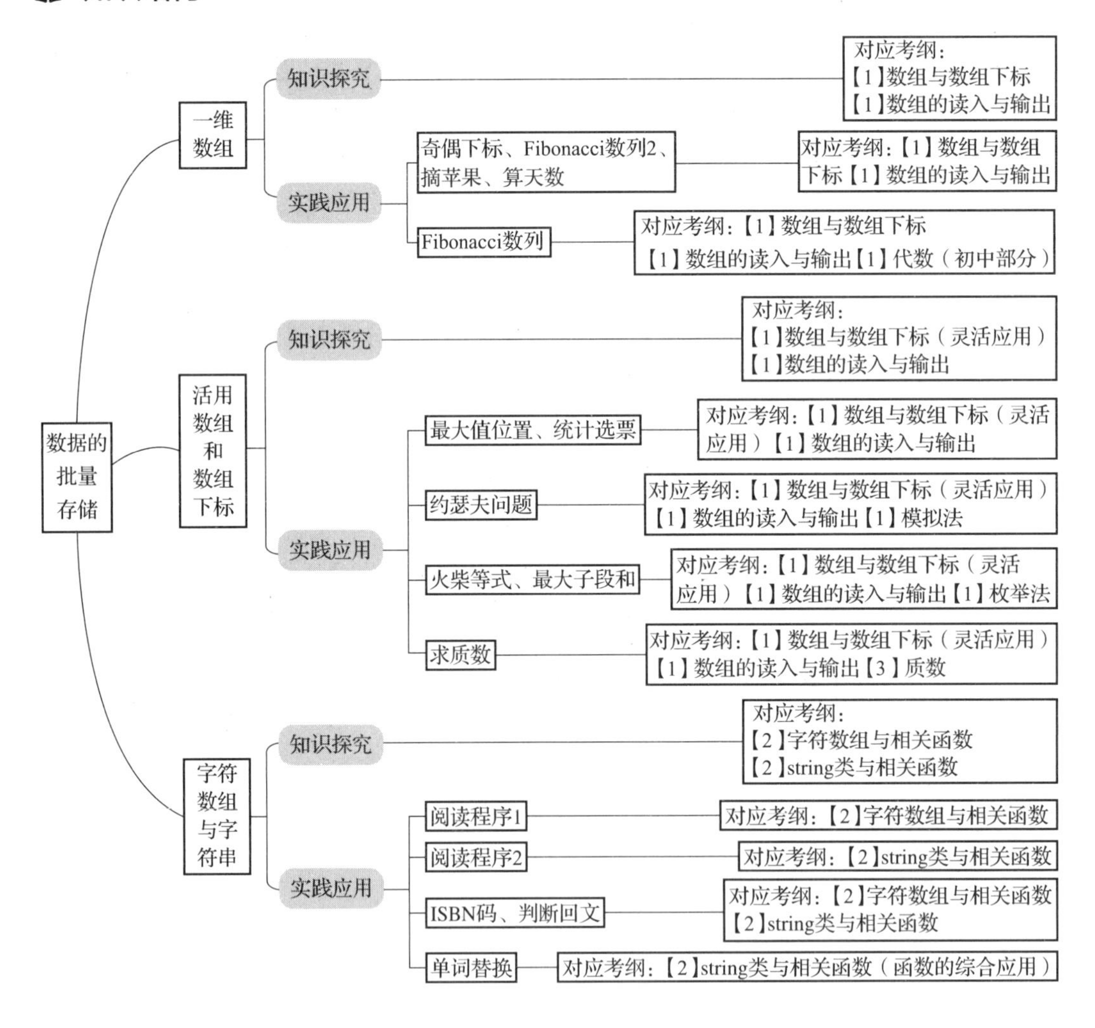

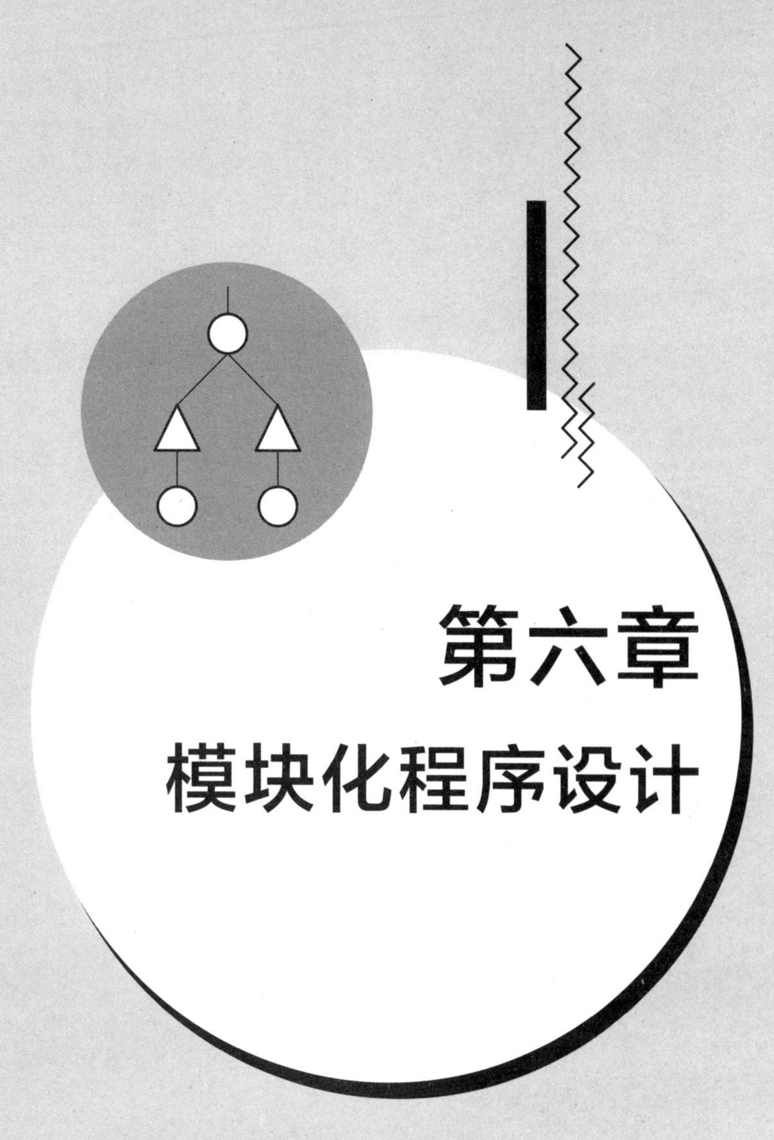

第六章 模块化程序设计

通过前面的学习，我们已经可以编程解决一些相对复杂的问题了。但是当程序代码达到几十行甚至上百行的时候，阅读时就会感到吃力。

一个优秀的程序不仅要保证正确性和高效性，还要保证易读性。因此，对于大程序，我们提倡采用结构化程序设计的思想。这种思想的特点是：

（1）自顶向下，逐步求精；

（2）模块化程序设计；

其中，模块化程序设计的基本思想是将一个大的程序按功能分割成一些小模块。各模块相对独立，功能单一。

在结构化程序设计思想的指导下，面对一个实际问题，首先将问题划分为一些相对独立的小问题，再编写出小问题的小程序。这些小程序组合起来就是解决实际问题的大程序。这样写出来的程序，不仅结构清晰明了，而且便于理解和维护。在 C++中，我们通常将这些小模块程序以函数形式封装起来。这样不仅提高了程序的易读性，还提高了调试的便捷性。

本章我们通过学习自定义函数与递归函数来掌握模块化程序设计的基本思想和实现方法。

第一节　自定义函数

一、情境导航

插旗游戏

为鼓励小计学习数学，妈妈发明了一款插旗游戏。

妈妈手持三面红色小旗，小计手持三面绿色小旗。两人轮流在一块地图上插旗。插旗结束后，将各自的彩旗连起来，就会围成一个三角形。谁的三角形面积大，谁获胜。

小计想知道根据红旗和绿旗的位置，如何快速定出胜负？

要想知道谁在插旗游戏中获胜，需要解决 3 个问题：

(1) 计算妈妈围成的三角形面积。

(2) 计算小计围成的三角形面积。

(3) 比较两个面积，面积大者获胜。

其中，(1)和(2)用相同的方法计算三角形面积，所以设计一个计算三角形面积的程序，就可以解决两个子问题。这就体现了模块化程序设计的优势。(3)可以直接利用(1)和(2)的结果完成操作。解决了每一个小问题，大问题也就解决了。

在 C++中，一个有效提高重用性和可读性的处理方式，便是设计自定义函数。

二、知识探究

(一) 自定义函数的定义

1. 格式

```
函数返回值的类型 函数名(形式参数表)
{
    函数体
}
```

2. 说明

(1) 函数名是一个由用户自定义的标识符，定义规则与变量名的定义规则相同。

(2) 形式参数简称形参，相当于在函数中定义了某些变量。形参表由若干个以逗号隔开的参数组成，一般格式如下：

```
参数类型 1 参数名称 1,参数类型 2 参数名称 2,…
```

当然，形参表也可为空。此时，函数为无参函数，函数名后写一对空括号。

（3）函数返回值的数据类型一般是 int、double、char 等基本数据类型。如果函数没有返回值，那么需要将函数返回值类型声明为 void 类型。

（4）函数体是实现函数功能的语句。函数体中至少要有一条 return 语句，用来返回函数的值。程序在执行函数时，一旦遇到 return 语句，就会在执行 return 语句后退出函数，不执行后面的语句。

所有返回值为非 void 类型的函数，最后都要返回函数值，返回值的统一形式为：

```
return 表达式;
```

例如：

```
int f(int a,int b)
{
    return 2*a+3*b;
}
```

而 void 型的函数返回语句的格式为：

```
return;
```

例如：

```
void draw(int n)
{
    int i;
    for(i=1;i<=n;i++)
        cout<<"***"<<endl;
    return;
}
```

根据上述说明，可以知道 C++中的自定义函数有 4 类形态。

函数返回值的类型 函数名(形式参数表)

函数返回值的类型 函数名( )

void 函数名(形式参数表)

void 函数名( )

（二）自定义函数的调用

1. 格式

函数在定义之后，可以调用。其调用格式为：

```
函数名(实际参数表)
```

2. 说明

(1) 实际参数简称实参。实参的个数必须与函数定义中形参的个数一致，实参的类型与形参的类型也应当一一对应。

(2) 一般情况下，调用函数时，实参必须有确定的值。有返回值的函数可以作为语句的一部分，无返回值的函数就作为单独的语句。

函数调用的步骤为：依次计算各个实参的值，并将该值传递给对应的形参。

例如：

```
int f(int a,int b)
{
    return 2*a+3*b;
}
```

其后在主函数中调用 f 函数：

```
x=1;
cout<<f(x,2)<<endl;
```

将 x 的值 1 传递给形参 a，将 2 传递给形参 b，并返回 `1*2+3*2` 的计算结果 8。cout 语句完成输出运行结果的操作，即输出 8。

(三) 传值参数与传引用参数

常见的参数形式是传值参数。即调用函数时，将实参的值传递给形参，形参的改变不会影响实参。

与此相对，还有传引用参数的调用形式，这种形式中的形参变化可以影响实参的值。要实现这种调用，在定义函数时要将形参声明为引用参数。其格式为：在参数名前加上“&”。

例如：

```
1    #include<iostream>
2    using namespace std ;
3    int g(int &a,int b)
4    {
5        a=3;
6        b=b*2;
7        cout<<"a="<<a<<",b="<<b<<endl;
8        return 2*a+3*b;
9    }
10   int main()
11   {
```

```
12        int x=10,y=20;
13        cout<<"g(x,y)="<<g(x,y)<<endl;
14        cout<<"x="<<x<<",y="<<y<<endl;
15        return 0;
16    }
```

运行结果：

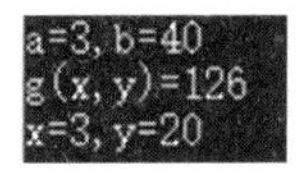

说明：

自定义函数 g 中的参数 a 是传引用参数，b 是传值参数。于是，在主函数中，调用 g(x，y)时，形参 a 的改变将直接影响实参 x：a 被重新赋值为 3，x 的值同时发生改变，也被赋值为 3；而形参 b 的改变不影响实参 y：b 被重新赋值为其取得数据的 2 倍，即 $20\times2=40$，但 y 的值不受影响，依然保持原值 20。

（四）常量与变量的作用范围

在自定义函数内部定义的常量和变量，其作用范围仅限于该自定义函数，因此也称为局部常数和局部变量。与此相对，在所有函数之外定义的常量和变量，其作用范围则是整个程序，也称为全局常量和全局变量。

例如：

```
1    #include<iostream>
2    using namespace std;
3    int cnt;
4    void draw(int n)
5    {
6        int i;
7        cnt=cnt+4;
8        for(i=1;i<=n;i++)
9            cout<<"***"<<endl;
10       return;
11   }
12   int main()
13   {
14       cnt=0;
15       draw(4);
16       cout<<cnt<<endl;
17       return 0;
18   }
```

运行结果：

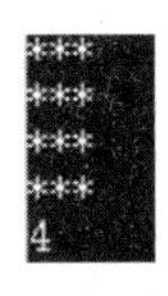

说明：

程序中的 *n* 和 *i* 是在自定义函数 draw 中定义的，都是局部变量。而 cnt 是在所有函数之外定义的，是全局变量，在整个程序执行过程中都起作用。因此，虽然在 draw 函数体中没有定义 cnt，但是 cnt 依然可以对其进行操作。

程序从主函数开始执行。下面模拟程序的执行流程。

<table>
<tr><th>主函数的函数体</th><th colspan="2">执行情况</th></tr>
<tr><td>cnt=0;</td><td colspan="2">cnt 第一次被赋值，值为 0</td></tr>
<tr><td rowspan="2">draw(4);</td><td colspan="2">以 4 作为实参，调用 draw 函数</td></tr>
<tr><td>cnt=cnt+4;
for(i=1;i<=4;i++)
cout<<"***"<<endl;</td><td>给 cnt 重新赋值，值更新为 0+4=4
输出 4 行
每行输出 3 个 *</td></tr>
<tr><td>cout<<cnt<<endl;</td><td colspan="2">输出 cnt 的值 4(cnt 是全局变量，draw 函数中的重新赋值依然有效)</td></tr>
<tr><td>return 0;</td><td colspan="2">结束主函数</td></tr>
</table>

三、实践应用

例 6.1.1　阅读程序 1

写出下面程序的运行结果。

程序代码：

```
1    //exam6.1.1
2    #include<iostream>
3    using namespace std;
4    int sgn1(int n)                              //自定义函数 sgn1
5    {
6         int ans;
7         if(n>0)
8              ans=1;
9         else
10             ans=-1;
11        return ans;
12   }
13   int sgn2(int n)                              //自定义函数 sgn2
14   {
15        if(n>0)
16             return 1;
```

```
17        else
18            return -1;
19    }
20    int main()
21    {
22        int x;
23        cin>>x;
24        cout<<"sgn1:"<<sgn1(x)<<endl;        //调用 sig1
25        cout<<"sgn2:"<<sgn2(x)<<endl;        //调用 sig2
26        return 0;
27    }
```

运行结果：

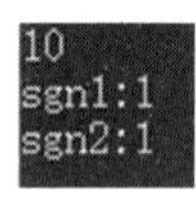

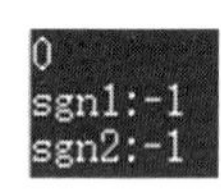

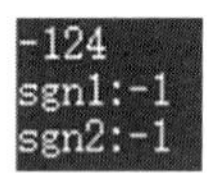

说明：

对照运行结果可知，sgn1 和 sgn2 都是判断输入数字是否为正数的自定义函数。

（1）在函数 sgn1 中使用了 ans 变量存放判断结果，并将其作为返回值，由 return 语句带给调用函数，同时结束自定义函数。

（2）函数 sig2 中出现了两个 return 语句。当调用 sig2 时，如果参数为正，使用 return 1 结束函数；否则，使用 return -1 结束函数。

例 6.1.2 阅读程序 2

对比形参，分别写出下面两个程序的运行结果。

程序代码：

```
1     //exam6.1.2-1
2     #include<iostream>
3     using namespace std;
4     void swap(int a,int b)
5     {
6         int t=a;
7         a=b;
8         b=t;
9     }
10    int main()
11    {
12        int x,y;
13        cin>>x>>y;
14        swap(x,y);
15        cout<<x<<''<<y<<endl;
16        return 0;
17    }
```

```
1     //exam6.1.2-2
2     #include<iostream>
3     using namespace std;
4     void swap(int &a,int &b)
5     {
6         int t=a;
7         a=b;
8         b=t;
9     }
10    int main()
11    {
12        int x,y;
13        cin>>x>>y;
14        swap(x,y);
15        cout<<x<<''<<y<<endl;
16        return 0;
17    }
```

运行结果：

说明：

两个程序中的自定义函数 swap 都对形参重新赋值。使用传值参数的程序，x 和 y 的值在调用自定义函数之后没有变化；而使用传引用参数的程序，x 和 y 的值在调用自定义函数之后发生了变化，其变化情况与形参的变化情况完全一致。

例 6.1.3 哥德巴赫猜想

哥德巴赫猜想的内容是这样的：任一大于 2 的偶数都可以写成两个质数之和。请编程进行验证。

【输入格式】

仅一行，一个大于 2 的偶数。

【输出格式】

若干行。

每一行是一个加法式子，表示可以被拆成的质数之和。

如果无法拆分，仅输出一个单词“No answer!”。

例如，输入 4 时，应输出 4=2+2。

题目分析：

对于给定的偶数 n，枚举其可能的加数 a，如果 a 和 n-a 都是质数，则证明了哥德巴赫猜想。

这里需要进行两次判断质数的操作，不妨将其封装成自定义函数。

程序代码：

```
1    //exam6.1.3
2    #include <iostream>
3    #include<cmath>
4    using namespace std;
5    bool prime(int x)                          //自定义函数
6    {
7        int i;
8        for(i=2;i<=sqrt(x);i++)
9            if(x%i!=0)
10               return false;
11       return true;
12   }
13   int main()
14   {
15       int n,a,flag;
16       cin>>n;
17       for(a=2;a<=n/2;a++)
```

```
18            if(prime(a) && prime(n-a))       //两次调用函数
19                cout<<n<<"="<<a<<"+"<<n-a<<endl;
20            return 0;
21    }
```

运行结果：

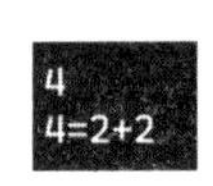

```
4
4=2+2
```

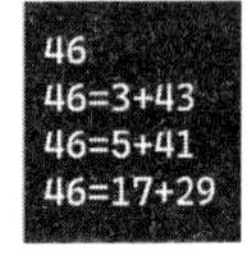

```
46
46=3+43
46=5+41
46=17+29
```

实验：

程序中自定义函数 prime 的类型定义为 bool，也可以将其定义为整型或其他类型来解决本题。

尝试修改程序解决问题。

例 6.1.4 插旗游戏

编程解决情景导航中的“插旗游戏”问题。

【输入格式】

共两行。

第一行，以空格分隔的六个数，分别表示妈妈插旗的三点坐标。

第二行，以空格分隔的六个数，分别表示小计插旗的三点坐标。

【输出格式】

仅一行，包含一条信息：“1 win!”表示妈妈胜，“2 win!”表示小计胜；“1=2!”表示两人平手。

题目分析：

由几何知识可知，已知三角形的三点坐标时，可以先计算出三边长，再应用海伦公式求得结果。

针对以下三角形 *ABC*，分析计算过程。

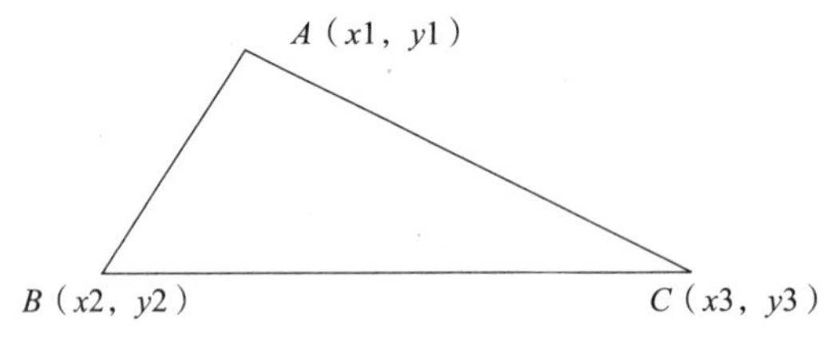

具体计算步骤如下：

$$|AB|=\sqrt{(x2-x1)^2+(y1-y1)^2}$$

$$|BC|=\sqrt{(x3-x2)^2+(y3-y2)^2}$$

$$|CA|=\sqrt{(x1-x3)^2+(y1-y3)^2}$$

$$p=\frac{|AB|+|BC|+|CA|}{2}$$

$$\triangle ABC\text{ 的面积}=\sqrt{p(p-|AB|)(p-|BC|)(p-|CA|)}$$

将上述步骤定义为自定义函数 area。之后，两次调用 area，计算出妈妈围成的三角形面积 $s1$、小计围成的三角形面积 $s2$，然后比较 $s1$ 和 $s2$ 的大小，即可判断出妈妈和小计的胜负情况。

程序代码：

```
1   //exam6.1.4
2   #include<iostream>
3   #include<cmath>
4   using namespace std;
5   //定义函数:计算由点 1(x1,y1)、点 2(x2,y2)、点 3(x3,y3)构成三角形的面积
6   double area(double x1,double y1,double x2,double y2,double x3,double y3)
7   {
8       double AB,BC,CA,p;
9       AB=sqrt((x2-x1)*(x2-x1)+(y2-y1)*(y2-y1));//AB 之间的距离
10      BC=sqrt((x2-x3)*(x2-x3)+(y2-y3)*(y2-y3));//BC 之间的距离
11      CA=sqrt((x3-x1)*(x3-x1)+(y3-y1)*(y3-y1));//CA 之间的距离
12      p=(AB+BC+CA)/2;                          //计算半周长
13      return sqrt(p*(p-AB)*(p-BC)*(p-CA));     //应用海伦公式计算三角形
                                                   面积
14  }
15  int main()                                   //主函数
16  {
17      double x[3],y[3];
18      int i;
19      double s1,s2;
20      for(i = 0 ; i < 3 ; i++)                 //读入妈妈围成三角形的点坐标
21          cin>>x[i]>>y[i];
22      s1= area(x[0],y[0],x[1],y[1],x[2],y[2]); //计算妈妈围成三角形的面积
23      for(i = 0 ; i < 3 ; i++)                 //读入小计围成三角形的点坐标
24          cin>>x[i]>>y[i];
25      s2= area(x[0],y[0],x[1],y[1],x[2],y[2]); //计算小计围成三角形的面积
26      if(s1>s2)                                //比较大小输出赢家编号,这
                                                   种条件式的写法是为了避免
                                                   误差
27          cout<<"1 win!"<<endl;
28      else if(s1<s2)
29          cout<<"2 win!"<<endl;
30      else
31          cout<<"1=2!"<<endl;
32      return 0;
33  }
```

运行结果：

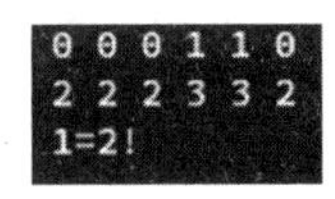

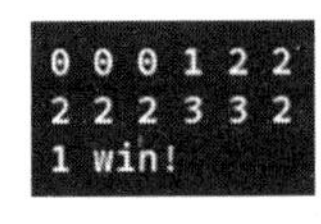

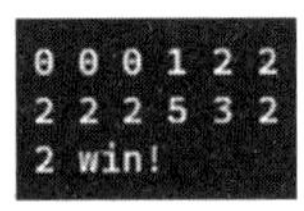

实验：

在主函数中，分别读入妈妈和小计插旗的三点坐标的部分也是一样的，不妨将其封装入自定义函数。尝试改写程序，解决问题。

例 6.1.5 圣诞树

圣诞节要到了，不少商家在电子屏上打出了如下由＊构成的圣诞树图案。

具体来讲，一棵圣诞树由 A 和 B 两部分组成：

A 是由 $n(n\geqslant2)$ 个呈三角形或梯形的小图形构成的，每个小图形由三个参数 ai、bi、ci 唯一确定。ai 表示小图形中第一行的＊个数；bi 表示小图形中从第二行开始每一行与上一行＊的个数之差；ci 则表示小图形的行数。

B 是一个 x 行 y 列的长方形，由 x 和 y 这两个参数确定。

因为圣诞树是中心对称的，所以根据所有的参数构成的圣诞树是唯一确定的。

现在，要通过编程根据输入的参数来绘制圣诞树。

【输入格式】

若干行。

第一行是一个整数 n，表示 A 部分中小图形的个数。

以下 n 行，每行有三个正整数，分别表示第 i 个小图形的数据：ai、bi、ci（ai 为奇数，bi 为偶数）。

最后一行是两个正整数，表示 B 部分的行数 x 和列数 y（y 是奇数）。

【输出格式】

对应的圣诞树。

题目分析：

圣诞树是由 A 和 B 两部分构成，而 A 和 B 的绘制都要考虑图形的对称轴。于是，将整个问题分解为如下三个子问题。

（1）确定对称轴。

（2）绘制 A 部分。

（3）绘制 B 部分。

分析子问题(1)：设 * 个数最多的行有 m 个 *，那么 A 和 B 部分的对称轴所在列就应该是第$(m+1)/2$列。

分析子问题(2)：A 部分包含 n 个小图形，每个小图形的绘制方式是类似的。所以只需要分析如何绘制某个小图形即可。这个小问题是一个关于循环的问题，在循环结构程序设计中已经研究过。

分析子问题(3)：B 部分的绘制比较容易，打印 x 行，每行 y 个 * 即可，还要注意对称轴的位置。

至此，成功解决输出圣诞树这个问题。

程序代码：

```
1    //exam6.1.5
2    #include<iostream>
3    using namespace std;
4    int n;                                          //n 表示 A 部分的小图形个数
5    int n,a[101],b[101],c[101];                     //a[i],b[i],c[i]表示 A 的第 i
                                                       个小图形
6    //以下定义函数 mid 计算对称轴所在列
7    int mid()
8    {
9         int i,ans;
10        ans = 0;
11        for(i = 1; i <= n ;i++)                    //找 n 段的最大轴位置
12        {
13             if ((a[i]+(c[i]-1)*b[i]+1)/2>ans)
14                  ans = (a[i]+(c[i]-1)*b[i]+1)/2;
15        }
16        return ans;
17   }
18   //以下定义函数 printa 输出以 ai,bi,ci 为参数的 A 部中的一段,num 是对称轴所在列
19   void printa(int ai,int bi,int ci,int num)
20   {
21        int i,j,temp;
22        temp = num -(ai+1)/2;                      //计算首行空格数
23        for(i = 1; i <= ci ;i++)                   //输出 ci 行
24        {
25             for(j = 1; j <= temp ;j++)            //输出行首空格
26                  cout<<" ";
27             for(j = 1; j <= ai+bi*(i-1); j++)     //输出*
28                  cout<<"*";
```

```
29             cout<<endl;
30             temp -= bi/2;                    //计算下一行的行首空格数
31         }
32     }
33     //以下定义函数 printb 输出以 a,b,num 为参数的 B 图形
34     void printb(int a,int b,int num)
35     {
36         int i,j,temp;
37         temp = num -(b+1)/2;                 //计算每一行开头的空格数
38         for(i = 1; i <=a ;i++)               //输出 a 行
39         {
40             for(j = 1; j <= temp ;j++)       //输出行首空格
41                 cout<<" ";
42             for(j = 1; j <= b; j++)          //输出 b 个*
43                 cout<<"*";
44             cout<<endl;
45         }
46     }
47     int main()                               //主函数
48     {
49         int m,x,y,i;
50         cin>>n;
51         for(i = 1; i <= n ; i++)             //输入 A 部分的图像参数
52             cin>>a[i]>>b[i]>>c[i];
53         cin>>x>>y;                           //输入 B 部分的图像参数
54         m = mid();                           //计算对称轴
55         for(i = 1; i <= n ;i++)              //依次输出 A 部分中每一个小图形
56             printa(a[i],b[i],c[i],m);
57         printb(x,y,m);                       //输出 B 部分
58         return 0;
59     }
```

运行结果：

```
3
1 4 3
5 4 3
5 4 4
2 5
        *
      *****
    *********
      *****
    *********
  *************
      *****
    *********
  *************
*****************
      *****
      *****
```

思考：

题目中，强调了 *ai* 为奇数、*bi* 为偶数、*y* 为奇数。如果输入的参数不满足这些约定，会怎样？

如果要保证输出图形的正确性，需要做什么调整？

实验：

矩形可以看成是特殊的三角形。因此，绘制 B 部分也可以借用 printa 函数。尝试设置 printa 的参数，输出正确的 B 部分。

程序中第 4~5 行定义了全局变量，将它们定义在主函数中（即将这两行内容移动到第 48 行的下方）可以吗？调试程序，观察并分析运行情况。

例 6.1.6　进制转换

将十进制正整数转换成等值的二进制数，并输出结果。

【输入格式】

仅一行，一个正整数，表示要转换的十进制数。

【输出格式】

仅一行，一个 01 串，表示等值的二进制数。

题目分析：

根据第四章的知识，将十进制正整数转化成二进制数，可以采用“除 2 取余，倒序输出”的方法。因为做除法产生余数的顺序和最后输出二进制位（即余数）的顺序是相反的，不妨用一个数组 a 记录每一个二进制位，边生成边保存，最后将数组的元素倒序输出即可。

于是原问题可分解为两部分。

（1）除 2 取余：对十进制正整数进行除法操作，依次保存余数。

（2）倒序输出：从后向前输出二进制位。

程序代码：

```
1    //exam6.1.6
2    #include<iostream>
3    using namespace std;
4    int a[100],len;            //a 数组存放二进制数的每一位,len 表示二进制数的位数
5    //以下定义 change 函数,实现除 2 取余
6    void change(int x)
7    {
8        len = 1;               //数组元素个数初始化
9        while(x > 1)
10       {
11           a[len] = x %2;     //记录余数
12           x /= 2;
13           len++;             //随着余数个数的增加,a 数组的元素个数也增加
14       }
15       a[len] = x;
```

```
16   }
17   //以下定义 print 函数,倒序输出有 x 个元素的数组
18   void print(int x)
19   {
20        int i;
21        for(i = x; i >= 1 ;i--)
22             cout<<a[i];
23        cout<<endl;
24   }
25   int main()                    //主函数
26   {
27        int n;
28        cin>>n;
29        change(n);               //调用 change(n),将 n 转换成二进制数
30        print(len);              //调用 print(len),倒序输出 len 位的数组 a
31        return 0;
32   }
```

运行结果:

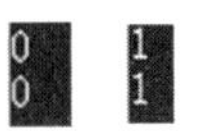

```
10
1010
```

```
1024
10000000000
```

思考:

为什么将数组 a 和二进制位数 len 定义成全局变量?

实验:

(1) 使用位运算改写 change 函数,解决本题。

(2) 本题还可以应用字符串来存放二进制的 01 串,尝试编写相应的程序,解决本题。

四、总结提升

使用自定义函数,能使程序结构更加清晰,从而更好地体现模块化程序设计的思路。

自定义函数相当于将一段程序封装起来,调用时仅需以函数名配以恰当的参数,就可以实现函数体中整段程序的功能。

自定义函数中的参数分为传值参数和传引用参数。我们通常都是以传值的形式使用函数。如果需要将形参的改变带出函数体,则需使用传引用参数,即在形参前加上“&”。

有了自定义函数,在程序中就会出现多个程序模块。不同位置上的常量与变量就会有不同的作用范围。全局常量和全局变量定义在函数外部没有被花括号括起来的位置;其作用范围是从定义的位置开始到程序结束。局部常量和局部变量定义在函数内部,其

作用范围就是该函数。函数的形参和在该函数里定义的常量和变量的作用范围都是局部的。

正确使用传值参数、传引用参数、全局变量和局部变量，可以提高程序的执行效率；但是误写也可能带来意外结果。因此，在实际应用时要慎重，并注意编程细节。

拓展 1

自定义函数内部也可以调用其他自定义函数，这时，就形成了函数的嵌套形式。不过需要注意的是，函数必须先定义，后调用。

例 6.1.7　函数的嵌套

下面的程序中就使用了函数的嵌套形式，分析其运行结果。

程序代码：

```
1    //exam6.1.7
2    #include<iostream>
3    using namespace std;
4    void  drawline(int x)        //先定义函数 drawline
5    {
6        int i;
7        for(i=1;i<=x;i++)
8            cout<<"*";
9        cout<<endl;
10   }
11   void print(int x)            //再定义函数 print
12   {
13       int i;
14       for(i=1;i<=x;i++)
15           drawline(i);         //print 调用前面定义过的 drawline 函数
16   }
17   int main()                   //主函数
18   {
19       int n;
20       cin>>n;
21       print(n);
22       return 0;
23   }
```

运行结果：

```
5
*
**
***
****
*****
```

实验：

交换 drawline 函数和 print 函数的定义位置，调试程序，观察程序的运行情况。

拓展 2

全局变量使函数间多了一种传递数据的方式。如果在一个程序中有多个函数都要对同一个变量进行处理时，就可以将这个变量定义成全局变量。

使用全局变量虽然方便，但也会产生很多问题：

（1）过多地使用全局变量会增加程序调试的难度。因为多个函数都能改变全局变量的值，所以不易确定某个时刻全局变量的值。

（2）过多地使用全局变量会降低程序的通用性。如果将一个函数移植到另一个程序中，需要将全局变量一起移植过去，还有可能出现重名的问题。

（3）全局变量在程序执行的过程中一直占用内存单元。

（4）全局变量在定义时若没有赋初值，就默认值为 0。若不注意这点，有时会产生意想不到的错误。

与全局变量相对应的是不同函数的局部变量都相互独立。但是，在应用时也有一些需要关注之处：

（1）当前函数无法访问其他函数的局部变量。

（2）局部变量的存储空间是临时分配的，函数执行完毕局部变量的空间就会被释放，其中的值无法保留到下次使用。

（3）在代码块中定义的变量，其存在时间和作用域也将被限制在代码块中。例如：

```
for(int i;i<=n;i++)
    sum+=i
```

其中，i 是在 for 循环语句中定义的，存在时间和作用域只能被限制在该 for 循环语句中；

（4）如果出现局部变量与全局变量同名的情况，局部变量的作用范围自动屏蔽定义在外部作用范围的相同的名字。当个局部变量的作用结束时，它对全局变量的屏蔽就会被取消。

例 6.1.8 全局变量与局部变量

下面的程序中，同时出现了全局变量和局部变量。分析其运行结果。

程序代码：

```
1    //exam6.1.8
2    #include<iostream>
3    using namespace std;
4    long long x,y;                              //定义全局变量 x,y
5    long long gcd(long long x,long long y)   //形参中出现局部变量 x,y
6    {
7        long long r=x%y;
```

```
8          while (r! =0)
9          {
10             x=y;
11             y=r;
12             r=x%y;
13         }
14         return y;
15     }
16     long long lcm()
17     {
18         return x*y/gcd(x,y);                    //访问全局变量 x,y
19     }
20     int main()
21     {
22         cin>>x>>y;                              //访问全局变量 x,y
23         cout<<lcm()<<endl;
24         cout<<x<<" "<<y<<endl;                  //访问全局变量 x,y
25         return 0;
26     }
```

运行结果：

```
3 4
12
3 4
```

说明：

程序第 4 行中出现了全局变量 x 和 y，在自定义函数 gcd 的形参中又出现了局部变量 x 和 y。这时，在函数 gcd 中对于 x 和 y 的操作都仅限于 gcd 函数范围内，其结果不会传递到函数之外。因此，在主函数第 24 行的输出操作中，输出的是全局变量 x 和 y 的值。

实验：

对照程序代码和运行结果，可以看出这个程序实际上是求 x 和 y 的最小公倍数。如果不将主函数中 x 和 y 定义成全局变量可以吗？尝试自己编程解决问题。

五、学习检测

练习 6.1.1　多层函数

设有 3 个函数：

$f(x)=x-6$

$g(x)=4x*x-9x$

$h(x)=7x*x+2x-9$

对于给定的整数 x，求 f(g(h(x)))的值。

【输入格式】

仅一行，一个整数，表示 x。

【输出格式】

仅一行，一个整数，表示计算结果。

【输入样例】

0

【输出样例】

177384

练习 6.1.2 素数对

两个相差为 2 的素数称为素数对，如 5 和 7，17 和 19 等，请找出两个数均不大于 n 的所有素数对。

【输入格式】

仅一行，一个正整数，表示 $n(1\leqslant n\leqslant 10\,000)$。

【输出格式】

若干行。表示所有小于等于 n 的素数对。

每一行包括以空格分隔的两个整数，表示一个素数对。

若没有找到任何素数对，输出 empty。

【输入样例】

100

【输出样例】

3 5

5 7

11 13

17 19

29 31

41 43

59 61

71 73

练习 6.1.3 Pell 数列

Pell 数列 $a1$，$a2$，$a3...$ 的定义是这样的：$a1=1$，$a2=2$，…，$an=2*an-1+an-2$ $(n>2)$。给出一个正整数 k，求出 Pell 数列的第 k 项模上 32 767 是多少。

【输入格式】

仅一行，包括一个正整数，表示 $k(1\leqslant k<1\,000\,000)$。

【输出格式】

仅一行，包括一个非负整数，表示计算结果。

【输入样例】

8

【输出样例】

408

练习 6.1.4　质数个数

对于给定的整数 n(n 为大于 2 的正整数)，求 2~n 中有多少个质数。

【输入格式】

仅一行，一个整数，表示 n。

【输出格式】

仅一行，一个整数，表示质数的个数。

【输入样例】

10

【输出样例】

4

第二节　递归函数

一、情境导航

汉诺塔

汉诺塔(Tower of Hanoi)，又称河内塔，是一种益智玩具，由三根柱子和一摞圆盘组成。游戏开始时，在柱子 A 上从下往上按照由大到小的顺序摞着 n 个圆盘，其余两根柱子 B 和 C 都空着，玩家需要把圆盘全部移动到第三根柱子 C 上。在移动过程中，每次只能移动一个圆盘，并且要始终保证小圆盘放在大圆盘之上。

我们来研究一下：对于 n 个圆盘的情况，最少需要移动几次，才能完成游戏?

当圆盘数量较少时，可以直接推演出移动步骤。例如 $n=3$ 时，可以按下述步骤操作：

1）将盘 1 从柱 A 移到柱 C。

2）将盘 2 从柱 A 移到柱 B。

3）将盘 1 从柱 C 移到柱 B。

4）将盘 3 从柱 A 移到柱 C。

5）将盘 1 从柱 B 移到柱 A。

6）将盘 2 从柱 B 移到柱 C。

7）将盘 1 从柱 A 移到柱 C。

当圆盘数量较多时，就不容易想到每一步的移动方案了。

例如 $n=5$ 时，汉诺塔的初始状态如图 6-1 所示。

我们重新整理一下思路。

要保证最大的 5 号圆盘出现在柱 C 的最下方，就必须将上面的 1~4 号圆盘移走，并按大小放在柱 B 且柱 C 为空。这时才能直接将 5 号圆盘，移动到柱 C 上。此时，汉诺塔的中间状态如图 6-2 所示。

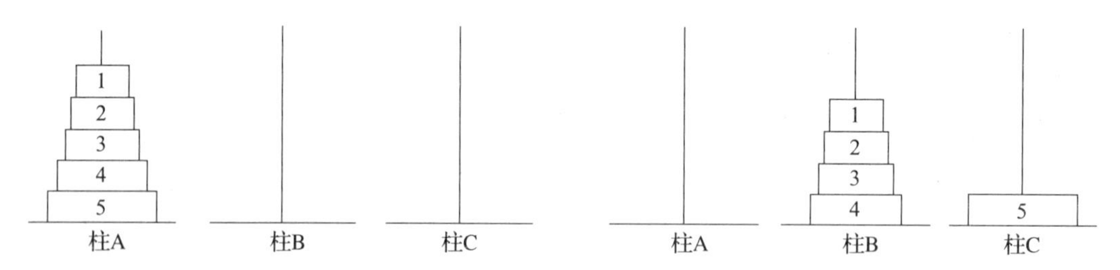

图 6-1　汉诺塔的初始状态　　　　**图 6-2　汉诺塔的中间状态**

接下来，只需要将柱 B 上的 1~4 号圆盘，按规则移动到柱 C 上，就完成任务了。

综上所述，当 n>1 时，要以最少的移动次数，将柱 A 上的 1 号至 n 号圆盘，按规则经由柱 B，移动到柱 C 上，包括三个步骤：

（1）以最少的移动次数，将柱 A 上的 1 号至(n-1)号圆盘，按规则经由柱 C 移动到柱 B 上。

（2）将第 n 号圆盘，直接从柱 A 上移动到柱 C 上。

（3）以最少的移动次数，将柱 B 上的 1 号至(n-1)号圆盘，按规则经由柱 A 移动到柱 C 上。

经过观察可以发现，第(1)步和第(3)步跟原问题的本质是一样的，只是圆盘数量在减少，起始柱、中间柱、目标柱发生了变化。

如果自定义函数 hanio(n，A，C，B)输出“以最少的移动次数，将柱 A 上的 1 号至 n 号圆盘，按规则经由柱 B 移动到柱 C 上”的移动序列，那么当 n>1 时，执行下面三个操作：

（1）hanoi(n-1，A，C，B)

（2）输出“Move n from A to C”

（3）hanoi(n-1，B，A，C)

在解决 n 个圆盘移动问题时，用到了 n-1 个圆盘的移动方案。自定义函数 hanio 中又调用函数 hanoi 自身。这种特殊的函数，称为递归函数。

本节我们学习递归函数及递归的要素。

二、知识探究

（一）递归函数

递归函数是直接或间接调用自己本身的特殊函数。递归调用包括直接调用和间接调用两种不同形式。

1. 直接调用

格式：

```
函数返回值类型 fa(...)
{
    …
    fa(...);
    …
}
```

2. 间接调用

格式：

```
函数返回值类型 fb(...)
{
    …
    fc(...);
    …
}
函数返回值类型 fc(...)
{
    …
    fb(...);
    …
}
```

在实际应用中，最常见的递归调用形式是直接调用。

关于递归，有一个比较经典的描述就是“老和尚讲故事”。从前有座山，山上有座庙，庙里有个老和尚在讲故事：从前有座山，山上有座庙，庙里有个老和尚在讲故事：从前有座山……这样没完没了地反复讲故事，直到最后老和尚烦了停下来为止。

反复讲故事可以看作反复调用自身，可如果不能停下来那就没有意义了，因此最后在“老和尚烦了”时，停了下来。

（二）递归的要素

设计递归函数的关键在于找出递归的两个要素：

（1）递归的终止条件。

（2）递归进行的形式。

在“老和尚讲故事”的例子中，“老和尚烦了”是递归的终止条件，而“老和尚反复讲故事”是递归进行的形式。

事实上，我们接触过很多递归定义的问题。例如，前面多次研究的 Fibonacci 数列：数列的第一项是 1，第二项是 1，从数列第三项开始，每一项的值是其前两项之和。Fibonacci 数列的描述本身就体现了递归的属性。

递归的终止条件：

$f(n)=1$ $\qquad$ $n=1$ 或 $n=2$

递归进行的形式：

$f(n)=f(n-2)+f(n-1)$ $\qquad$ $n>2$ 时

明确了递归的终止条件和递归进行的形式后，就可以很方便地写出递归函数。

```
long long f(int n)
{
    if(n ==1 ||n==2)            //递归终止条件
    return 1;
    else
    return f(n-2)+f(n-1);       //递归进行的形式
}
```

以计算 f(4) 为例，递归调用的执行流程示意，如图 6-3 所示。先向下递推（向下箭头），再逐层回归（向上箭头）。

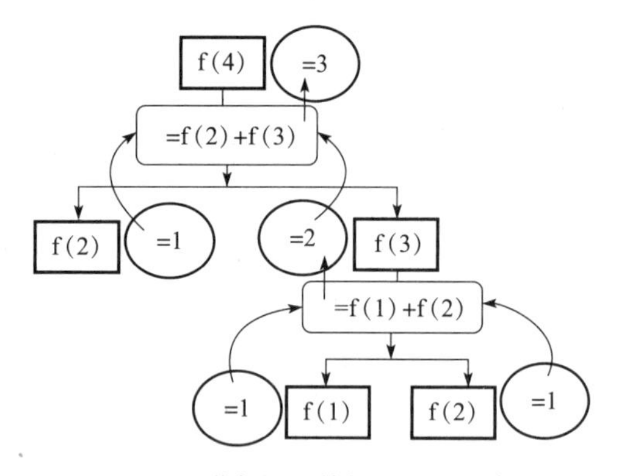

图 6-3　递归调用的执行流程示意

能用递归函数解决的问题通常具有以下特征：

（1）当求解规模为 n 的问题时，可以将它分解成规模较小的问题，然后由这些小问题的解再构造出大问题的解。这些规模较小的问题也能采用同样的方法，分解成规模更小的问题，并由这些更小问题的解构造出规模较大问题的解。

（2）当规模达到一定程度（例如 $n=1$）时，能够直接得解。

三、实践应用

例 6.2.1　台阶问题

楼梯有 n 级台阶，上楼时可以一步上 1 级，也可以一步上 2 级。编写程序计算共有多少种不同的走法。

【输入格式】

仅一行，一个整数，表示台阶级数 n。

【输出格式】

仅一行，一个整数，表示走法数量。

题目分析：

根据题意，可知：

当 $n=1$，即 1 级台阶时，只有 1 种走法；

当 $n=2$，即 2 级台阶时，有 2 种走法：第 1 种是 1 步一级，两步到顶，第 2 种是一步走 2 级直接到顶；

当 $n>2$ 时，到达第 n 级台阶有两种方法：从第 $n-1$ 级台阶上 1 级完成，或者从第 $n-2$ 级台阶上 2 级完成。此时求到第 n 级台阶的走法就是到第 $n-1$ 级和第 $n-2$ 级台阶走法之和。至此，问题的规模缩小了，至于到达第 $n-1$ 和第 $n-2$ 级台阶的走法又可以继续缩小规模，最后找到解。

根据上述分析，设 n 阶台阶的走法数为 $f(n)$：

$$f(n)=\begin{cases}1 & n=1\\ 2 & n=2\\ f(n-1)+f(n-2) & n>2\end{cases}$$

这个函数很像求解 Fibonacci 数列的函数，只是起始元素不同。分析递归的两个要素。

递归的终止条件：

$n=1$ 或 $n=2$，此时直接得到答案。

递归进行的形式：

调用自身得解 $f(n)=f(n-1)+f(n-2)$。

程序代码：

```
1    //exam6.2.1
2    #include<iostream>
3    using namespace std;
4    long long f(int n)                        //定义递归函数
5    {
6        if(n == 1)
7                return 1;                     //递归的结束条件 1
8        else
9            if(n == 2)
10               return 2;                     //递归的结束条件 2
11       else
12               return f(n-1) + f(n-2);       //递归进行的形式
13   }
14   int main()
15   {
16       int n;
```

```
17        cin>>n;
18        cout<<f(n)<<endl;                          //调用递归函数
19        return 0;
20    }
```

运行结果:

40
165580141

实验:

这个程序可以解决的最大 n 值是多少? 如何处理 n 值很大的情况? 尝试修改程序,解决问题。

例 6.2.2 汉诺塔

编程解决情境导航中的“汉诺塔”问题。

【输入格式】

仅一行,一个正整数,表示圆盘数量 n。

【输出格式】

若干行。

每行表示圆盘的一次移动操作,如: `(1) Move 1 form A to B.`

题目分析:

根据前面的分析,定义递归函数即可依次输出移动步骤。

分析递归函数的两个要素。

递归的终止条件:

$n=1$。此时,直接输出移动步骤。

递归进行的形式:

调用自身得解。

hanoi($n-1$, A, C, B)

输出“Move n from A to C”

hanoi($n-1$, B, A, C)

程序代码:

```
1    //exam6.2.2
2    #include<iostream>
3    using namespace std;
4    int step;                                   //移动步数
5    void hanoi(int n,char a,char b,char c)      //定义递归函数
6    {
7         if (n==1)                              //递归结束条件
8              cout<<"("<<++step<<") Move "<<n<<" from "<<a<<" to "<<c<<endl;
9         else
```

```
10          {
11              hanoi(n-1,a,c,b);            //调用自身
12              cout<<"("<<++step<<") Move "<<n<<" from "<<a<<" to "<<c<<endl;
13              hanoi(n-1,b,a,c);            //调用自身
14          }
15      }
16      int main()
17      {
18          int n;
19          cin>>n;
20          hanoi(n,'A','B','C');
21          return 0;
22      }
```

运行结果：

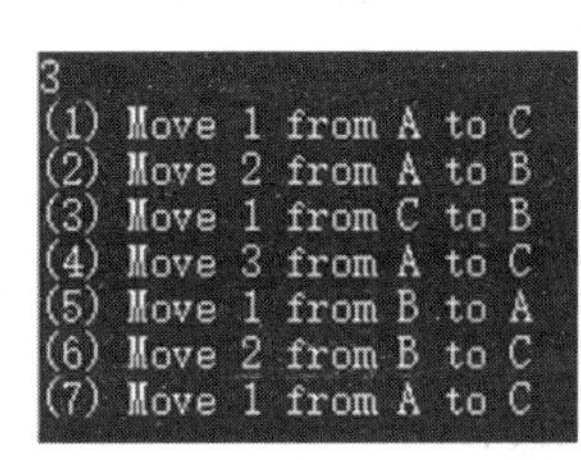

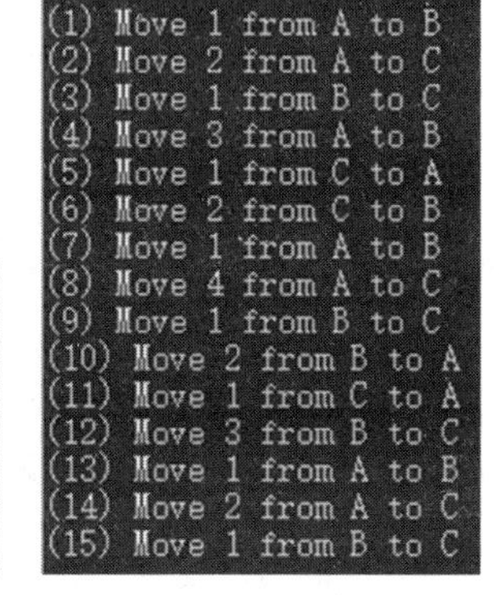

思考：

程序第 4 行，将 step 定义成全局变量。若将其定义在 hanoi 函数内部，可以吗？

实验：

如果仅计算最少移动次数，如何编写程序？

例 6.2.3　分解因数

对于给定的一个正整数 a，将其分解成若干个正整数的乘积，形如：$a=a1*a2*a3*\cdots*an$，并且 $1<a1\leqslant a2\leqslant a3\leqslant\cdots\leqslant an$，求这样的分解方案有多少种？

【输入格式】

仅一行，一个正整数，表示 a。

【输出格式】

仅一行，一个正整数，表示分解方案的数量。

【注意】

$a=a$ 也是一种分解方案。

例如：对于 20，其分解方案有 4 种，分别为：

（1）$20=2\times2\times5$

（2）$20=2\times10$

（3）$20=4\times5$

（4）$20=20$

所以，输入 20，应输出 4。

题目分析：

根据要求，可以依次分解产生 $a1$，$a2$，…，an。为满足条件 $1<a1\leqslant a2\leqslant a3\leqslant\cdots\leqslant an$，需要记录当前分解出的因数，并将其作为下一次枚举因数的起始值：对于 a 分解出一个因数 i 后，继续后续的分解时，方法相同，只是分解的数值变成了 a/i，起始因数变成了 i。

因此，可以定义递归函数 fenjie(a，pre)解决问题。

递归的终止条件：

$a=1$。此时，不再有因数，即认为完成一次分解，方案数加 1；

递归进行的形式：

调用自身得解。

当前因子为 pre，枚举确定下一个因数 i(i 的取值范围为 pre 至 a)：

如果能找到因数 i，则以 a/i 作为分解对象，继续调用函数 fenjie(a/i，i)。

在主函数中，调用 fenjie(a，2) 即可。

程序代码：

```
1    //exam6.2.3
2    #include<iostream>
3    using namespace std;
4    int ans=0;                          //定义方案数
5    void fenjie(int a,int pre)          //定义递归函数
6    {
7        int i;
8        if (a==1)                       //递归结束条件
9        {
10           ans++;
11           return;
12       }
13       for(i=pre;i<=a;i++)
14           if (a%i==0)
15               fenjie(a/i,i);          //调用自身
16   }
17   int main()
18   {
19       int a;
20       cin>>a;
21       fenjie(a,2);
```

```
22        cout<<ans<<endl;
23        return 0;
24    }
```

运行结果：

```
2     20    100
1     4     9
```

思考：

为什么将分解因数的起始值 pre 作为递归函数的第二个参数？可以将其设置为全局变量吗？

实验：

本程序仅输出分解方案的数量，尝试改写程序，输出所有分解方案。

例 6.2.4　马走日字

在象棋规则中马走日字。假定马从 $(x1, y1)$ 点出发，到达 $(x2, y2)$，马走日字的棋盘示意如图 6-4 所示。要求马走的过程中一路向前，有多少种走法？

【输入格式】

仅一行，以空格分隔的 4 个整数，分别表示出发地和目的地的坐标 $x1$，$y1$，$x2$，$y2$。

【输出格式】

一个整数，表示走法数量。

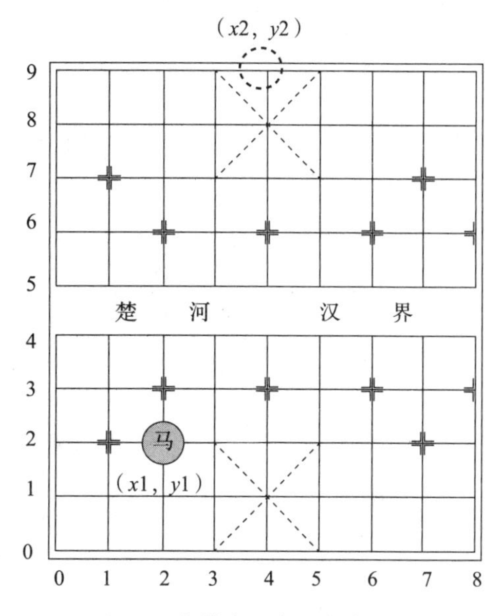

图 6-4　象棋中马走日字的棋盘

题目分析：

当马在 (a, b) 位置时，由于约定一路向前，马可能到达的位置有 4 个，马的走法如图 6-5 所示。

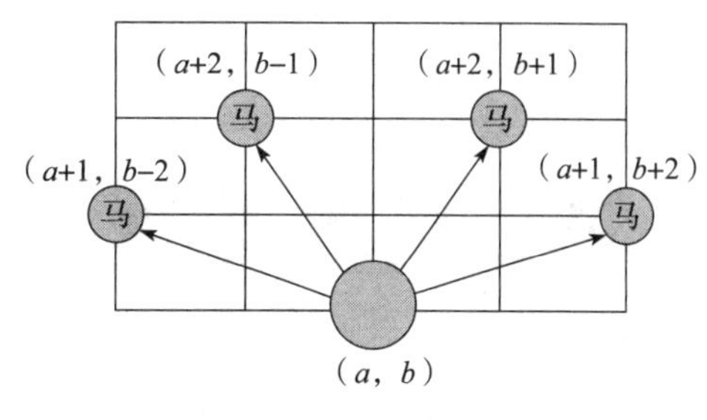

图 6-5　马的走法

只要新位置在棋盘范围内，那么马就一定可达，并可以作为继续前进的起点。每到达一个新位置，马依然有 4 个可能到达的位置。

可以看出，马前进的过程也可以用递归函数实现。

(1) 递归的终止条件，有两种情况：

①马到达了 $(x2, y2)$ 点，此时走法数+1，结束操作；

②马已经走到最前沿 $x2$ 了，此时即使没有到达目的地，也不得不结束操作。

(2) 递归进行的形式：在 4 个可能走法中，确定可行方向，继续前进。

程序代码：

```
1    //exam6.2.4-1
2    #include<iostream>
3    using namespace std;
4    int ans=0,x2,y2;
5    void go(int a,int b)                //定义自定义函数
6    {
7        if(a==x2 && b==y2)              //递归的结束条件①
8        {
9            ans++;
10           return;
11       }
12       else
13           if(a==9)                    //递归的结束条件②
14               return;
15       else                            //调用自身
16       {
17               if(a+1<=9 && b+2<=8) go(a+1,b+2);
18               if(a+1<=9 && b-2>=0) go(a+1,b-2);
19               if(a+2<=9 && b+1<=8) go(a+2,b+1);
20               if(a+2<=9 && b-1>=0) go(a+2,b-1);
21       }
22   }
23   int main()
24   {
25       int x1,y1;
26       cin>>x1>>y1>>x2>>y2;
27       go(x1,y1);
28       cout<<ans<<endl;
29       return 0;
30   }
```

运行结果：

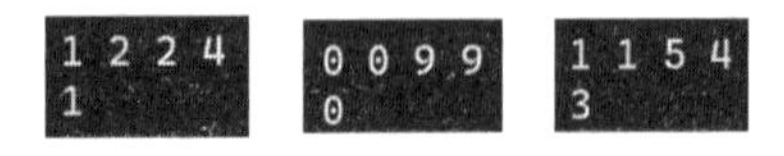

思考：

程序中，为什么将 $x2$ 和 $y2$ 定义为全局变量，而将 $x1$ 和 $y1$ 定义为局部变量？

实验：

调试运行下面的程序，将其与 exam6.2.4-1 进行对比分析。

```
1    //exam6.2.4-2
2    #include<iostream>
3    using namespace std;
```

```
4    int ans=0,x2,y2;
5    int wx[4]={2,2,1,1};
6    int wy[4]={1,-1,2,-2};
7    void go(int a,int b)
8    {
9        int i;
10       if(a==x2 && b==y2)
11       {
12           ans++;
13           return;
14       }
15       else
16           if(a==9)
17               return;
18           else
19               for(i=0;i<4;i++)
20                   if(a +wx[i]<=9 && b+wy[i]<=8 && b+wy[i]>=0) go(a+wx
                         [i],b+wy[i]);
21   }
22   int main()
23   {
24       int x1,y1;
25       cin>>x1>>y1>>x2>>y2;
26       go(x1,y1);
27       cout<<ans<<endl;
28       return 0;
29   }
```

例 6.2.5 格雷码

格雷码(Gray Code)是我们在工程中常会遇到的一种殊的 n 位二进制编码方式。格雷码最初用于通信，现在常用于模拟-数字转换和位置-数字转换中。

格雷码的基本特点就是相邻的两个二进制串之间恰好有一位不同。第一个串与最后一个串也算作相邻。所有 2 位二进制串按格雷码排列的一个例子为：00，01，11，10。

n 位格雷码不止一种，下面给出其中一种格雷码的生成算法。

1) 1 位格雷码由两个 1 位二进制串组成，顺序为 0，1。

2) $n+1$ 位格雷码的前 $2n$ 个二进制串，可以由依此算法生成的 n 位格雷码(总共 $2n$ 个 n 位二进制串)按顺序排列，再在每个串前加一个前缀 0 构成。

3) $n+1$ 位格雷码的后 $2n$ 个二进制串，可以由依此算法生成的 n 位格雷码(总共 $2n$ 个 n 位二进制串)按逆序排列，再在每个串前加一个前缀 1 构成。

综上，$n+1$ 位格雷码，由 n 位格雷码的 $2n$ 个二进制串按顺序排列再加前缀 0，和按逆序排列再加前缀 1 构成，共 $2n+1$ 个二进制串。

另外，对于 n 位格雷码中的 $2n$ 个二进制串，我们按上述算法得到的排列顺序将它们从 0~2n-1 编号。

按该算法，2 位格雷码的排列可以按以下步骤推出：

已知 1 位格雷码为 0，1。

前两个格雷码为 00，01。后两个格雷码为 11，10。合并得到 00，01，11，10，编号依次为 0~3。

同理，3 位格雷码的排列可以按以下步骤推出：

已知 2 位格雷码为：00，01，11，10。

前 4 个格雷码为：000，001，011，010。后 4 个格雷码为：110，111，101，100。合并得到：000，001，011，010，110，111，101，100。编号依次为 0~7。

现在给出 n，k，请你求出按上述算法生成的 n 位格雷码中的 k 号二进制串。

【输入格式】

仅一行，包含两个整数 n 和 k。

【输出格式】

仅一行，一个 n 位二进制串表示答案。

题目分析：

题目已经清楚地描述了生成格雷码的算法：n+1 位格雷码是在 n 位格雷码的基础上生成的，因此生成的过程中存在明显的递归。分析递归函数的两个要素：

(1) 递归的终止条件

n=1 时，输出答案；k=0 时输出 0；k=0 时，输出 1。二者可以合并输出 k。

(2) 递归进行的形式

以 n=3 为例，按照给定算法的一般规律。

已知 2 位格雷码为：00，01，11，10。

前 4 个 3 位格雷码为：000，001，011，010。可以看出，这 4 个格雷码是在 2 位格雷码的基础上，直接在每个格雷码前添加“0”生成的。

后 4 个 3 位格雷码为：110，111，101，100。可以看出，这 4 个格雷码将 2 位格雷码逆序，然后在每个格雷码前添加“1”生成的。

综上，确定递归进行的形式为：将 n 位格雷码分为两部分。第一部分以 0 开头，是直接在 n-1 位格雷码前添加“0”生成的；第二部分是以 1 位开头，是在逆序的 n-1 位格雷码前添加“1”生成的。

注意：根据题目中的数据范围，n 可设置为 int 类型，k 则需设置为 long long 类型。

程序代码：

```
1    //exam6.2.5
2    #include<iostream>
3    #include<cmath>
4    using namespace std;
5    void gray(int n,int k)              //定义递归函数
6    {
```

```
7        int x;
8        if(n == 1)                     //递归的结束条件
9        {
10           cout<<k;
11           return ;
12       }
13       x=pow(2,n-1);                  //计算 n-1 位格雷码有多少个
14       if(k<x)                        //如果 k 在前半段
15       {
16           cout<<"0";                 //前面添“0”
17           gray(n-1, k);              //正序递归
18       }
19       else                           //如果 k 在后半段
20       {
21           cout<<"1";                 //前面添“1”
22           gray(n-1, x-1-k+x);        //逆序递归
23       }
24       return;
25   }
26   int main()
27   {
28       int n, k;
29       cin>>n>>k;
30       gray(n, k);                    //调用函数
31       return 0;
32   }
```

运行结果：

```
2 3
10
```

```
3 5
111
```

实验：

在 NOIP 2019 中，将这个问题的数据范围设置为：

对于 50%的数据：$n\leqslant 10$

对于 80%的数据：$k\leqslant 5\times 10$^6

对于 95%的数据：$k\leqslant 2$^63−1

对于 100%的数据：$1\leqslant n\leqslant 64$，$0\leqslant k<2n$

对此，做出必要的调整，保证程序能够正确运行。

四、总结提升

递归函数是一种通过调用自身解决问题的函数。在定义递归函数时，需要明确递归

的终止条件和递归进行的形式。

对于编程者来说，只需依据递归的两个要素写出条件语句，即可完成递归函数的编写工作。因此，递归函数在实现模块化程序设计和减少代码量方面都具有优势。

事实上，递归的执行过程并不简单，要经历“递”和“归”两个流程。只是这些流程都由系统自动完成，无需人工参与。图 6-3 描述了递归调用的执行流程：为计算 Fibonacci 数列中的 f(4)，函数要逐层向下递推，直至遇到递归终止条件直接得解，再逐层向上返回结果。

模拟递归的调用过程，可以发现递归的效率受递归参数的影响，“递”的层数越多，效率越低，甚至可能出现计算机无法承载的情况，这样也就无法得到预期结果。因此，在使用递归函数时，还要尽量减少递归的层数，以提高解题效率。

拓展 1

为提高递归解题的效率，我们可以从多个角度尝试。例如，减少重复计算就是一种重要的优化手段。

观察图 6-3 可以发现，在求解 f(4)时用了 f(2)和 f(3)的结果，而求解 f(3)又用了 f(2)的结果。如果求解的项数继续增加，如求 f(6)，还会出现多次求解 f(4)和 f(3)等结果的情况。

在递归调用的过程中，可能多次用到某些中间结果，如果每次都重新计算，必然影响效率。对此，可以使用“记忆化递归”的方法，即将这些中间结果记录下来，再次需要的时候就能直接取用。

仍以求解 Fibonacci 数列为例。用一个数组存放数列中的数值，初始状态将数列中的每一项都初始化为 0，用来表示该项还没有计算过。而在递归调用的过程中，该项一旦经过计算就被赋以新值。于是，通过判断该项是否为 0 即可知道该项是否被算过：如果是 0，即没有算过需要进行赋值；如果被计算过，则无须重复计算直接返回这个值。

又因为我们知道斐波那契数列的第一项和第二项均为 1，所以在最开始就要进行赋值：`f[1]=1;f[2]=1;`

下面是用“记忆化递归”方式编写的程序：

```
1   #include<iostream>
2   using namespace std;
3   long long fib[5000]={0};               //初始化数组
4   long long f(int n)                     //记忆化递归函数
5   {
6       if(n==1 ||n==2)
7           return 1;                      //返回值为 1
8       if(fib[n]==0)                      //如果这个值没有计算过
9           fib[n]=f(n-2)+f(n-1);          //进行递归存储计算
10      return fib[n];                     //计算过的话就直接返回
11  }
12  int main()                             //主函数
```

```
13  {
14      int n;
15      fib[1]=1;              //将第 1 项赋值为 1
16      fib[2]=1;              //将第 2 项赋值为 1
17      cin>>n;                //输入 n
18      cout<<f(n)<<endl;      //调用函数
19      return 0;
20  }
```

实验：

我们已经用多种方法编程解决了 Fibonacci 数列的求值问题：第四章的循环、第五章的数组，以及本章的递归(解决了与 Fibonacci 数列类似的台阶问题)与记忆化递归函数。请设计测试数据，检验 4 种不同程序的执行效率。

拓展 2

在定义递归函数时，通常会有两种形式。

例如：

```
void f1(int n)
{
    int i = 1;
    return i + f1(n-1);           //先求 f1(n-1)后求和,再返回
}
void f2(int n, int x)
{
    int i = 1;
    return f2(n-1, i+x);          //直接返回 f2(n-1,i+x)
}
```

在函数 f1 中，计算 f1(n-1)后并未没有结束，还要与 i 做加法计算后才结束函数，即 f1 并不是在函数的尾部才调用自己。

在函数 f2 中，return 语句直接进入递归函数的下一层，这种递归称为尾递归。

这两种递归形式在时间效率上没有差别，但在存储空间上，却大相径庭。

(1) 非尾递归：因为递归函数还需要返回继续执行下面的部分代码(如上面 f1 中的加法)，所以，每次进入下一层递归，就会对当前层的局部变量进行入栈保存。这种形式的递归如果层数太多，就会出现溢出。

(2) 尾递归：因为函数在进行递归后再无其他操作，所以，前面的局部变量无需保存。换句话说，尾递归只需用到一层栈，每到下一层递归，当前层函数就退栈，下一层函数入栈。

因此，尾递归比非尾递归优秀。

实验：

对比 Fibonacci 数列的非尾递归函数 Fib1 与尾递归函数 Fib2 两种写法，设计测试数据检测执行效率。

```
int Fib1(int n)
{
    if(n ==1 || n==2)
        return 1;
        return Fib1(n - 1) + Fib1(n - 2);
}
int Fib2(int n, int a, int b)
{
    if(n == 1)
        return a;
    return Fib2(n - 1, b, a + b);
}
```

五、学习检测

练习 6.2.1 ackerman 函数

试对任意给定的两个自然数 m 和 n(m, $n\leqslant 10$)，计算 ackerman 函数值：

$$\operatorname{ack}(m,n)=\begin{cases}n+1 & m=0\\ \operatorname{ack}(m-1,1) & m<>0,n=0\\ \operatorname{ack}(m-1,\operatorname{ack}(m,n-1)) & m<>0,n<>0\end{cases}$$

【输入格式】

仅一行，以空格分隔的两个正整数，分别表示 m 和 n。

【输出格式】

仅一行，一个整数，表示计算出的 ackerman 函数值。

练习 6.2.2 组合问题

找出从自然数 1~n 中任取 r 个数的所有组合。

例如 n=5，r=3 的所有组合为：

(1) 5、4、3　　(2) 5、4、2　　(3) 5、4、1

(4) 5、3、2　　(5) 5、3、1　　(6) 5、2、1

(7) 4、3、2　　(8) 4、3、1　　(9) 4、2、1

(10) 3、2、1

【输入格式】

仅一行，以空格分隔的两个正整数，分别表示 n 和 r。

【输出格式】

若干行，以字典序表示所有组合。

每行包含以空格分隔的 r 个整数，表示一个组合情况。

练习 6.2.3 24 点游戏

24 点游戏的规则是：从扑克中任抽 4 张牌(不含大小王，J、Q、K 分别算作 11、12、13)，用加、减、乘、除这几种运算(可以加括号)方式，使最后结果为 24，且每张牌仅用一次。

例如 4，5，6，8 这组数，8×(4+5−6)＝24 就是一个答案。

请编程解决这个问题，对输入的 4 个 1～13 的整数，判断是否可以构成 24 点，如果可以，输出 YES，否则输出 NO。

【输入格式】

仅一行，以空格分隔的 4 个正整数。

【输出格式】

仅一行，一个单词，表示判断结果。

【输入样例】

4 5 6 8

【输出样例】

YES

练习 6.2.4　直线的交点数

平面上有 n 条直线，且无三线共点，那么，这些直线能有多少种不同的交点数？列出所有可能情况。

【输入格式】

仅一行，一个正整数，表示 $n(n\leqslant 20)$

【输出格式】

若干行，列出所有相交方案，其中每一行为一个可能的交点数。

【输入样例】

4

【输出样例】

0

3

4

5

6

（表示 4 条直线的情况下，可能有 0，3，4，5，6 个交点）

练习 6.2.5　放苹果

把 M 个同样的苹果放在 N 个同样的盘子里，允许有的盘子空着不放，问共有多少种不同的放法？

5，1，1 和 1，5，1 是同一种放法。

【输入格式】

仅一行，以空格分隔的两个整数，分别表示 M 和 $N(1\leqslant M，N\leqslant 10)$。

【输出格式】

仅一行，一个整数，表示分法数。

【输入样例】

7 3

【输出样例】

8

练习 6.2.6 2 的幂次方表示

任何一个正整数都可以用 2 的幂次方表示，例如：$137=2^7+2^3+2^0$。同时约定方次用括号来表示，即 a^b 可表示为 $a(b)$。

由此可知，137 可表示为：2(7)+2(3)+2(0)。

进一步，$7=2^2+2+2^0$(2^1 用 2 表示)，$3=2+2^0$

所以，最后 137 可表示为：2(2(2)+2+2(0))+2(2+2(0))+2(0)

又如：$1315=2^{10}+2^8+2^5+2+2^0$

所以 1315 最后可表示为：2(2(2+2(0))+2)+2(2(2+2(0)))+2(2(2)+2(0))+2+2(0)

【输入格式】

仅一行，一个正整数，表示 n($n\leqslant 20\,000$)。

【输出格式】

仅一行，符合约定的 n 的 2 的幂次方表示(在表示中不能有空格)。

【输入样例】

137

【输出样例】

2(2(2)+2+2(0))+2(2+2(0))+2(0)

练习 6.2.7 自然数之和

任何一个大于 1 的自然数 n，总可以拆成若干个小于 n 的自然数之和。设计程序输出所有拆分方案，并统计数量。

【输入格式】

仅一行，一个数，表示 n

【输出格式】

若干行。表示 n 的拆分方案(详见样例)，最后一行表示拆分方案数量。

【输入样例】

7

【输出样例】

7=1+1+1+1+1+1+1

7=1+1+1+1+1+2

7=1+1+1+1+3

7=1+1+1+2+2

7=1+1+1+4

7=1+1+2+3

7 = 1+1+5

7 = 1+2+2+2

7 = 1+2+4

7 = 1+3+3

7 = 1+6

7 = 2+2+3

7 = 2+5

7 = 3+4

total = 14

本章回顾

学习重点

学会应用自定义函数解决实际问题；理解递归函数的特性，能够灵活掌握递归的两个要素，设计简洁的程序解决复杂的问题。

知识结构

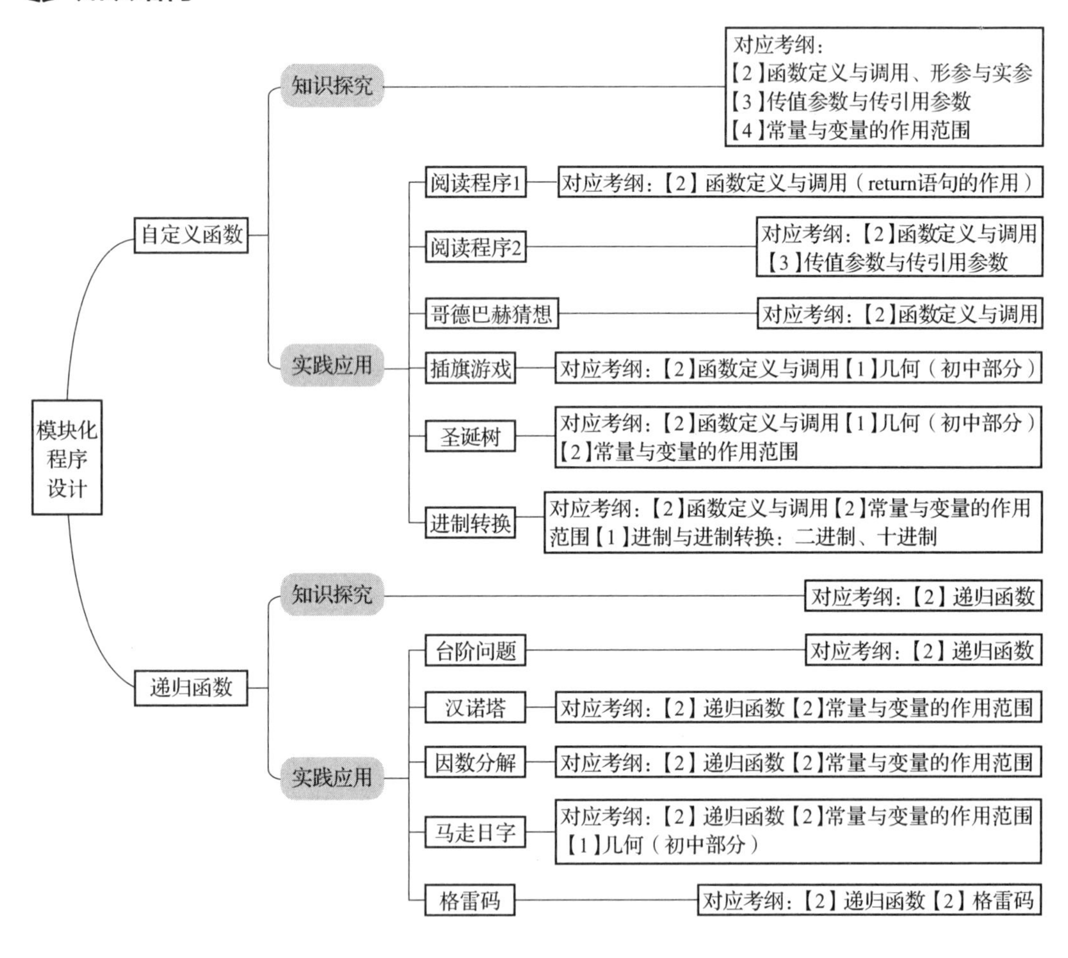

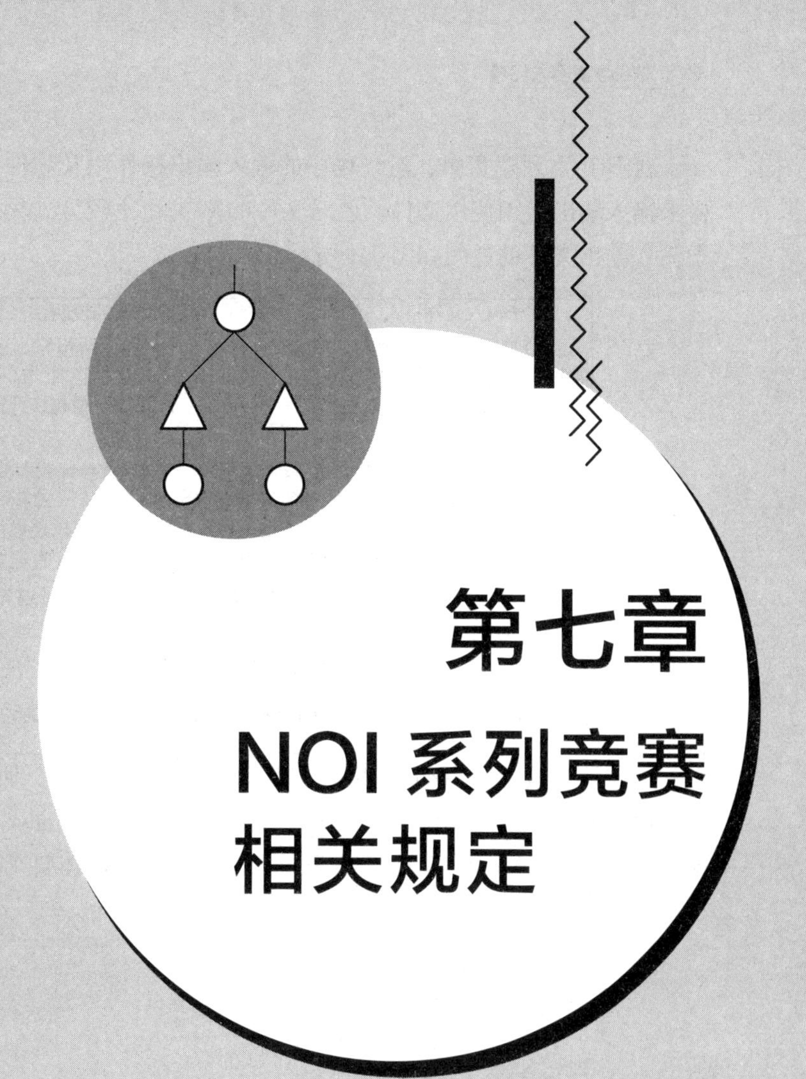

第七章 NOI 系列竞赛相关规定

在 NOI 系列竞赛中，对于程序的输入输出操作以及软件环境等都有明确规定。不仅要求输入输出必须使用文件，还对文件的格式和比较方式做了明确要求[㊀]，CCF NOI 关于输入输出文件的说明如图 7-1 所示。

二、关于输入文件格式、输出文件的格式与比较方式的说明

2.1如题面无特殊说明，输入文件格式如下：除两两相邻的元素之间均有单个空格符外，文件中将不会出现其它空格；包括最后一行数据在内，文件中的每一行末尾均有一个回车（即最后一行末尾也有一个回车）；除以上空格和换行符外，文件中不会出现任何其他不可见字符。

2.2如题面无特殊说明，选手输出结果的标准格式和评测中的比较方式如下：对选手输出结果，将在过滤输出文件的行末空格和文尾回车后，采用全文比较方式。选手输出结果中，每一行行首（开头）不得出现空格，并且不得出现空行。当同一行中有多于一个元素时，须用单个空格符以做分隔，且不得使用其他字符或多余的空格符。

2.3如题面无特殊说明，行末空格符和文件末尾回车符的有无，将不影响对选手答案正确性的判别。

2.4如有特殊规定，将在题面中给出详细的文字说明以及参考样例。

图 7-1　CCF NOI 关于输入输出文件的说明

中国计算机学会 2021 年发布竞赛环境的相关声明中，明确规定自 2021 年 9 月 1 日起，以 NOI Linux2.0 作为比赛的标准环境，并明确了语言环境（C++语言使用 G++9.3.0 编译器）、集成开发环境（C/C++为 code::block）等具体要求[㊁]，CCF NOI 关于标准竞赛环境的说明如图 7-2 所示。

图 7-2　CCF NOI 关于标准竞赛环境的说明

参赛者要严格遵守这些规定，也督促我们在平时就要做适应性学习和训练。

本章我们就学习文件及其基本操作和 NOI 系列竞赛环境等方面的相关知识。

㊀ 原文网址：https：//www.noi.cn/gynoi/tlgd/2015-10-28/710440.shtml

㊁ 原文网址：https：//www.noi.cn/gynoi/jsgz/2021-07-16/732450.shtml

第一节　文件及其基本操作

一、情境导航

输入选票

学校举办校园歌手大赛，有 20 位歌手(编号 1~20) 进入总决赛。

总决赛的冠军由现场的 5000 名观众投票产生：每位观众有一次投票权(当然也可以弃权)，选票写上选中的选手编号。由大赛组委会汇总所有选票，得票最高的选手将获得总冠军称号。

5000 不是小数目，输入选票、统计选票的工作量都很大。为保证准确性，还需要多次验证。如果能将所有选票数据存放在文件中，就无需每次从键盘输入大量的数据。

如何实现这个需求？

通过前面的学习，我们知道在编程操作中，数据的输入和输出是不可缺少的部分。在前六章，我们将输入设备指向键盘，通过与键盘交互的方式输入原始数据，将输出设备指向显示器，程序运行结果输出在显示屏上。

数据量比较大时，无论是从键盘输入原始数据还是直接在显示器上查看结果都不方便。正如本例输入选票的需求，人们希望借助文件的存储功能，减少人工输入数据的工作量。除此之外，将程序的运行结果写入文件，也可以为多次查看数据的工作需求提供便利。

要正确使用文件，我们需要先解决以下几个问题：

(1) 如何建立原始数据文件？

(2) 如何将输入、输出设备指向文件？

(3) 如何从文件中读取所需数据？

(4) 如何将数据写入文件？

(5) 如何结束文件的读写操作？

本节我们就通过学习文件类型与文件操作来解决这些问题。

二、知识探究

文件是数据存储在外部存储器上的一种组织形式。

数据写入文件后，既能永久地存储，也能被其他程序调用成为共享数据，而且文件不受内存空间的限制，容量很大。这些都是使用文件的优势。

（一）文件类型

按数据的组织形式，文件主要分为二进制文件和文本文件（也叫 ASCII 码文件）两种。二进制文件是以二进制码的形式存放内容，一般以内存中的原始数据的方式存放。文本文件的每个字节都存放一个 ASCII 码，代表一个字符。

数据以二进制文件和文本文件形式存放的方式对比，如图 7-3 所示。

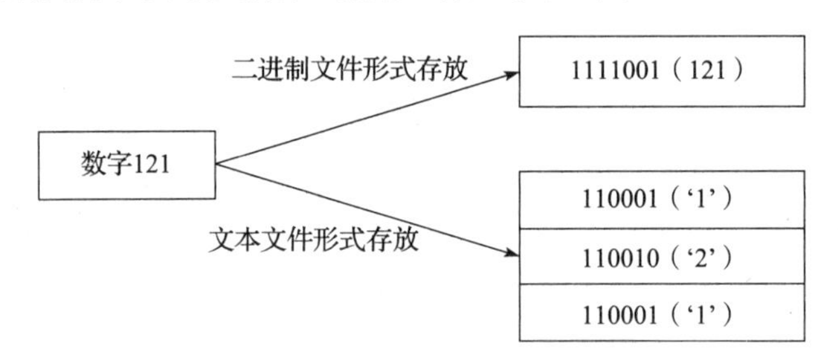

图 7-3　数据以二进制文件和文本文件形式存放的方式对比

（1）在二进制文件中数据 121 的二进制是“1111001”，在内存中就是一个字节。

（2）在文本文件中数据显示为“121”，要用 3 个 ASCII 码表示（分别为：110001，110010，110001）。

存储为二进制文件虽然效率高，但是需要事先知道它的编码形式（例如，double 类型数据的保存方式）才能正确解码转换，实现比较复杂。

存储为文本文件虽然效率不高，但是可以直接按照其 ASCII 码翻译成文字，实现比较方便。

在 NOI 系列竞赛中，所有的输入输出都使用文本形式的文件，以下仅介绍文本文件的相关应用。

程序在内存中运行时文件读写操作流程如图 7-4 所示，通常是以缓冲机制与磁盘上的文件打交道。

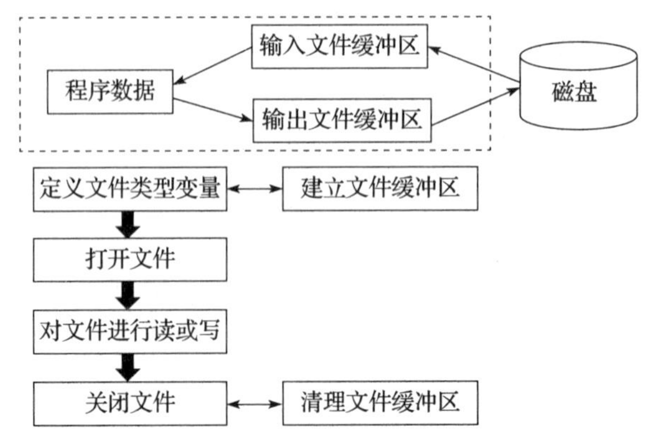

图 7-4　程序在内存中运行的文件读写操作流程

（二）文件操作

C++的开发者认为在传输的过程中，数据像水一样从一个地方流动到另一个地方，所以 C++中将数据的读写过程称为“流”，实现此过程的类称为“流类”。

在前六章的程序中，使用 cin 和 cout 完成输入和输出操作时，就会用到“流”这个概念（参考第一章）。

在 NOI 系列竞赛中，一般使用流式文件操作。流式文件类型也分为 stream 类流文件和文件指针 FILE 两种。

1. stream 类流文件的操作

使用 stream 类文件进行读写时，需进行下列操作。

（1）包含头文件 fstream。

格式：

```
#include <fstream>
```

在使用该头文件后，程序既能从文件中读取数据，也能向文件中写入数据。这一点与 iostream 类似。

（2）创建文件流。

C++创建文件流有三种方式。

1）创建并写入文件。

格式：

```
ofstream 文件变量名;
```

2）指定并读取文件。

格式：

```
ifstream 文件变量名;
```

3）以读写方式打开文件。

格式：

```
fstream 文件变量名;
```

fstream 是 ofstream 和 ifstream 的结合。

（3）打开文件。

C++打开文件流的常用方式有两种。

1）使用 open 函数，将文件变量对象与文件关联起来。

格式：

```
文件变量名.open("文件名",打开方式);
```

open 函数中的文件名可以包含文件的完整路径，例如："D:\C++\代码\test.txt"；也可以只写文件名，例如："test.txt"。

只写文件名时，表示打开的文件与 C++程序在同一目录下。在本章的程序中，均假设文件与程序在同一目录下。

常用的文件打开方式见表 7-1。

表 7-1 常用的文件打开方式

打开方式	含义	打开方式	含义
ios::in	以读方式打开文件	ios::app	以输入方式打开文件并追加内容
ios::out	以写方式打开文件	ios::trunc	如果文件存在先删除，再创建
ios::ate	打开已有文件，初始位置为文件尾	ios::binary	以二进制方式打开文件

注意：

文件打开方式可以利用“ | ”操作符组合使用。例如，以二进制方式写文件，可写作 ios::binary | ios::out

如果 open 函数只有文件名一个参数，则以读文件或写文件方式打开。

例如，以下三种写法都是以写方式打开文件。

ifstream fin("ab.in");	ifstream fin; fin.open("ab.in");	ifstream fin; fin.open("ab.in",ios::in);

2）在创建文件流时，直接打开文件。

以写方式打开文件的格式：

```
ofstream 文件变量名("文件名");
```

以读方式打开文件的格式：

```
ifstream 文件变量名("文件名");
```

（4）文件的读写及相关操作。

1）读操作。

结合文件变量和“>>”实现输入，即从文件读取数据。

例如：

```
fin>>A>>B;
```

2）写操作。

结合文件变量和“<<”实现输出，即向文件写入数据。

例如：

```
fout<<A+B<<endl;
```

3）判断文件是否结束。

格式：

```
文件变量名.eof()
```

(5) 关闭文件。

格式：

```
文件变量名.close();
```

2. 文件指针 FILE 的操作

FILE 是在<cstdio>里定义的，使用时要包含这个库。

使用文件指针 FILE 进行读写时，需进行下列操作。

(1) 包含头文件 cstdio。

格式：

```
#include <cstdio>
```

(2) 建立文件指针。

格式：

```
FILE *文件指针名;
```

例如：

```
FILE *fp;
```

其中，fp 是指向文件的指针。在实际应用时，将 fp 指向具体的文件，进而实现对文件的读写操作。

(3) 打开文件。

格式：

```
文件指针=fopen("文件名","打开方式");
```

文件指针的打开方式见表 7-2。

表 7-2　文件指针的打开方式

打开方式	含义
r	以只读方式打开文件。要求打开的文件必须存在，否则将出错
w	以只写方式打开文件。如果文件不存在则创建文件，如果文件已经存在，则删除之前的内容
a	以追加方式打开文件。如果文件不存在则创建文件，如果文件已经存在，追加数据后不删除原有的文件内容
r+	以读写方式打开文件，可以输入也可以输出。如果文件存在，则打开失败，报错

（续）

打开方式	含义
w+	以读写方式打开文件，可以输入也可以输出。如果文件不存在先创建文件，写入数据后才可以读取数据
a+	以读写方式打开文件，可以输入也可以输出。如果文件不存在则创建文件，如果文件存在则不删除原文件内容，在文件尾进行写入和读取

（4）文件的读写及相关操作。

1）写入格式数据。

格式：

```
fscanf(文件指针,格式控制,输入表列);
```

除了读写的对象是文件外，fscanf 函数在其他方面都与 scanf 函数相似。

2）读取格式数据。

格式：

```
fprint(文件指针,格式控制,输出项目);
```

除了读写的对象是文件外，fprintf 函数在其他方面都与 printf 函数相似。

3）判断文件是否结束。

格式：

```
feof(文件指针);
```

除了 fscanf 和 fprintf，C++还为文件指针的读写操作提供了其他形式的函数。

例如：

fgetc( )：读入字符函数

fputc( )：写入字符函数

fgets( )：读入字符数组函数

fputs( )：写入字符数组函数

……

这些函数本章不做详细介绍。

（5）关闭文件。

格式：

```
fclose(文件指针);
```

3. 文件重定向

在 NOI 系列竞赛中，往往只需要从文件中读取数据、向文件中写入数据。因此，文件的操作可以使用一种方便但特殊的方法——文件重定向。

为描述方便，我们不妨将读取数据的文件称为输入文件，将写入数据的文件称为输出文件。

在之前的学习中，我们使用标准输入和标准输出编写程序。cin 或 scanf 使用的输入设备是键盘（控制台），也称为标准输入 stdin，cout 或 printf 使用的输出设备是显示器（控制台），也称为标准输出 stdout。

C++语言使用 freopen 函数把 stdin 和 stdout 重新定向到相关的文件，使原来的标准输入和标准输出变成文件输入和文件输出。

格式：

```
freopen("文件名",打开方式,标准流文件);
```

其中，标准流文件可写作 stdin 或 stdout。

例如：

```
freopen("input.txt", "r", stdin);
freopen ("output.txt", "w", stdout);
```

将标准输入重定向到文件 input. txt，其后的输入语句将直接从 input. txt 文件中读取数据。将标准输出重定向到文件 output. txt，其后的输出语句直接将数据写入 output. txt 文件中。

注意：

1）使用 freopen 函数需要包含头文件 cstdio。

```
#include<cstdio>
```

2）关闭文件使用 fclose：

```
fclose(stdin);
fclose(stdout);
```

三、实践应用

例 7.1.1 输入选票

编程创建文件，存储情境导航中“输入选票”问题的原始选票数据。

题目分析：

将所有人的选票情况写入文件，可以理解为创建一个新文件：给定有效选票数 N，然后从键盘输入每张选票的内容，将数据写入指定文件。有了这个指定文件再对选票进行核对、汇总等操作，就可以直接将其作为输入文件使用。

为规范编程，我们约定：数据文件名为 vote. in，文件首行是总票数 N，第二行是以空格分隔的 N 个整数序号。

下面，使用 stream 类流文件完成相关操作。

程序代码：

```
1   //exam7.1.1
2   #include<iostream>
3   #include<fstream>
4   using namespace std;
5   int main()
6   {
7       int N,i,x;
8       ofstream fout;                          //创建并写入文件
9       fout.open("vote.in",ios::out);          //写方式打开文件
10      cin>>N;
11      fout<<N<<endl;                          //将 N 写入文件
12      for(i=1;i<=N;i++)
13      {
14          cin>>x;
15          fout<<x<<" ";                       //将 x 写入文件
16      }
17      fout.close();                           //关闭文件
18      return 0;
19  }
```

运行结果：

程序运行后，将 N 个数据写入 vote.in 文件中。打开 vote.in 文件的方法很多，可以使用记事本，也可以直接在 C++编辑环境下打开。

下面是从键盘输入的 10 个数据，写入 vote.in 文件中的内容。

```
10
4 1 1 6 2 7 1 6 6 7
```

```
vote.in
10
4 1 1 6 2 7 1 6 6 7
```

思考：

vote.in 是输入文件还是输出文件，为什么？

实验：

(1)使用记事本创建 vote.in 文件，存储情境导航中的“输入选票”问题的原始选票数据。

(2)参考 exam7.1.1，使用文件指针 FILE 创建 vote.in 文件，存储情境导航中的“输入选票”问题的原始选票数据。

例 7.1.2 计算 $A+B$

在 ab.in 文件中有若干行数据，每行两个整数 A 和 B。分别计算每行数据之和 $A+B$，并将结果写入 ab.out 文件中(每行一个整数，表示对应的和)。

题目分析：

本题要求使用文件完成输入和输出操作：ab.in 作为读取数据的文件，即输入文件。

ab. out 作为写入数据的文件，即输出文件。

下面使用 stream 类流文件完成相关操作。

注意：题目没有指明需要计算的数据个数。因此只要 ab. in 中有数据，就需要求和。我们使用文件结束标志，控制读取和计算操作。

程序代码：

```
1	//exam7.1.2
2	#include<fstream>
3	using namespace std;
4	int main()
5	{
6		int i,A,B;
7		ifstream fin;
8		ofstream fout("ab.out");	//省略打开模式
9		fin.open("ab.in");	//省略打开模式
10		while(! fin.eof())
11		{
12			fin>>A>>B;	//从文件读取数据
13			fout<<A+B<<endl;	//向文件写入数据
14		}
15		return 0;
16	}
```

运行结果：

运行程序后输入文件和输出文件的内容如下。

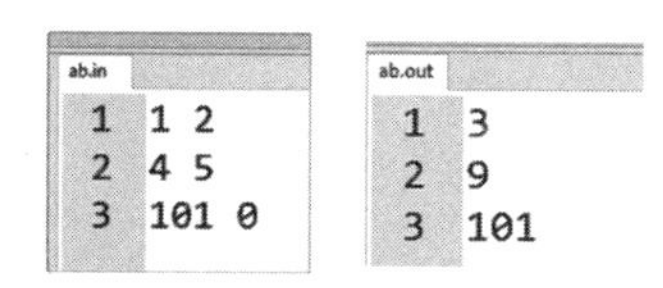

思考：

程序中打开输入文件和输出文件时都省略了打开方式。你能将省略的内容补全吗？

实验：

参考上述程序，使用文件指针 FILE 解决本题。

例 7.1.3　逆序输出

从文件 reverse. in 中输入 N 个正整数，把它们逆序写入文件 reverse. out 中。

【输入格式】

共两行。

第一行，表示整数 $N(N\leqslant1000)$。

第二行，以空格分隔的 N 个整数。

【输出格式】

仅一行。以空格分隔的 N 个整数，表示逆序输出的结果。

题目分析：

本题要求使用文件操作。文件名称很明确：输入文件是 reverse. in，输出文件是 reverse. out。对输入数据做逆序输出，我们可以借助数组完成相关操作。

下面，使用文件指针 FILE 完成相关操作。

程序代码：

```
1    //exam7.1.3
2    #include<cstdio>
3    using namespace std;
4    int main()
5    {
6        FILE *fin,*fout;                          //定义文件指针
7        int N,i,a[1001];
8        fin = fopen("reverse.in","r");           //读方式打开输入文件
9        fout = fopen("reverse.out","w");         //写方式打开输出文件
10       fscanf(fin,"%d",&N);                     //从输入文件读取 N
11       for(i=0;i<N;i++)
12       fscanf(fin,"%d",&a[i]);                  //从输入文件读取 N 个数
13       for(i=N-1;i>=0;i--)
14       fprintf(fout,"%d ",a[i]);                //将 N 个数写入输出文件
15       fclose(fin);                             //关闭输入文件
16       fclose(fout);                            //关闭输出文件
17       return 0;
18   }
```

运行结果：

运行程序后输入文件和输出文件的内容如下。

reverse.in

```
10
0 1 2 3 4 5 6 7 8 9
```

reverse.out

```
9 8 7 6 5 4 3 2 1 0
```

实验：

(1) 将程序第 14 行改成如下形式，程序的运行结果将会怎样？

```
printf("%d ",a[i]);
```

(2) 参考上述程序，使用 stream 类流文件编程解决本题。

例 7.1.4 文件合并

有两个已经排好序(从小到大)的文本文件 1. txt 和 2. txt，文件中的数据均为整数。编程将 t1. txt 和 t2. txt 合并成一个文件，存放在文件 3. txt 中，使合并后的文件中的数据从小到大有序存放。

题目分析：

本题与前面例题的区别在于需要打开三个文件，同时从其中两个文件中读取数据。在编写程序时，要注意打开、读写和关闭文件的操作对象，不要出错。

题目中没有注明文件中的数据个数，读入数据操作以文件结束作为标志。

程序代码：

```
1   //exam7.1.4
2   #include<cstdio>
3   using namespace std;
4   int main()
5   {
6       FILE *f1,*f2,*f;                        //定义三个文件指针
7       int m,x,y;
8       f1 = fopen("1.txt","r");                //打开第一个输入文件
9       f2 = fopen("2.txt","r");                //打开第二个输入文件
10      f = fopen("3.txt","w");                 //打开输出文件
11      m = 0;                                  //m 为是否是首次读数的标志
12      while(! feof(f1) && ! feof(f2))         //有文件没结束,就重复操作
13      {
14          if(m == 0)                          //首次读数
15          {
16              fscanf(f1,"%d",&x);
17              fscanf(f2,"%d",&y);
18              m = 1;
19          }
20          if(x < y)
21          {
22              fprintf(f,"%d ",x);
23              fscanf(f1,"%d",&x);
24          }
25          else
26          {
27              fprintf(f,"%d ",y);
28              fscanf(f2,"%d",&y);
29          }
30      }
31      while(! feof(f1))                       //将 f1 中未读完的数据全部写入 f
32      {
33          fprintf(f,"%d ",x);
34          fscanf(f1,"%d",&x);
35      }
36      while(! feof(f2))                       //将 f2 中未读完的数据全部写入 f
37      {
38          fprintf(f,"%d ",y);
39          fscanf(f2,"%d",&y);
40      }
41      fclose(f1);
42      fclose(f2);
43      fclose(f);
44      return 0;
45  }
```

运行结果：

程序运行后，三个文件中的内容如下。

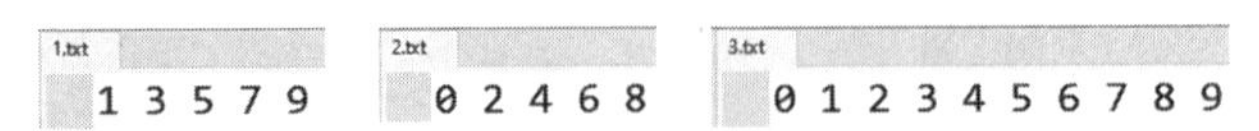

思考：

程序的第 14~19 行的功能是什么？可以删掉这一段代码吗？

实验：

参考上述程序，使用 steam 类流文件解决本题。

例 7.1.5 统计选票

例 7.1.1 的程序解决了大数据量选票的输入工作。现在继续完成情境导航“输入选票”后的统计选票工作。

编程将冠军的编号按照从小到大的顺序依次输出，两个编号之间以空格分隔。

输入数据在文件 vote. in 中。

【输入格式】

共两行

第一行，是一个整数，表示参与投票的人数 N；

第二行，是以空格分隔 N 个整数，依次表示观众的选中的歌手编号。

输出数据写入文件 vote. out 中。

【输出格式】

仅一行，以空格分隔的若干个整数，表示获得冠军的选手编号。

题目分析：

本题只有一个输入文件、一个输出文件，不妨使用文件重定向来编写程序。

找出冠军的操作，实际上就是找出重复出现次数最多的序号，我们可以用 num[i] 表示 i 号选手的得票，按照下列步骤完成任务：

(1) 扫描一遍所有选票数据，得到 num 数组中所有元素的值；

(2) 找到数组元素的最大值 rec，就是总冠军的得票数；

(3) 枚举每一位选手的得票数；

(4) 如果 num[i]等于 rec，则 i 就是总冠军序号，输出 i 的值。

程序代码：

```
1    //exam7.1.5
2    #include<cstdio>
3    using namespace std;
4    int main()
5    {
6        int N,i,x,rec=0,num[21]={0};
7        freopen("vote.in","r",stdin);       //重定向输入文件
8        freopen("vote.out","w",stdout);     //重定向输出文件
9        scanf("%d",&N);
```

```
10        for(i=0;i<N;i++)                    //汇总选票
11        {
12            scanf("%d",&x);
13            num[x]++;
14        }
15        for(i=1;i<=20;i++)                  //找出最高票数
16            if(num[i]>rec)
17                rec=num[i];
18        for(i=1;i<=20;i++)                  //找出冠军编号
19            if(num[i]==rec)
20                printf("%d ",i);
21        fclose(stdin);
22        fclose(stdout);
23        return 0;
24    }
```

运行结果：

vote.in

```
10
4 1 1 6 2 7 1 6 6 7
```

vote.out

```
1 6
```

思考：

在例 7. 1. 1～例 7. 1. 4 中，哪些题目可以使用 freopen 函数编程解决？为什么？

实验：

使用 cin 和 cout 完成输入和输出操作，改写本题程序。

四、总结提升

文件是存储数据的一种方式。我们通常使用的文件有二进制文件和文本文件，在 C++编程时最常使用的是文本文件。C++针对文本文件有很多实用函数，例如打开文件、文件读/写，关闭文件等。

最特殊的文件操作是文件重定向，它可以将标准输入或标准输出指向文件，使后续的文件操作不必写文件名，直接以标准输入/输出的形式编程即可。这种实用且简便的特性，尤其符合 C++编程只有一个输入文件和一个输出文件的情况。因此，文件重定向函数 freopen 在 C++程序中应用较多。

拓展 1

在 NOI 系列竞赛中，有时输入的数据很大。这时，就需要重视数据文件的读取效率了。在 C++中，使用 scanf 和 prinft 进行读写操作的速度比使用 cin 和 cout 要快。

以从文件中读取 105 个整数、106 个整数、107 个整数以及 10M 字符串作对比，使用不同的读取方式，速度差别很大。在 i7+12G+固盘+devcpp5. 6. 1 的测试环境下文件读取操作速度对比，见表 7-3。

表 7-3 文件读取操作速度对比

（测试环境：i7+12G+固盘+devcpp5. 6. 1）

读入方式	使用时间（毫秒）			
	105 个整数	**106 个整数**	**107 个整数**	**10M 字符串**
ifstream+fin	16	103	1001	53
FILE *+fscanf	55	345	3366	63
freopen+cin	67	440	4378	472
freopen+cin+sync_with_stdio(false)	11	103	1024	51
freopen+scanf	32	318	3112	60

可以看出：freopen+cin 是很慢的读取数据方式。在数据较多时，要使用下面操作关闭同步：

```
iso:: sync_with_stdio(false)
```

实验：

自行建立相应的文件后，运行下面的程序，在你的机器上测试文件读取速度，并与表 7-3 中的相应数据进行对比。

修改下面程序中的数据读入方式，再次在你的机器上测试文件读取速度，并与表 7-3 中的相应数据进行对比。

```
1    //exam7.1.6
2    #include <fstream>
3    #include <iostream>
4    #include <cstdio>
5    #include <cstdlib>
6    #include <ctime>
7    #include <string>
8    using namespace std;
9    char s[10000005];
10   int x[10000005];
11   void testFstream(string fname, int N)
12   {
13       ifstream fin(fname.c_str());
14       fin>>N;
15       for (int i=0; i<N; i++)
16           fin >>x[i];
17       fin.close();
18   }
19   void testFstream_str(string fname, int N)
20   {
21           ifstream fin(fname.c_str());
```

```
22            fin >> s;
23            fin.close();
24    }
25    int main()
26    {
27            srand(time(0));
28            int st,et;
29            st=clock();
30            testFstream("d1.in",100000);
31            et = clock();
32            cout <<"10^5 integer:"<<et-st<<endl;
33            st=clock();
34            testFstream("d2.in",1000000);
35            et = clock();
36            cout <<"10^6 integer:"<<et-st<<endl;
37            st=clock();
38            testFstream("d3.in",10000000);
39            et = clock();
40            cout <<"10^7 integer:"<<et-st<<endl;
41            st=clock();
42            testFstream_str("d4.in", 10000000);
43            et = clock();
44            cout <<"10^7 char:"<<et-st<<endl;
45            return 0;
46    }
```

拓展 2

在拓展 1 中，提到在输入数据较大的情况下，为提高从输入文件中读取数据的效率，建议使用 scanf。如果还想进一步压缩读入大整数数据的时间，可以自己编写函数，以字符形式读入每一位，再将其“组装”成整数。

方法一：

```
int read()          //快速读入
{
    int x=0,f=1;char ch=getchar();
    while(ch<'0'||ch>'9')
    {
        if(ch=='-')
            f=-1;
        ch=getchar();
    }
    while(ch>='0'&&ch<='9')
    {
```

```
        x=x*10+(ch-'0');
        ch=getchar();
    }
    return f*x;
}
```

方法二：

```
void scanf_getd( int & x)
{
    char c;
                                          //跳过非数字字符
    for( c=getc(stdin); c<'0' || c>'9'; c=getc(stdin) );
                                          //收集整数
    for (x=0; c>='0'&& c<='9'; c=getc(stdin))
        x=x*10+c-'0';
}
```

思考：

当读取的整数位数较多时，方法一和方法二哪一种更适合？

实验：

自行创建输入文件后，运行下面程序，测试读取速度，并与 exam7.1.6 对比。

```
1   //exam7.1.7
2   #include <fstream>
3   #include <iostream>
4   #include <cstdio>
5   #include <cstdlib>
6   #include <ctime>
7   #include <string>
8   using namespace std;
9   int x[10000005];
10  void scanf_getd( int & x)
11  {
12      char c;
13      //跳过非数字字符
14      for( c=getc(stdin); c<'0' || c>'9'; c=getc(stdin) );
15      //收集整数
16      for (x=0; c>='0'&& c<='9'; c=getc(stdin))
17      x=x*10+c-'0';
18  }
19  void testFile(string fname, int N)
20  {
21      freopen(fname.c_str(),"r", stdin);
22      scanf_getd(N);
23      for (int i=0; i<N; i++)
```

```
24            scanf_getd(x[i]);
25        fclose(stdin);
26    }
27    int main()
28    {
29        srand(time(0));
30        int st, et;
31        st=clock();
32        testFile("d1.in", 100000);
33        et = clock();
34        cout <<"10^5 integer:"<<et-st<<endl;
35        st=clock();
36        testFile("d2.in", 1000000);
37        et = clock();
38        cout <<"10^6 integer:"<<et-st<<endl;
39        st=clock();
40        testFile("d3.in", 10000000);
41        et = clock();
42        cout <<"10^7 integer:"<<et-st<<endl;
43        return 0;
44    }
```

五、学习检测

编程解决下列问题，同时根据问题特点创建测试用输入文件和输出文件。

练习 7.1.1　老旧的机器

工程师阿克蒙德买了一台机器，为了维持这台机器的正常运作他每年必须花费一定的费用来维修这台机器。但是随着这台机器的使用，机器会损坏得更快以至于每年的维修的费用都是上一年的 1.5 倍。已知第一年维修仅需要花费 1 元。现在阿克蒙德想知道，如果他想用 n 年，总共需要花费多少钱来维修这台机器。

【输入文件】

文件名：MACHINE.IN

仅一行，一个整数，表示文件中只有一个整数 n，表示阿克蒙德想用 n 年，已知 $1 \leqslant n \leqslant 40$。

【输出文件】

文件名：MACHINE.OUT

仅一行，一个整数，表示文件中只有一个整数，表示维修的总花费(结果四舍五入到个位)。

【样例输入】

3

【样例输出】

5

练习 7.1.2 不要二

在一个矩阵上放若干个点，使得任意两个点的距离都不等于 2。

请问：最多可以放多少个点?

【输入文件】

文件名：nottwo. IN

仅一行，两个整数 N 和 M，表示矩阵大小。

【输出文件】

文件名：nottwo. OUT

仅一行，一个整数，表示最多能合法放置多少个点。

【样例输入】

2 3

【样例输出】

4

Hint

_XX

XX_

Data Limit

30%: n, m<=15

60%: n, m<=1000

100%: n, m<=1000 000

练习 7.1.3 奇偶数分离

在 separate. in 文件中存放一批整数，数据量很大具体个数不详，现需要对数据进行奇偶数分离，将奇数存放入 oddse. out 文件中，偶数存放入 evense. out 文件中。

【输入文件】

仅一行，若干个以空格隔开的整数。

【输出文件】

有两个输出文件(详见样例)。

【样例输入】

45 67 22 45 67

【样例输出】

oddse. out 文件

45 67 45 67

evense. out 文件

22

第二节 NOI系列竞赛环境

一、情境导航

参赛对话

A：参加NOI竞赛必须使用Linux环境吗？

B：是的。中国计算机学会已经发布了NOI Linux2.0。明确规定了NOI系列竞赛的标准环境。

A：在标准环境下，我需要做些什么准备？

B：要熟悉IDE，还要学会使用简单的编译命令以及Linux命令等。

以上对话经常出现在备赛阶段。

NOI Linux2.0的发布，规范了竞赛环境，也督促参赛师生做出相应的准备和调整。本节就学习code::Blocks集成开发环境与gcc、g++编译器解决对话中的问题。

二、知识探究

（一）code::Blocks集成开发环境

code::Blocks是一款跨平台的C/C++ IDE，它可以在Windows、Linux和Mac OS X上进行编程。

下面，仅介绍在NOI Linux2.0中的code::Blocks集成开发环境，如图7-5所示。

1. 创建源程序

（1）从空文件直接创建。

执行File→New→Empty file命令，新建一个空白文件后，输入程序代码。

这种方法的操作过程类似Dev C++，不多介绍。

（2）在项目（project）中创建。

执行File→New→project命令，弹出新建项目对话框，如图7-6所示。

选中Console application，单击Go按钮，开始新建项目的一系列设置：设定语言、指定路径、设置编译器等，新建项目中的设置操作流程如图7-7所示。

双击左侧的main.cpp，在编辑窗口看到该程序，可以进行修改或原创程序的操作，项目的代码编辑窗口如图7-8所示。

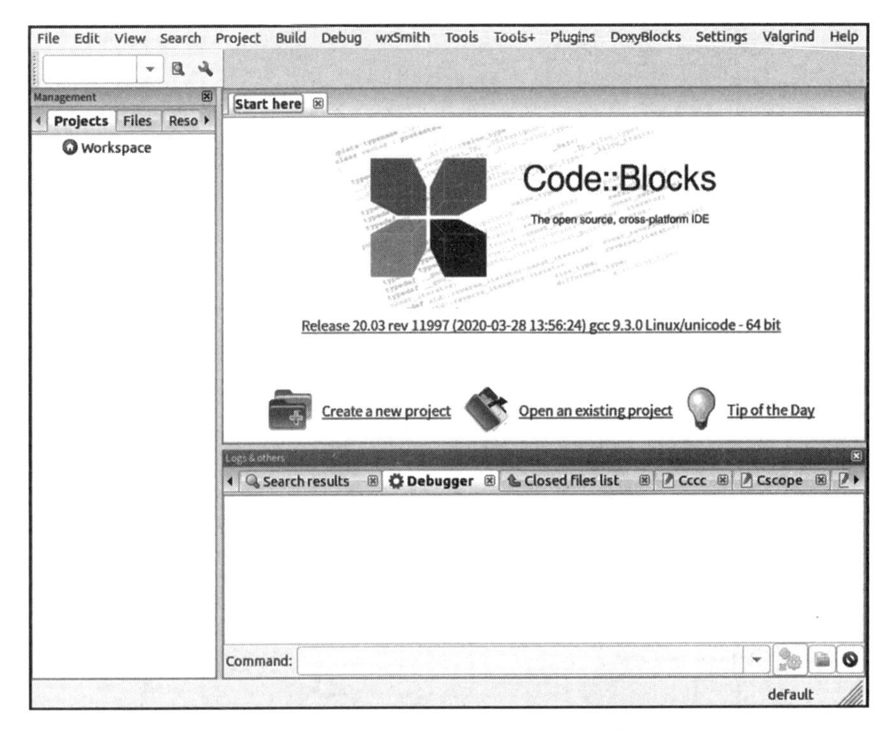

图 7-5 code::Blocks 集成开发环境

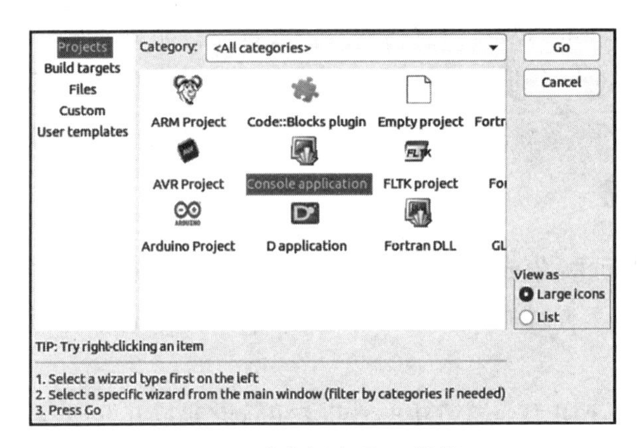

图 7-6 弹出新建项目对话框

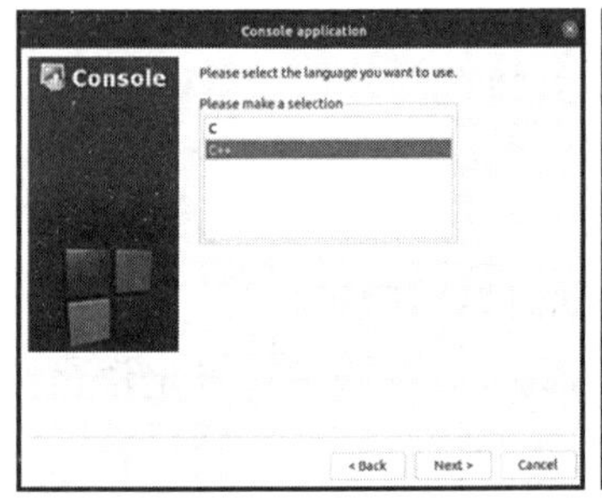

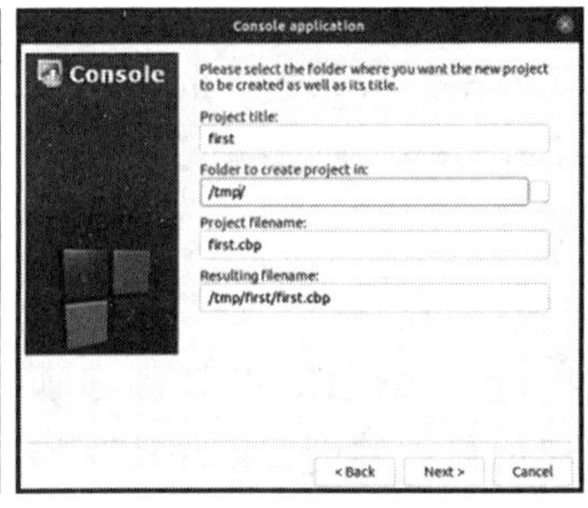

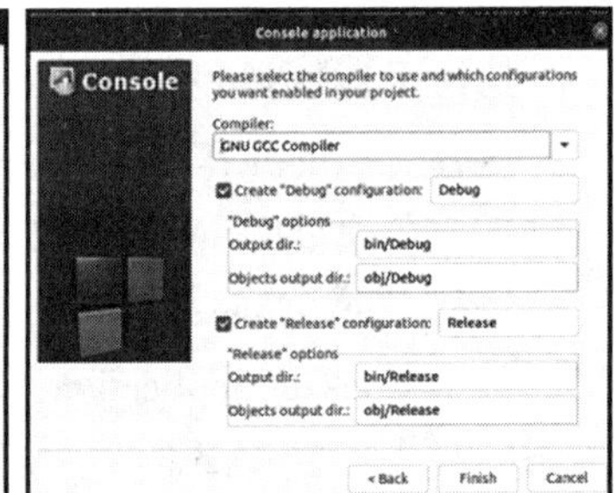

图 7-7 新建项目中的设置操作流程

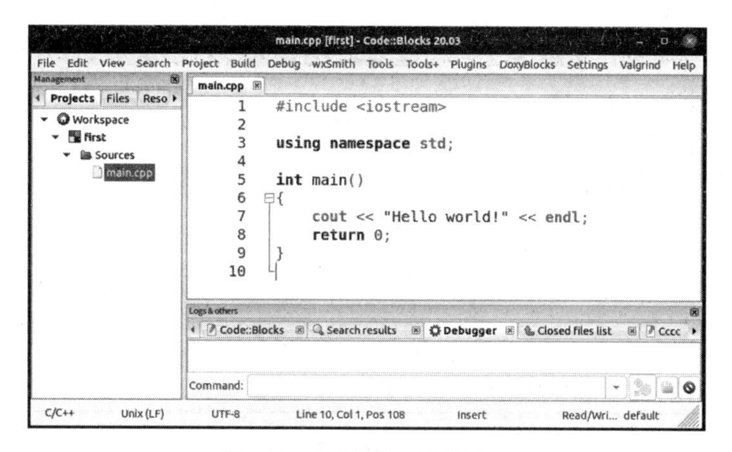

图 7-8　项目的代码编辑窗口

2. 编译和运行

执行 Build 菜单下的 Complile Current file(检查语法)、Build(将 compile 和 link 一起进行，link 是将 obj 文件链接起来，并检查它们是否具备真正可执行的条件)和 Build and run 命令，都以可以对程序进行编译操作。

其中，Build and run 是将编译和运行操作一次完成。我们不妨选用这种简便的方法。

执行 Build→Build and run 命令，程序中如果有语法错误，则会在下方显示编译错误信息，如图 7-9 所示。

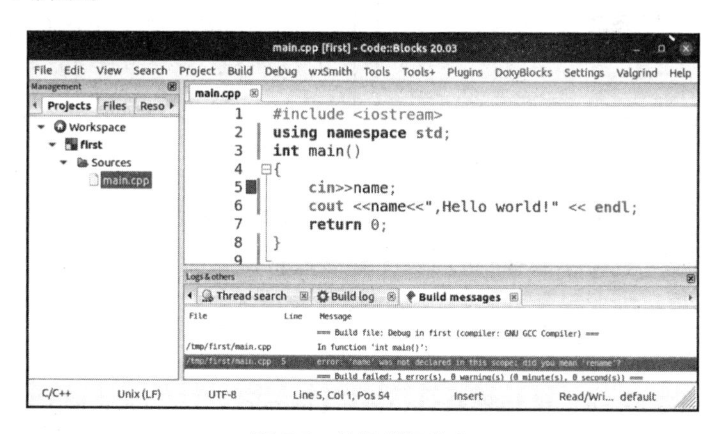

图 7-9　编译错误信息

程序中没有语法错误时，程序会在下方显示编译正确信息，如图 7-10 所示。

程序进入运行状态，输入数据，显示运行结果，运行窗口如图 7-11 所示。

3. 启动调试器

在 code::Blocks 环境下，可以借助调试器，观察程序是否在按预期的情况执行。

在调试之前，可以考虑可能有问题的代码段，在此代码段之后设置断点：在代码行前方单击鼠标右键，选择快捷菜单中的“Add breakpoint”（或按下 F5 键)，在代码行前出现断点标志，添加断点的方式如图 7-12 所示。

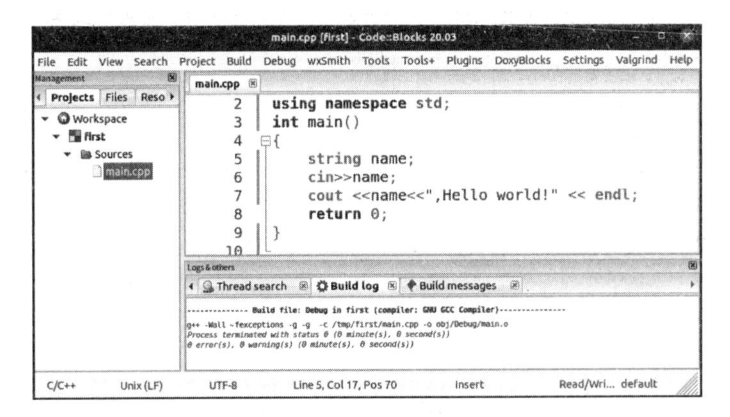

图 7-10　编译正确信息

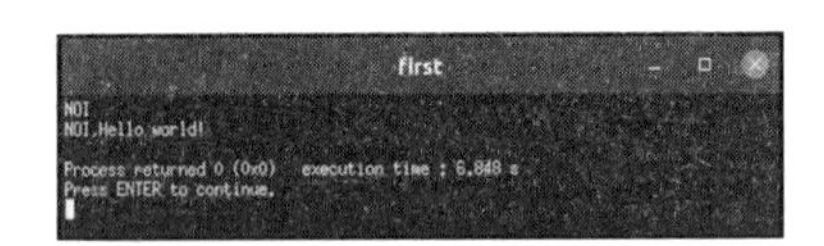

图 7-11　运行窗口

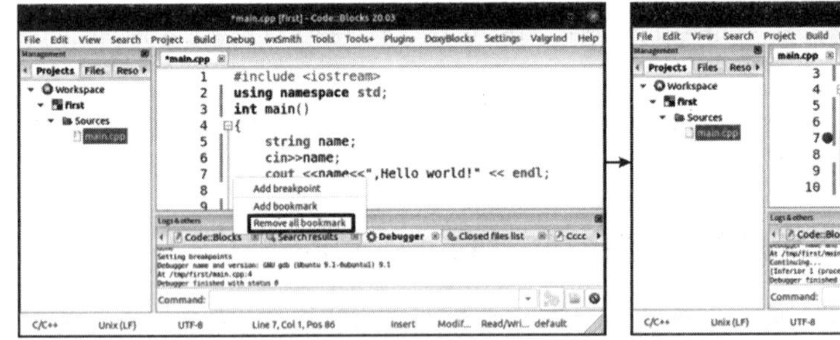

图 7-12　添加断点的方式

执行 Debug→Start/Continue 命令，程序会运行停止在断点处。再次执行 Debug→Start/Continue 命令，程序才会继续向下运行。

注意：只有项目中的程序可以进行调试操作。单一文件无法启动调试器。

（二）gcc/g++编译器

gcc/g++编译器是 GNU 编译器套件（GNU Compiler Collection，GCC）工具链的一个子集。

GCC 是由 GNU 开发的编程语言编译器，它不仅支持 C/C++语言，还支持 Fortran、Ada、Java 等语言。

gcc/g++分别是 GNU 的 c/c++编译器。g++是将 gcc 默认语言设为 C++的一个特殊的版本，链接时它自动使用 C++标准库而不用 C 标准库。

gcc/g++编译命令由命令名、选项和源文件名组成，格式如下：

```
gcc [-选项 1] [-选项 2]…[-选项 n] <源文件名>
g++ [-选项 1] [-选项 2]…[-选项 n] <源文件名>
```

其中，命令名、选项和源文件名之间使用空格分隔，一行命令中可以有多个选项也可以只有一个选项，甚至没有选项。文件名可以包含文件的绝对路径，也可以使用相对路径。如果文件名中不包含路径，那么源文件就被视为存在于工作目录中。如果命令中不包含输出的可执行文件名称，那么在默认情况下会在工作目录中生成后缀为 . out 的可执行文件。

1. 编译步骤

gcc/g++在执行编译的时候一般有下面 4 步：

（1）预处理，生成 . i 文件。

（2）将预处理后的文件转换成汇编语言，生成 . s 文件。

（3）由汇编变为目标代码（机器代码），生成 . o 文件。

（4）连接目标代码，生成可执行程序。

2. 编译选项

gcc/g++拥有一百多个编译选项。对于 C 语言和 C++语言，二者的编译选项基本相同。下面列出常用的 gcc 和 g++编译选项，见表 7-4。

表 7-4　常用的 gcc/g++编译选项

编译选项	说明	编译选项	说明
-c	只进行预处理、编译和汇编，生成 . o 文件	-o	指定目标名称，常与-c、-S 同时使用，默认是 . out
-S	只进行预处理和编译，生成 . s 文件	-v	查看 gcc/g++的版本号
-E	只进行预处理，将预处理的结果定向到标准输出	-Wall	尽可能给出更多警告
-C	预处理时不删除注释信息，常与-E 同时使用	-O[0-3]	编译器优化，数值越大优化级别越高

注意：不使用任何编译选项时，直接生成可执行文件。默认生成的可执行文件名为 a. out。可以结合-o 生成指定的名称。

在实际应用中，我们通常不会一步一步地执行预处理、编译、汇编等命令，而是直接使用不加编译选项的 gcc/g++命令生成可执行文件。

例如，下面的命令使用-o 选项，直接生成了 helloworld 的可执行文件：

```
g++ helloworld.cpp -o helloworld
```

3. Linux 命令

gcc 和 g++编译器没有图形界面，只能在终端上以命令行方式运行。为完成 gcc 和 g++操作，经常需要 Linux 命令的配合。Linux 提供了很多操作命令（gcc 和 g++便是其中的两个），以下列举一些常用 Linux 命令，见表 7-5。

表 7-5　常用的 Linux 命令

命令	功能
cd	切换当前目录，它的参数是要切换到的目录的路径，可以是绝对路径，也可以是相对路径。如： cd/root/Documents//切换到目录/root/Documents cd./path//切换到当前目录的 path 目录中，“.” 表示当前目录 cd../path//切换到上一级目录下的 path 目录中，“..” 表示上一级目录
ls	查看文件与目录的命令，下面列出 ls 的一些常用参数。 -l：列出长数据串，包含文件的属性与权限数据等 -a：列出全部的文件，连同隐藏文件(开头为 . 的文件)一起列出来 -d：仅列出目录本身，而不是列出目录的文件数据 -h：将文件容量以易读的方式(GB、kB 等)列出来 -R：连同子目录的内容一起列出(递归列出)，该目录下的所有文件都会显示出来
cp	复制文件，它可以把多个文件一次性地复制到一个目录下，它的常用参数如下： -a：连同文件的特性一起复制 -p：连同文件的属性一起复制，而非使用默认方式，与-a 相似，常用于备份 -i：若目标文件已经存在，在复制时会提示是否覆盖 -r：递归持续复制，用于复制目录及其子目录下的所有文件 -u：目标文件与源文件有差异时才会复制
mv	移动文件、目录或更名，它的常用参数如下。 -f：若目标文件已经存在，不询问直接覆盖旧文件 -i：若目标文件已经存在，询问是否覆盖旧文件 -u：若目标文件已经存在且源文件比目标文件新才执行
cat	查看文本文件的内容，后接要查看的文件名。可通过管道“1”与 more 和 less 一起使用，从而能一页页地查看数据
gcc	把 C/C++语言的源程序文件，编译成可执行程序(详见前文)
g++	把 C++语言的源程序文件，编译成可执行程序(详见前文)
./可执行文件名	执行已经编译好的可执行文件

在 Linux 系统中，可以使用快捷键 Ctrl+Alt+T 打开“终端”窗口。在终端窗口的 $ 符号后输入命令行即可开始执行相应操作。

例如，以下操作实现了编译并执行/tmp/first/目录下的 main. cpp：

```
cd /tmp/first/
g++ main.cpp -o main
./main
```

三、实践应用

例 7.2.1　体验 code::Blocks

在 NOI Linux2.0 的 code::Blocks 环境下，编写解决例 7.1.5“统计选票”问题的程序，运行并查看结果。

题目分析：

我们已经在上一节分析过选票问题，并有了 exam7.1.5 程序代码。现在，只需将其在新环境下编辑并运行即可。

(1) 首先，在 code::Blocks 新建文件 vote. cpp，输入 exam7. 1. 5 的内容。

(2) 然后，创建 vote. in 文件，如图 7-13 所示。

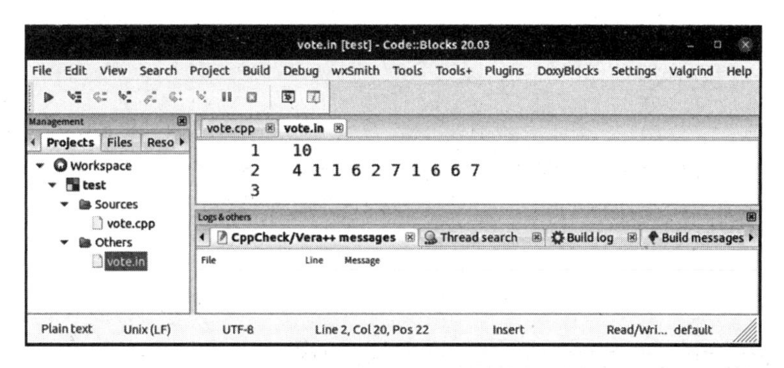

图 7-13　创建 vote. in 文件

最后，执行 Build→Build and run 命令，完成编译、链接和运行。

运行结果：

打开 vote. out 文件，看到其中已存入运行结果，vote. out 文件输出内容如图 7-14 所示。

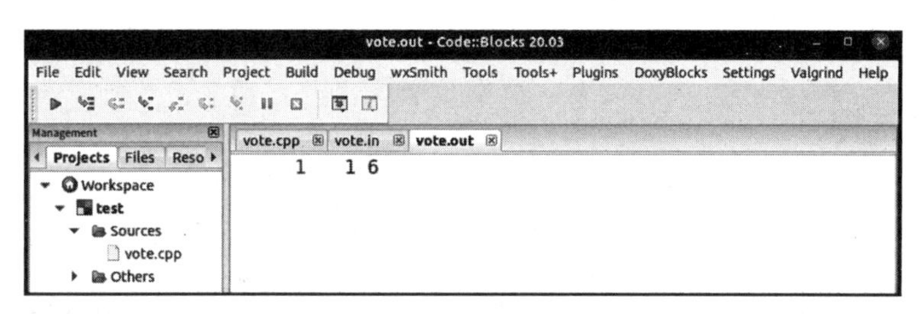

图 7-14　vote. out 文件输出内容

实验：

(1) 在程序中设置断点，观察运行情况；

(2) 跟踪观察 num 数组的变化情况。

例 7. 2. 2　体验编译器

使用 g++编译 vote. cpp 并查看输出文件的内容。

题目分析：

有了例 7. 2. 1 的操作，vote. cpp 和 vote. in 已经存在于相应目录下。本题只需在 Linux 终端执行相应的命令行即可。

执行命令：

首先，按下快捷键 Ctrl+Alt+T，打开终端窗口。

接着，依次输入命令行：

(1) 切换到文件所在目录

```
cd../neyc/test/test/
```

（2）执行编译命令。

```
g++ vote.cpp -o vote
```

（3）执行可执行文件。

```
./vote
```

（4）查看输出文件内容。

```
cat vote.out
```

```
neyc@neyc-virtual-machine: $ cd ../neyc/test/test/
neyc@neyc-virtual-machine: $ g++ vote.cpp -o vote
neyc@neyc-virtual-machine: $ ./vote
neyc@neyc-virtual-machine: $ cat vote.out
1 6 neyc@neyc-virtual-machine: $
```

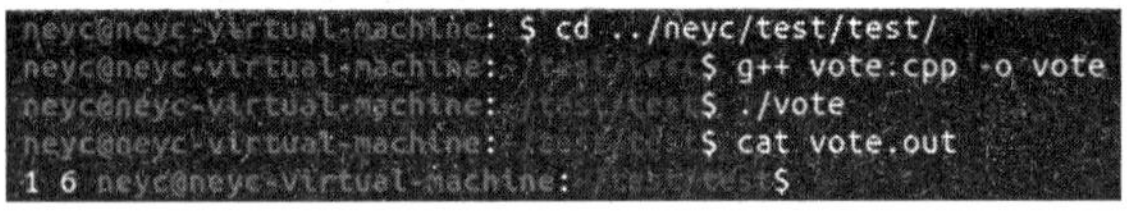

实验：

（1）使用 gcc 编译器完成上述操作。

（2）查看 g++编译器的版本号。

四、总结提升

在 NOI 系列竞赛中有以下明确规定。

1. 使用文件完成输入和输出操作

在 C++程序中使用流式文件可以有 stream 类流文件和文件指针 FILE 等形式。由于竞赛中通常只有一个输入文件和一个输出文件，因此，我们经常使用简单而特殊的文件操作方式——文件重定向函数 freopen。

2. 使用 NOI Linux2.0 标准环境

在标准环境下，可以使用 code::Blocks 完成程序的编辑和调试运行；也可以在创建程序后，使用 gcc 或 g++编译器完成程序的编译和运行。

使用 code::Blocks 调试程序时，设置断点等操作需要在项目（project）中进行。

在使用编译器时，结合编译选项可以实现很多特殊需求。

拓展 1

gcc 可以判断出目标程序使用的编程语言类别。例如，把 xxx.c 文件当作 C 语言编译，把 xxx.cpp 文件当作 C++语言编译；而 g++把 xxx.c 和 xxx.cpp 一律都当作 C++语言来编译。

在编译 C++文件的时候，g++会自动链接一些标准库或基础库，而 gcc 不会。

例如，当正在编译的 C++代码文件依赖 STL 标准库的时候，为了使用 STL，gcc 命令需要专门增加参数-lstdc++。因此，编辑 C++语言程序使用 g++会更方便。

拓展 2

在 NOI 竞赛中，会有一场一般包括 45 道单选题和 5 道多选题的笔试。中国计算机学会为参赛者准备了一个笔试题库，提示参赛者应知应会的知识。以下仅列出笔试题库中与环境相关的内容，加粗部分为问题答案。

NOI 基础知识题库：Part1 竞赛环境和竞赛规则

1. NOI 机试使用的操作系统是：**Linux**
2. Linux 中为文件改名使用的命令是：**mv <旧文件名> <新文件名>**
3. 在 Linux 中返回上一级目录使用的命令是：**cd ..**
4. 在 Linux 中删除当前目录下的 test 目录的命令是：**rm -r test**
5. 当前目录下有一个编译好的可执行文件 a. out，执行它使用的命令是：**./a. out**
6. 使用高级语言编写的程序称之为：**源程序**
7. 在 NOI Linux 系统中可以用来调试程序的程序是：**gdb**
8. 在 Linux 系统中，文件夹中的文件可以与该文件夹同名吗：**可以**
9. Linux 系统中杀掉名为 test 的后台进程的命令是：**killall test**
10. Linux 系统中可以查看隐藏文件的命令是：**ls -a**
11. Linux 系统中编译 C++程序的编译器是：**g++**
12. Linux 系统中，将当前目录下的文件名打印到 tmp 文件中的命令是：**ls>tmp**
13. Linux 系统中，测量当前目录下程序 test 运行时间的命令是：**time ./test**
14. vim 编辑器中，强制退出不保存修改应当输入：**:q!**
15. im 编辑器中，强制退出并保存修改可输入以下三种命令之一：**:wq、ZZ、:x**
16. im 编辑器中，定位到文件中第 12 行应当输入：**:12**
17. im 编辑器中，在文件中查找字符串“12”应当输入：**/12**
18. 使用 g++编译 C++程序时，生成调试信息的命令行选项是：**-g**
19. 使用 g++编译 C++程序时，生成所有警告信息的命令行选项是：**-Wall**
20. 使用 g++编译 C++程序时，只编译生成目标文件的命令行选项是：**-c**
21. 使用 g++编译 C++程序时，指定输出文件名的命令行选项是：**-o**
22. 如果 C++程序中使用了 math. h 中的函数，在用 g++编译时需要加入选项：**-lm**
23. Linux 系统中具有最高权限的用户是：**root**
24. 在 Linux 的各个虚拟控制台间切换的快捷键是：**Ctrl+Alt+Fn**
25. 在 NOI Linux 中，从字符控制台切换回桌面环境使用的快捷键是：**Ctrl+Alt+F7**
26. 在 NOI Linux 中默认使用的 Shell 是：**bash**
27. 在 Linux 中查看当前系统中的进程，使用的命令是：**ps**
28. 在 Linux 中查看进程的 CPU 利用率，使用的命令是：**ps**
29. 在终端中运行自己的程序，如果进入死循环，应当如何终止：**Ctrl-C**

30. 可执行文件 a. out 从标准输入读取数据。现有一组输入数据保存在 1. in 中，使用这个测试数据文件测试自己的程序的命令是：**./a. out <1. in**

31. 可执行文件 prog_1 输出运行结果到标准输出。则将输出结果保存到文件 1. out 中使用的命令是：**./prog_1>1. out**

32. 使用主机“重启”键强行重新启动计算机，可能会对系统造成的后果是：**文件系统损坏**

33. 在 Linux 系统中，用于查看文件的大小的命令是：**ls -l**

34. 当前目录中有如下文件：

```
-rw-r--r--    1 user None    8.7K Jul 2 16:35 foobar
-rw-r--r--    1 user None    93 Jul 2 16:35 foobar.c++
-rwx------    1 user None    144 Jul 2 16:35 foobar.sh
```

其中，可以执行的文件是：**foobar. sh**

35. 评测系统中对程序源文件大小的限制是：**小于 100KB**

36. 如无另行说明，评测系统中对程序使用内存的限制是：**以硬件资源为限**

37. Linux 下的换行字符为：**\n**

38. 终止一个失去响应的进程（ $ pid 代表进程号）的命令是：**kill $ pid**

39. Linux 中是否区分文件和目录名称的大小写：**是**

40. 选手在 NOI 机试过程中是否禁止使用网络：**是**

41. 为源代码文件 my. cpp 创建一个备份 mycpp. bak 时，使用的命令是：**cp my. cpp mycpp. bak**

42. 调试程序的方法有：单步调试、使用 print 类语句打印中间结果、阅读源代码与：**g++应用说明**

43. 名为 FILE 的文件和名为 File 的文件在 Linux 系统中被认为是：**不同的文件**

44. 目录 DIRECT 和目录 Direct 在 Linux 系统中被认为是：**不同的目录**

实验：

（1）登录 NOI 网站，查看 NOI 笔试题库全文。

（2）在 Linux 环境下，测试题库中的命令，并分析操作结果。

本章回顾

学习重点

学会在 Linux 系统下的 code::Blocks 环境中编辑、调试 C++程序；初步接触 Linux 的常用命令，重点学习其中带有编译选项的 gcc 和 g++编译命令。

知识结构

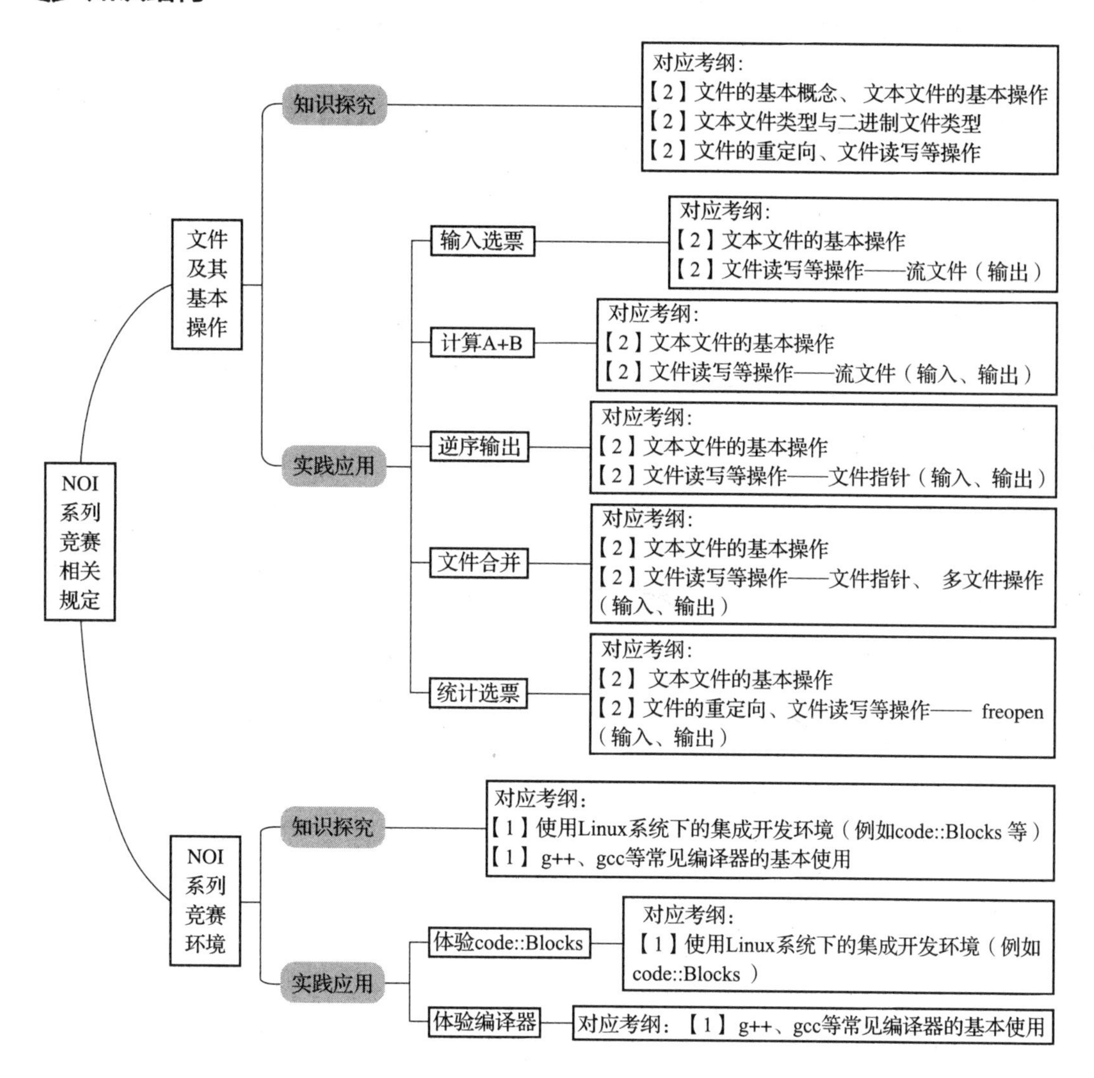